马铃薯科学与技术丛书

马铃薯淀粉加工技术

主　编　王英

副主编　赵明

武汉大学出版社

U0250210

马铃薯科学与技术丛书
总主编：杨声
副总主编：韩黎明　刘大江

编委会：
主　任：杨声
副主任：韩黎明　刘大江　屠伯荣
委　员（排名不分先后）：

王　英	车树理	安志刚	刘大江	刘凤霞	刘玲玲
刘淑梅	李润红	杨　声	杨文玺	陈亚兰	陈　鑫
张尚智	贺莉萍	胡朝阳	禹娟红	郑　明	武　睿
赵　明	赵　芳	党雄英	原霁虹	高　娜	屠伯荣
童　丹	韩黎明				

图书在版编目(CIP)数据

马铃薯淀粉加工技术/王英主编. —武汉：武汉大学出版社,2016.4
马铃薯科学与技术丛书
ISBN 978-7-307-17260-9

Ⅰ.马…　Ⅱ.王…　Ⅲ.马铃薯—薯类淀粉—食品加工　Ⅳ.TS235.2

中国版本图书馆 CIP 数据核字(2015)第 281233 号

责任编辑:谢文涛　　责任校对:李孟潇　　版式设计:马　佳

出版发行:**武汉大学出版社**　　(430072　武昌　珞珈山)
(电子邮件:cbs22@whu.edu.cn　网址:www.wdp.com.cn)
印刷:湖北民政印刷厂
开本:787×1092　1/16　　印张:15.75　字数:385 千字　插页:1
版次:2016 年 4 月第 1 版　　2016 年 4 月第 1 次印刷
ISBN 978-7-307-17260-9　　定价:32.00 元

总　序

　　马铃薯是全球仅次于小麦、水稻和玉米的第四大主要粮食作物。它的人工栽培历史最早可追溯到公元前 8 世纪到 5 世纪的南美地区。大约在 17 世纪中期引入我国，到 19 世纪已在我国很多地方落地生根，目前全国种植面积约 500 万公顷，总产量 9000 万吨，中国已成为世界上最大的马铃薯生产国之一。中国人对马铃薯具有深厚的感情，在漫长的传统农耕时代，马铃薯作为赖以果腹的主要粮食作物，使无数中国人受益。而今，马铃薯又以其丰富的营养价值，成为中国饮食烹饪文化不可或缺的部分。马铃薯产业已是当今世界最具发展前景的朝阳产业之一。

　　在中国，一个以"苦瘠甲于天下"的地方与马铃薯结下了无法割舍的机缘，它就是地处黄土高原腹地的甘肃定西。定西市是中国农学会命名的"中国马铃薯之乡"，得天独厚的地理环境和自然条件使其成为中国乃至世界马铃薯最佳适种区，其马铃薯产量和质量在全国均处于一流水平。20 世纪 90 年代，当地政府调整农业产业结构，大力实施"洋芋工程"，扩大马铃薯种植面积，不仅解决了温饱问题，而且增加了农民收入。进入 21 世纪以来，定西市实施打造"中国薯都"战略，加快产业升级，马铃薯产业成为带动经济增长、推动富民强市、影响辐射全国、迈向世界的新兴产业。马铃薯是定西市享誉全国的一张亮丽名片。目前，定西市是全国马铃薯三大主产区之一，建成了全国最大的脱毒种薯繁育基地、全国重要的商品薯生产基地和薯制品加工基地。自 1996 年以来，定西市马铃薯产业已经跨越了自给自足，走过了规模扩张和产业培育两大阶段，目前正在加速向"中国薯都"新阶段迈进。近 20 年来，定西马铃薯种植面积由 100 万亩发展到 300 多万亩，总产量由不足 100 万吨提高到 500 万吨以上；发展过程由"洋芋工程"提升为"产业开发"；地域品牌由"中国马铃薯之乡"正向"中国薯都"嬗变；功能效用由解决农民基本温饱跃升为繁荣城乡经济的特色支柱产业。

　　2011 年，我受组织委派，有幸来到定西师范高等专科学校任职。定西师范高等专科学校作为一所师范类专科院校，适逢国家提出师范教育由二级（专科、本科）向一级（本科）过渡，这种专科层次的师范学校必将退出历史舞台，学校面临调整转型、谋求生存的巨大挑战。我们在谋划学校未来发展蓝图和方略时清醒地认识到，作为一所地方高校，必须以瞄准当地支柱产业为切入点，从服务区域经济发展的高度科学定位自身的办学方向，为地方社会经济发展积极培养合格人才，主动为地方经济建设服务。学校通过认真研究论证，认为马铃薯作为定西市第一大支柱产业，在产量和数量方面已经奠定了在全国范围内的"薯都"地位，但是科技含量的不足与精深加工的落后必然影响到产业链的升级。而实现马铃薯产业从规模扩张向质量效益提升的转变，从初级加工向精深加工、循环利用转变，必须依赖于科技和人才的支持。基于学校现有的教学资源、师资力量、实验设施和管理水平等优势，不仅在打造"中国薯都"上应该有所作为，而且一定会大有作为。因此提出了在我校创办"马铃薯生产加工"专业的设想，并获申办成功，在全国高校尚属首创。我校自 2011 年申办成功"马铃薯生产加工"专业以来，已经实现了连续 3 届招生，担任教学任务的教师下田地，进企业，查资料，自编教材、讲义，开展了比较系统的良种繁育、规模化种植、配方施肥、病虫害综合防治、全程机械化作业、精深加工等方面的教学，积累了比较丰富的教学经验，第一届学生已经完成学业走向社会，我校"马铃薯生产加工"专业建设已经趋于完善和成熟。

　　这套"马铃薯科学与技术丛书"就是我们在开展"马铃薯生产加工"专业建设和教学过程中结出的丰硕成果，它凝聚了老师们四年来的辛勤探索和超群智慧。丛书系统阐述了马铃薯从种植到加工、从产品到产业的基本原理和技术，全面介绍了马铃薯的起源与栽培历史、生物学特性、优良品种和脱毒种薯繁育、栽培育种、病虫害防治、资源化利用、质量检测、仓储运销技术，既有实践经验和实用技术的推广，又有文化传承和理论上的创新。在编写过程中，一是突出实用性，在理论指导的前提下，尽量针对生产需要选择内容，传递信息，讲解方法，突出实用技术的传授；二是突出引导性，尽量选择来自生产第一线的成功经验和鲜活案例，引导读者和学生在阅读、分析的过程中获得启迪与发现；三是突出文化传承，将马铃薯文化资源通过应用技术的嫁接和科学方法的渗透为马铃薯产业创新服务，力图以文化的凝聚力、渗透力和辐射力增强马铃薯产业的人文影响力和核心竞争力，以期实现马铃薯产业发展与马铃薯产业文化的良性互动。

　　本套丛书在编写过程中得到了甘肃农业大学毕阳教授、甘肃省农科院王一航研究员、甘肃省定西市科技局高占彪研究员、甘肃省定西市农科院杨俊丰研究员等农业专家的指导和帮助，并对最终定稿进行了认真评审论证。定西市安定区马铃薯经销协会、定西农夫薯园马铃薯脱毒快繁有限公司对丛书编写出版给予了大力支持。在丛书付梓出版之际，对他们的鼎力支持和辛勤付出表示衷心感谢。本套丛书的出版，将有助于大专院校、科研单位、生产企业和农业管理部门从事马铃薯研究、生产、开发、推广人员加深对马铃薯科学的认识，提高马铃薯生产加工的技术技能。丛书可作为高职高专院校、中等职业学校相关专业的系列教材，同时也可作为马铃薯生产企业、种植农户、生产职工和农民的培训教材或参考用书。

　　是为序。

杨声

2015 年 3 月于定西

杨声：

"马铃薯科学与技术丛书"总主编

甘肃中医药大学党委副书记

定西师范高等专科学校党委书记　教授

前　　言

马铃薯已经成为世界第四大粮食作物。马铃薯营养丰富，含有人体必需的碳水化合物、蛋白质、维生素、膳食纤维等全部七大类营养物质，是现代人的理想食物之一。由于马铃薯淀粉的高白度、高透明度、高黏度、低糊化温度等特殊性能，广泛应用于纺织、石油开采、饲料及食品等行业，尤其是国际国内食品市场的开拓，使高精马铃薯淀粉的需求猛增，销路广阔，市场前景看好。

在参阅大量优秀著作、论文等文献资料和网络信息资料，借鉴众多专家学者研究成果的精华，参考各地的成熟技术和成功经验的基础上，经过两年多辛苦工作，《马铃薯淀粉加工技术》一书终于编著完成。全书主要由两大部分内容组成。第一部分为概述篇，主要介绍了淀粉的结构、性质、分类、应用以及马铃薯淀粉的特性、应用及加工产业；第二部分为技术篇，全面介绍了马铃薯淀粉生产线设计技术、生产过程及工艺技术、品质检验与分析技术、淀粉生产副产物及利用处理技术。

本书内容丰富，语言浅显通俗，图文并茂，工艺方法具体实用，实践性、可操作性强，可作为从事马铃薯淀粉加工的一线操作工人、生产技术管理人员及相关专业大中专院校学生的理论与实践相结合的专业参考书，也可作为马铃薯淀粉生产企业的培训教材以及广大马铃薯爱好者的科普性读物。

本书在编写过程中，得到了定西师范高等专科学校领导和生化系老师们的大力支持和帮助，也参阅了大量文献资料，并引用了其中的一些材料，在此，一并表示深深的感谢。

由于作者能力和经验所限，书中难免有错漏不妥之处，敬请广大读者批评指正。

王　英

2015 年 3 月

目　　录

第1章 淀粉化学概论

◎ **内容提示**

本章主要介绍淀粉的形成、化学组成、分子结构、不同植物中淀粉的含量；不同种类淀粉颗粒的性状大小、淀粉颗粒的结构；淀粉的密度、溶解度、碘吸附、润胀糊化、回生等物理性质，淀粉的水解、氧化、成酯、烷基化等化学性质；原淀粉(生粉)、变性淀粉的主要类型；淀粉在食品工业、医药工业、纺织工业、造纸工业、化学工业、农业生产等领域的应用。

太阳的可见光中所含的电磁波的能量被绿色植物吸收后便在植物体内转变为化学能，植物利用这种化学能固定空气中存在的少量二氧化碳，并利用主要由根部吸收到的水、含氮化合物、无机盐类来合成淀粉、蔗糖、蛋白质、核酸等构成植物体的全部有机化合物。包括我们人类在内的一切动物都是从属营养生物，只有直接或间接地吃绿色植物利用太阳光线的能量而合成的有机化合物才能生存。因此，可以说地球上的一切生物归根到底是依靠太阳的能量而生存的。通过绿色植物的光合作用最直接最大量生成的是以淀粉、蔗糖和纤维素为中心的碳水化合物；而蛋白质、核酸之类则是由碳水化合物被合成或被代谢过程中的中间体衍生而成的。特别是淀粉，它是植物中主要贮藏的碳水化合物，是许多植物的种子、根、块茎等发芽时的主要能源。

1.1 淀粉的生成及结构

淀粉广泛地分布于植物界，尤其是稻米、小麦、玉米等谷类的种子以及马铃薯、甘薯等薯类的贮藏组织里积聚着大量的淀粉，所以它们早就成为人类和许多动物的粮食而占着重要的位置。另外还以工业规模从这些原料中分离出淀粉，淀粉及淀粉化学品具有毒性低、易生物降解、同环境适应性好等众多优良性能，目前已普遍应用于食品、建材、造纸、纺织、石油、印染、水处理、日用化工等众多领域，具有广阔的发展前景。

1.1.1 淀粉的生成

淀粉是碳水化合物中的一种高分子化合物，组成元素有碳、氢和氧。淀粉的来源依靠植物在体内天然合成。在高等植物的绿色部分(主要是叶，也包括茎等)亦即在具有叶绿体的细胞中，利用太阳可见光线部分的能量，由大气中存在的 0.03% 的二氧化碳和从根部吸收的水进行着固定碳酸而合成糖、放出氧的反应。光合反应的本质就是光合成色素被光激活并使活化的能量向光化学系统中心转移，由光化学系统中心的激发而使电子活化(产生还原能力)和生成失去了电子的活性中心(产生氧化能力)，从而把太阳光线的电磁波转换为植物能够利用的化学能。然而，由这些光反应(明反应)生成的化学能(APT 和 NADPH)却被与光无关的酶反应(可将此称为暗反应)所利用，进行着碳酸的固定和还原，它们之间的关系可归纳如下。

$$NADP^+ + H_2O \xrightarrow{\text{光}} NADPH + H^+ + 1/2O_2$$

$$ADP + Pi \xrightarrow{\text{光}} ATP + H_2O$$

$$CO_2 + 2NADPH + 2H^+ + 3ATP + 2H_2O \xrightarrow{\text{暗}} [HCHO] + 2NADP^+ + 3ADP + 3Pi$$

由光促进的两个反应都是吸能(endergonic)反应，乍一看好像是与热力学定律相违背的，但由于投入了光能才使这两个反应能够进行。在地球上一切生物最终的几乎是唯一的能源是在于通过绿色植物对太阳光能的转换和储备。

在高等植物的叶绿体中，包含有全部的从利用光能直至合成淀粉和蔗糖等的酶(系)和必要的辅助因子。光合成的直接结果之一是在叶绿体合成和积累淀粉，这种淀粉通常称作同化淀粉。到了夜里，光合成作用停止，同化淀粉就被分解，而主要以蔗糖的形式被输送到植物的其他组织。在那里被当做能源用于呼吸，或成为生物合成蛋白质、核酸等成分的素材，或者在种子、根(块)茎等中，重新被合成为淀粉。在非绿色贮藏组织中再次被积储起来的淀粉通常称作贮藏淀粉。因为我们日常利用的淀粉大部分是贮藏淀粉，所以对主要植物的贮藏淀粉曾进行过很多的研究，而对同化淀粉则研究甚少。不过这两种淀粉似乎并无本质上的差别。各种植物所含淀粉的量、颗粒的形态和构造，因品种、气候、土质以及其他生长条件的不同而不同。即使在同一块地里生长的相同植物，其所含淀粉的量也不一定相同。

1.1.2　淀粉的结构

1. 淀粉的化学组成

组成淀粉的化学元素有碳、氢和氧，其百分比为：碳 44.1%、氢 6.2%、氧 49.4%。组成淀粉的分子单位是葡萄糖，植物的种类不同，所生成的淀粉的葡萄糖数目、结构也不一样，其变动范围很大，含量比例也不同。

自然界中的淀粉，是无定型的形体，一般以两种结构类型存在着，一种叫直链淀粉，另一种叫支链淀粉，直链淀粉和支链淀粉分子结构的不同是由淀粉生物合成的复杂性引起的。这两种淀粉由于分子结构不同，在性质的某些方面也有所不同。自然界的淀粉，都是以这两种淀粉混合而成的，其各自的比例，因物种、品种以及同种作物成熟度的不同而有差异。

淀粉颗粒除含有淀粉分子外，还含有 10%~20% 的水分和少量蛋白质、脂肪类物质、磷和微量无机物，见表 1-1。

表 1-1　　　　　　　　　　　　　　　　　淀粉的主要组成

组成	玉米淀粉	马铃薯淀粉	小麦淀粉	水薯淀粉	蜡质玉米淀粉
淀粉	85.73	80.29	85.44	86.69	86.44
水分(20℃，RH65%)	13	19	13	13	13

组成	玉米淀粉	马铃薯淀粉	小麦淀粉	水薯淀粉	蜡质玉米淀粉
类脂物(%，干基)	0.8	0.1	0.9	0.1	0.2
蛋白质(%，干基)	0.35	0.1	0.4	0.1	0.25
灰分(%，干基)	0.1	0.35	0.2	0.1	0.1
磷(%，干基)	0.02	0.08	0.06	0.01	0.01
淀粉结合磷(%，干基)	0.00	0.08	0.00	0.00	0.00

淀粉的含水量取决于储存的条件(温度和相对湿度)。淀粉颗粒水分是与周围空气中的水分呈平衡状态存在的，大气相对湿度(RH)降低，空气干燥，淀粉就失水；如果相对湿度增高，空气潮湿，淀粉就吸水。水分吸收和散失是可逆的。淀粉的平衡水分含量也取决于淀粉产品的类型，表1-1中的水分含量是在相对湿度65%、25℃时的数据。在同类条件下，多数天然淀粉含10%~20%水分。

谷类淀粉的脂类化合物含量较高(FFA)，达0.8%~0.9%。马铃薯淀粉和木薯淀粉的脂类化合物含量则低得多(≤0.1%)，见表1-2。淀粉中含有的脂类化合物对淀粉物理性质有影响，脂类化合物与直链淀粉分子结合成络合结构，对淀粉颗粒的糊化、膨胀和溶解有较强的抑制作用。不饱和脂类化合物的氧化产物会产生令人讨厌的气味。薯类淀粉一般只含有少量的脂类化合物，因而受到上述不利影响较小。

表1-2　　　　　　　　　　　　　　　　淀粉中的脂类化合物

脂类化合物	玉米淀粉	小麦淀粉
总脂类化合物含量(干基,%)	0.8	0.9
游离脂肪酸(FFA)(干基,%)	0.5	0.05
溶血磷脂(干基,%)	0.3	0.8
饱和脂类化合物含量(%，占总脂类化合物质量)	40	40
不饱和脂类化合物含量(%，占总脂类化合物质量)	60	60

含氮物质包括蛋白质、缩氨酸、酰胺、氨基酸、核酸和酶。因蛋白质含量最高，所以通常把氮物质含量习惯说成蛋白质的含量，其含量是通过实测含氮量乘以6.25来计算的。马铃薯、木薯淀粉仅含少量蛋白质(0.1%)，谷类淀粉蛋白质含量相对较高，为0.35%~0.45%。蛋白质含量高会带来许多不利的影响，如使用时会产生臭味或其他气味，蒸煮时易产生泡沫，水解时易变色等。

淀粉分子中还含有一定量的磷，淀粉中的磷主要以磷酸酯的形式存在，马铃薯淀粉含磷量最高，它以共价键结合存在于淀粉中，与构成淀粉的葡萄糖的C_6结合成酯结构存在，200~400个葡萄糖单位就有一个磷酸酯基，相应的磷酸基取代度约0.003。马铃薯淀粉上磷酸酯的平衡离子主要是钾、钠、钙、镁离子，其分布取决于马铃薯淀粉生产过程中所使用的水的成分。这些离子对马铃薯淀粉的糊化过程起重要作用。带负电荷的磷酸基赋予马

M 为 H、K、Na、Ca 或 Mg，n 约为 300 个葡萄糖单位

淀粉中磷酸酯基团的分子结构

铃薯淀粉一些聚电解质的性质，磷酸酯基间电荷存在的排斥作用，使淀粉颗粒易于糊化、膨胀，所形成淀粉糊的黏度高、透明度好。

淀粉的灰分组成主要为钾、钠、钙和镁的无机化合物。天然马铃薯淀粉含有磷酸基，因此其灰分含量相对较高，而其他品种淀粉的灰分含量就相对较低。

2. 淀粉分子的基本构成单位

淀粉是高分子碳水化合物，是由单一类型的葡萄糖单元组成的多糖，其基本构成单位为 α-D-吡喃葡萄糖，分子式为 $C_6H_{12}O_6$，相邻葡萄糖分子之间脱去一个水分子后形成糖苷键，将葡萄糖单元连接在一起即形成淀粉分子。

（1）α-D-吡喃葡萄糖。

α-D-吡喃葡萄糖的构型分 D 型和 L 型，D 型与 L 型相对应。与—CH_2OH 相邻的 C_5 上的羟基在碳原子右边者称为 D 型，在左边者为 L 型。天然产物中的葡萄糖都为 D 型。

葡萄糖的链状结构不稳定，实际上在晶体状态或水溶液中的葡萄糖多数是以环状结构存在的。葡萄糖链上的 C_4 或 C_5 上的羟基可与醛基形成环状半缩醛结构，分别形成五元环或六元环。C_1 与 C_5 成环为六元环，称为吡喃环；C_1 与 C_4 成环为五元环，称为呋喃环。淀粉中的葡萄糖单位是以吡喃环存在的。

α-D-吡喃葡萄糖　　开链D-吡喃葡萄糖　　β-D-吡喃葡萄糖

环状结构的形成使醛基碳原子 C_1 成为手性碳原子，C_1 上的羟基可有两种不同的构型。在 D 型结构中，C_1 上的—OH 在右边的为 α 型，在左边的为 β 型。因此环状结构的 D 葡

萄糖就有 α-D 和 β-D 两种异构体存在。

上述葡萄糖环状结构是采用 Fischer 式表示法表示的。更准确地反映糖分子立体构型的 Haworth 式将葡萄糖写成六角平面的环状结构，称为吡喃糖。葡萄糖写成五角平面形的环状结构，称为呋喃糖，此法可以更清晰准确地表示出各碳原子和基团之间的相对位置。

葡萄糖在水溶液中，链式和环式、吡喃型和呋喃型、α 型和 β 型可以互相转变同时存在，但以吡喃环状结构为主。

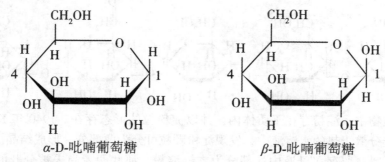

α-D-吡喃葡萄糖   β-D-吡喃葡萄糖

（2）淀粉分子的构成。

对淀粉分子链构成的研究表明，淀粉分子分为直链分子和支链分子，分别称为直链淀粉和支链淀粉。常见淀粉的直、支链淀粉的含量见表 1-3。

表 1-3   **常见淀粉的直、支链淀粉含量（%）**

淀粉种类	直链淀粉含量	支链淀粉含量
玉米	26	74
蜡质玉米	<1	>99
马铃薯	20	80
木薯	17	83
高直链玉米	50~80	20~50
小麦	25	75
大米	19	81
大麦	22	78
高粱	27	73
甘薯	18	82
糯米	0	100
豌豆（光滑）	35	65

直链淀粉分子结构：

支链淀粉分子结构：

在高等植物中，淀粉存在于质体内，并以淀粉粒的形态存在。1940 年 K. H. Meyer 将淀粉团粒完全分散于热的水溶液中，发现淀粉颗粒可分为两部分，形成结晶沉淀析出的部分称为直链淀粉，留存在母液中的部分为支链淀粉。那些两者尚未被分开的淀粉通常以"全淀粉"相称。淀粉颗粒一般都由直链淀粉和支链淀粉组成，在淀粉颗粒中直链淀粉分子和支链淀粉分子不是机械地混合在一起的，支链淀粉量多分子又大，构成淀粉颗粒的骨架，支链淀粉分子的侧链与直链淀粉分子间可通过氢键结合，在某些区域形成排列具有一定规律的"束网"结构，有些区域分子排列杂乱，成"无定形"结构，每个直链淀粉分子和支链淀粉分子都可能穿过几个不同区域的"束网"结构和"无定形"结构。

直链淀粉在淀粉中的含量占 10%~30%，它是一种线形多聚物，是由 D-葡萄糖通过 α-1, 4 糖苷键连接而成，每个分子中有 200~980 个葡萄糖残基。天然直链淀粉分子是卷曲成螺旋形状态，每一圈含有 6 个葡萄糖残基。

支链淀粉在淀粉中的含量占 70%~90%，是一种高度分枝的大分子，主链上分出支链，各葡萄糖单位之间以 α-1, 4 糖苷键构成主链，卷曲成螺旋，支链通过 α-1, 6 糖苷键与主链相连，分支与分支之间的间距为 11~12 个葡萄糖残基。支链淀粉分子比直链淀粉大，每个分子有 600~6000 个葡萄糖残基。

还原性末端　　　　　　　　　非还原性末端

20 世纪 50 年代后研究发现，淀粉还存在一个数量很少的中间级分，它由带有少量短支链的直链淀粉组成。玉米淀粉中的中间级分占 4%~9%。

在淀粉分子聚合链中，处于尾端的葡萄糖单位称为末端基。末端葡萄糖单位的 C_1 碳原子含有游离 α-羟基的，具有还原性，称为还原末端基；不含有游离 α-羟基的不具有还原性，称为非还原末端基。直链淀粉分别含有一个还原末端基和一个非还原末端基。支链淀粉的结构比较复杂，图 1-2 是支链淀粉结构示意图，图中的 C 链是主链，它的一端为非

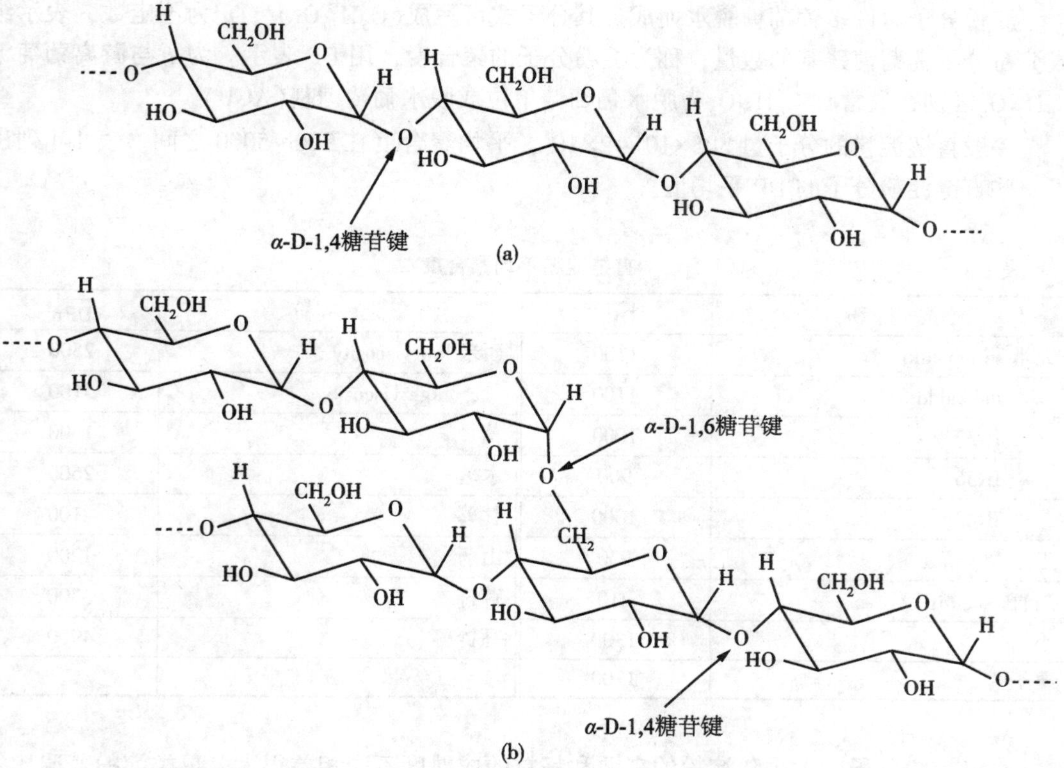

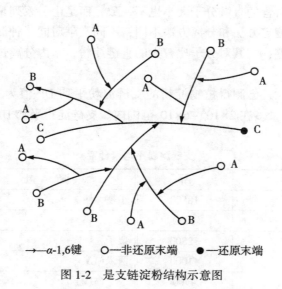

图 1-1　直链淀粉(a)和支链淀粉(b)的结构

→—α-1,6键　○—非还原末端　●—还原末端

图 1-2　是支链淀粉结构示意图

还原末端基，另一端为还原末端基。A链和B链是侧链，它们只有非还原末端基。测定所含还原末端基和非还原末端基数量，对确定淀粉分子的聚合度、链长、链数具有重要意义。

淀粉分子由许多葡萄糖脱水而成。其分子式可写成 $(C_6H_{10}O_5)_n$，n 为不定数，表示组成淀粉分子葡萄糖残基的数量，称为淀粉分子的聚合度，用 DP 表示。为了与游离葡萄糖 $C_6H_{12}O_6$ 区别，通常称 $C_6H_{10}O_5$ 为脱水葡萄糖单位或脱水葡萄糖基（AGU）。

一般直链淀粉的分子量为 $5 \times 10^4 \sim 2 \times 10^5$，平均聚合度在 700～5000 之间。表 1-4 列出了一些直链淀粉分子的 DP 平均值。

表 1-4　　　　　　　　　　　　　直链淀粉平均聚合度

淀　粉	$\overline{DP}n$	淀　粉	$\overline{DP}n$
大米 sasanishiki	1100	西米 low viscosity	2500
hokkaido	1100	high viscosity	5100
IR32	1000	葛	1500
IR36	900	木薯	2600
IR42	1000	甘薯	4100
玉米	930	山药	1200
高直链淀粉玉米	710	百合	3300
小麦	1300	马铃薯	4900
栗子	1700		

直链淀粉分子的大小随淀粉的来源和籽粒的成熟度不同相差很大。薯类淀粉普遍比谷类淀粉要高，谷类直链淀粉的 DP 值约为 1000，马铃薯淀粉则高达 4900。即便是同一种天然淀粉颗粒，其中所含的直链分子大小也不一致，而是由一系列聚合度不等的分子混在一起构成。此外由于测定方法和分离方法不同，不同文献对同一种淀粉中的直链淀粉聚合度测得值也有较大偏差，尤其对分子比较大的直链淀粉，常因分离过程中的降解作用，使测得值比实际值小。

支链淀粉分子巨大，已测得植物淀粉的支链淀粉平均 DP 值为 4000～40000，大部分在 5000～13000，分子量多在 $2 \times 10^5 \sim 6 \times 10^6$ 范围内。支链淀粉平均 DP 值列于表 1-5。

表 1-5　　　　　　　　　　　　　支链淀粉平均聚合度

淀　粉	$\overline{DP}$	淀　粉	$\overline{DP}$
糯米	18500	小麦	4800
大米　Koshihikari	8200	菱	12600
sasanishiki	12800	栗子	11000
hokkaido	11000	西米（LV）	11800
IR32	4700	（HV）	40000
IR36	5400	山药	6100
IR42	5800	马铃薯	9800
玉米	8200		

对于平均 DP 值, 糯米为 18500, 西米为 40000, 都是分子比较大的支链淀粉。小麦淀粉中的支链淀粉比较小, 平均 DP 值只有 4800。支链淀粉的分子量分布对淀粉的功能特性具有重要的意义。

表 1-6   直链淀粉和支链淀粉的比较

名称	直链淀粉	支链淀粉
分子结构形状	直链结构	支叉结构
聚合的葡萄糖单位	100~6000 个	1000~3000000 个
尾端基	一端为非还原尾端基另一端为还原尾端基	分子只有一个还原尾端基, 有许多个非还原尾端基
遇碘的显色反应	深蓝色吸附碘量 10%~20%	紫红色吸附碘量小于 10%
凝沉性	溶液不稳定凝沉性强	易溶于水, 溶液稳定凝沉性很弱
颗粒结构	结晶结构	无定形结构

◎ 观察与思考

　　1. 了解淀粉的分布与生成过程。

　　2. 知道淀粉的化学组成与结构。

1.2　淀粉颗粒的结构

1.2.1　淀粉颗粒的形状与大小

淀粉颗粒用肉眼观察呈白色粉末状, 通过扫描电镜观察呈细小颗粒状, 颗粒是透明的。不同品种的淀粉在颗粒大小和形状方面存在差别, 根据这种差别能区别和确定淀粉种类。如图 1-3 所示, 常见的几种淀粉颗粒形状基本为球形、盘形、多面体、椭圆形等。一般水分含量高、蛋白质含量低的植物的淀粉颗粒较大, 多呈圆形和椭圆形, 如马铃薯、木薯; 相反颗粒小的呈多角形, 如大米淀粉; 淀粉颗粒的形状又因生长的部位不同和生产期间遭受压力的大小不同而不同, 如玉米淀粉有圆形和多角形两种, 圆形的生长在玉米粒的上部, 多角形的长在胚芽两旁; 淀粉颗粒的大小也因生产原料的不同而差别很大, 马铃薯淀粉颗粒最大, 大米淀粉颗粒最小; 同一种淀粉的颗粒大小也不均匀, 如玉米淀粉最小的约为 5μm, 最大的约为 26μm, 平均为 15μm, 500g 玉米淀粉约含有 8500 亿个颗粒; 小麦淀粉为 2~10μm, 木薯淀粉 5~35μm, 平均为 20μm, 马铃薯淀粉颗粒的大小相差很大, 为 10~150μm, 红薯淀粉为 10~25μm。

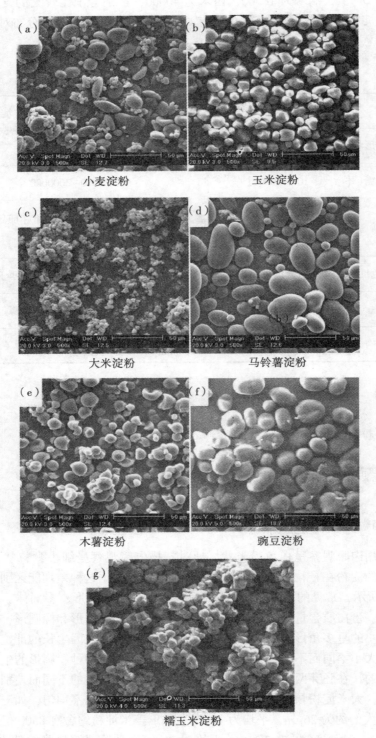

图 1-3　不同种类淀粉的扫描电子显微镜照片

1.2.2 淀粉颗粒的轮纹结构

在显微镜(尤其在放大倍数高的电子显微镜)下仔细观察淀粉颗粒时,能看见像树木年轮一样的层状结构,也就是常说的生长环或轮纹,如图1-4所示。

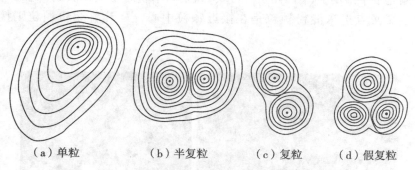

（a）单粒　　　　（b）半复粒　　　　（c）复粒　　　　（d）假复粒

图1-4　单、复粒轮纹示意图

淀粉颗粒的生长环均围绕着颗粒的中心向外扩散,这一中心就是淀粉颗粒的粒心,一般称之为脐点。从图中可以看到,脐点并不是真正位于颗粒的中心部位。通过高放大倍数的电子显微镜可以观察到不同来源的淀粉颗粒,其脐点位置不同,见图1-5。一般禾谷类淀粉的脐点位于中心,形成同心环纹;部分薯类淀粉的脐点偏于一端,形成偏心环纹。在显微镜下观察,马铃薯淀粉的脐点和轮纹最为明显,其脐点大多在淀粉粒的一端,轮纹围绕脐点呈蚌壳形。

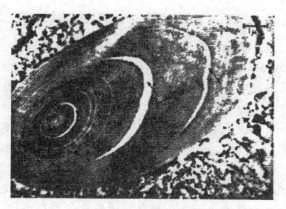

图1-5　马铃薯淀粉颗粒的生长环和脐点

1.2.3 淀粉颗粒的偏光十字

在偏光显微镜下观察,淀粉颗粒呈现黑色的十字,将淀粉颗粒分成4个白色的区域称为偏光十字(polarization cross)或马耳他十字。这种偏光十字的产生源于球晶结构,球晶呈现有双折射特性(birefringence),光穿过晶体时会产生偏振光。淀粉颗粒也是一种球晶,

11

具有一定方向性，采取有秩序的排列就会出现偏光十字。构成淀粉颗粒的葡萄糖链是以脐点为中心，以链的长轴垂直于颗粒表面呈放射状排列的，这种结构是淀粉颗粒双折射性的基础。

不同品种淀粉颗粒的偏光十字的位置和形状以及明显的程度有一定差别。例如马铃薯淀粉颗粒的偏光十字最明显(图 1-6)，玉米、高粱和木薯淀粉颗粒次之，小麦淀粉颗粒则不明显。十字交叉点玉米淀粉颗粒是在接近颗粒中心，马铃薯淀粉颗粒则接近于颗粒一端。

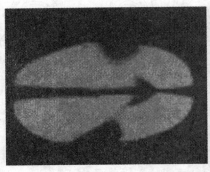

图 1-6　马铃薯淀粉颗粒的偏光十字

(淀粉颗粒长径 53μm，短径 33μm)

根据这些差别，通常能用偏光显微镜鉴别淀粉的种类。当淀粉颗粒充分膨胀、压碎或受热干燥时，晶体结构即行消失，分子排列变成无定形，就观察不到偏光十字存在了。

我国淀粉种类鉴别技术研究获突破

2010 年 4 月，由国家食品质量安全监督检验中心主持的我国食用淀粉种类的鉴别技术研究，在北京通过了科技成果鉴定，被评价为"淀粉鉴别技术获得突破，达到国际先进水平"。

不同种类的淀粉价格差别有的高达 10 倍以上，但是不同种类淀粉的宏观外观和普通物化指标差别不明显，无法辨认。由于缺少鉴别检验技术，国内淀粉市场严格监管很难执行。

该项研究采用了近点方法，提取 24 种不同植物来源的食用淀粉颗粒，运用扫描电镜技术，对不同种类食用淀粉颗粒的超微形貌特征进行了分析。同时，根据 C_3 植物淀粉与 C_4 植物淀粉之间存在的稳定碳同位素比质谱技术，建立了马铃薯淀粉(C_3 植物)中玉米淀粉(C_4 植物)含量的定量分析方法。

该技术难关攻破后，下一步将加快科研成果转化，为政府监管部门打击淀粉掺杂使假行为提供技术支持。

1.2.4 淀粉颗粒的晶体构造

淀粉产生在绿色植物种子、叶、根或茎的细胞中，以颗粒形式存在，实验室制备或工业化生产淀粉时，只是破坏细胞壁，使淀粉颗粒游离出来。

1. 淀粉颗粒的晶体结构类型

淀粉颗粒不是一种淀粉分子，而是由许多直链和支链淀粉分子构成的聚合体，这种聚合体不是无规律的，它是由两部分组成，即有序的结晶区和无序的无定形区（非结晶区）。采用 X 衍射分析，结晶区是呈现尖峰特征的，而非晶区呈现弥散特征。淀粉颗粒的结晶结构随不同来源的植物品种而异。

1937 年，Katz 等从完整的淀粉颗粒所呈现的三种特征性 X 射线衍射图上分辨出三种不同的晶体结构类型，一类是以谷类如玉米、小麦、稻米淀粉为特征的 A 型模式；另一类是以块茎、果实和茎淀粉如马铃薯、西米和香蕉淀粉为特征的 B 型模式；还有一些根和豆类淀粉属于 C 型模式，C 型是各种植物淀粉颗粒的 X 射线衍射图形从 A 型到 B 型连续变化的中间状态，C 型可以由 A 型或 B 型在某些特殊或预定的条件下转化而来，因此也可将 C 型看为 A 和 B 的混合物，见表 1-7。此外，还有通过一些特殊方法得到其他类型的晶型，如 V 型结构是由直链淀粉和脂肪酸、乳化剂、丁醇以及碘等物质混合得到的，在天然淀粉中很少发现；还有某些遗传培育的淀粉显示出 A+V、B+V 和 C+V 类型。

表 1-7　　　　　　　　　　　各种淀粉颗粒的可能晶型

A 型	B 型	C 型	A 型	B 型	C 型
大米	马铃薯	甘薯	小麦	百合	葛根
糯米	皱皮豌豆	蚕豆	绿豆	山慈菇	山药
玉米	高直链玉米	豌豆	大麦	郁金香	菜豆
蜡质玉米	栗子	木薯(也有 A 型)	芋头	美人蕉	

不同来源的淀粉颗粒呈现不同的 X 射线衍射图，如图 1-7 所示。

不同晶型的淀粉都具有明显的特征峰，A 型分别在 15°、17°、18°和 23°处有四个强峰；B 型其衍射图在 5.6°、17°、22°和 24°有较强的衍射峰出现；C 型显示了 A 型和 B 型的综合，但它和 A 型相比在 5.6°处有一个中强峰，而且该峰在干燥或部分干燥的样品中可能消失，与 B 型相比它在 23°显示的是一个单峰；V 型的峰出现在 12.5°和 19.5°。

值得注意的是，淀粉颗粒在受到物理、化学或生物作用后，晶型会发生变化。如，A 型峰比较稳定，马铃薯淀粉颗粒在 110℃、20%（质量分数）水分下，B 型峰则转化成 A 型峰。

在某些情况下，X 射线衍射法能用来测定原淀粉之间的不同，起初步鉴别作用；还可用来鉴别淀粉是否有物理、化学变化。

淀粉颗粒中水分参与结晶结构，此点已通过 X 射线衍射图样的变化得到证实。干燥

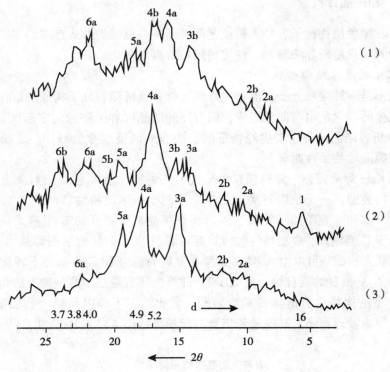

（1）玉米淀粉，A 型　　（2）马铃薯淀粉，B 型　　（3）木薯淀粉，C 型

注：a、b 分别表示一条衍射线和双重衍射线。

图 1-7　不同种类淀粉颗粒的 X 射线衍射图

淀粉时，随水分含量的降低，X 射线衍射图样线条的明显程度降低，再将干燥淀粉于空气中吸收水分，图样线条的明显程度恢复。180℃高温干燥，图样线条不明显，表明淀粉颗粒结晶结构基本消失，在 210～220℃干燥的淀粉颗粒 X 射线衍射图样呈现无定形结构图样。

2. 淀粉的结晶化度

X 射线衍射图样表明，淀粉颗粒构造可以分为以格子状态紧密排列着的结晶态部分和不规则地聚集成凝胶状的非晶态部分（无定形部分），结晶态部分占整个颗粒的百分比，称为结晶化度。表 1-8 列出了所测定的结晶化度，淀粉颗粒的结晶化度最高者约为40%，多数在 15%～35%之间。不含直链淀粉的糯玉米淀粉与含 20%直链淀粉的普通玉米淀粉结晶化度基本相同，而高直链淀粉品种玉米淀粉结晶化度反而较低，这说明形成淀粉结晶部分不是依靠线状的直链淀粉分子，而主要是支链淀粉分子，淀粉颗粒的结晶部分主要来自支链淀粉分子的非还原性末端附近。直链淀粉在颗粒中之所以难结晶，是因为其分子线状过长的缘故，聚合度在 10～20 之间的短直链就能很好地结晶。因此可以认为，支链淀粉容易结晶是因为其分子每个末端基的聚合度小得适度，能够符合形成结晶所需的条件。

表1-8 淀粉的结晶化度

淀粉种类	结晶化度/%	淀粉种类	结晶化度/%
小麦	36	高直链玉米	24
稻米	38	马铃薯	28
玉米	39	木薯	38
糯玉米	39	甘薯	37

　　淀粉及淀粉衍生物结晶性质及结晶度大小直接影响着淀粉产品的应用性能，通过物理或化学方法改变它们的结晶度，可以改变淀粉产品的性质。

　　3. 淀粉颗粒的结晶区和无定形区

　　淀粉颗粒由许多微晶束构成，这些微晶束如图1-8所示排列成放射状，看似为一个同心环状结构。微胶束的方向垂直于颗粒表面，表明构成胶束的淀粉分子轴也是以这样方向排列的。结晶性的微胶束之间由非结晶的无定形区分隔，结晶区经过一个弱结晶区的过渡转变为非结晶区，这是个逐渐转变过程。在块茎和块根淀粉中，仅支链淀粉分子组成结晶区域，它们以葡萄糖链先端为骨架相互平行靠拢，并靠氢键彼此结合成簇状结构，而直链淀粉仅存于无定形区。无定形区除直链淀粉分子外，还有那些因分子间排列杂乱，不能形成整齐聚合结构的支链淀粉分子。在谷类淀粉中，支链淀粉分子是结晶性结构的主要成分，但它不是结晶区的唯一成分，部分直链淀粉分子和脂肪酸形成复合体，这些复合体形成弱结晶物质被包含在颗粒的网状结晶中。淀粉分子参与到微晶束构造中，并不是整个分子全部参与到同一个微晶束里，而是一个直链淀粉分子的不同链段或支链淀粉分子的各个分支，分别参与到多个微晶束的组成之中，分子上也有某些部分并未参与微晶束的组成，这部分就是无定形状态，即非结晶部分。

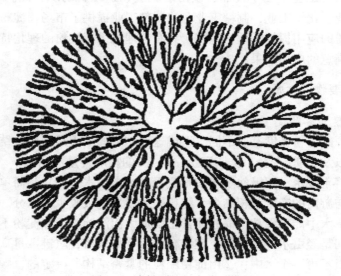

图1-8 淀粉颗粒超大分子模型

15

用 X 射线小角度散射法测知湿润马铃薯淀粉颗粒的大小是 $100×10^{-10}$ m，玉米淀粉颗粒是 $110×10^{-10}$ m，因此，微结晶大小为（ $100\sim110$ ）$×10^{-10}$ m。图 1-9 是把结晶区域作为胶束断面的微纤维状组织结构图，中间为结晶部分，它聚合度 15 左右的单位链构成，大小是 $60×10^{-10}$ m，外围是非结晶部分。

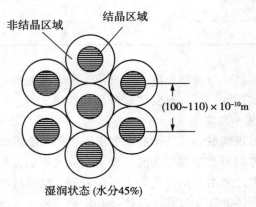

图 1-9　淀粉颗粒微晶束结构

◎ 观察与思考

1. 比较大米、豌豆、木薯、糯玉米、马铃薯、玉米等农作物淀粉粒的形态。

2. 了解淀粉颗粒的偏光十字和淀粉颗粒的结晶化度的概念。

1.3　淀粉的性质

淀粉及其深加工工业带动了食品、发酵、饲料、造纸、纺织、医药等相关行业的发展，同时又为农业、化学工业，制糖工业、酶制剂工业提供了市场。淀粉的物理、化学性质的研究，为淀粉的应用提供了理论基础。只有合理地运用淀粉的理化特性，才能在实际工业生产中取得满意的应用效果。

1.3.1　淀粉的主要物理性质

1. 淀粉的密度和溶解度

不同植物来源的淀粉密度有所不同，造成这种结果的原因是颗粒内结晶和无定形部分结构上的差异，以及杂质（灰分、类脂和蛋白质等）的相对含量不同。

淀粉颗粒不溶于冷水，把天然干燥淀粉置于冷水中，水分子只是简单地进入淀粉颗粒的非结晶部分，与游离的亲水基相结合，淀粉颗粒慢慢地吸收少量水分。淀粉润胀过程只是体积增大，在冷水中淀粉颗粒因润胀使其密度加大而沉淀。天然淀粉不溶于冷水的原因有：①淀粉分子间是经由水分子进行氢键结合的，有如架桥，氢键数量众多，使分子间结合特别牢固，以至不再溶于水中；②由淀粉颗粒的紧密结构所决定的，颗粒具有一定的结构强度，晶体结构保持一定的完整性，水分只是侵入组织性最差的微晶束之间无定形区。淀粉的溶解度随温度而变化，温度升高，膨胀度上升，溶解度增加，由于淀粉颗粒结构的差异，决定了不同淀粉品种随温度上升而改变溶解度的速度有所不同(表1-9)。

表1-9 不同温度下淀粉颗粒的溶解度(%)

淀粉品种	70℃	80℃	85℃	90℃
玉米淀粉	1.5	3.08	3.5	4.07
马铃薯淀粉	7.03	12.32	65.28	95.06

2. 淀粉对碘的吸附作用

淀粉遇碘的呈色反应，不是化学反应，而是物理吸附作用。直链淀粉与支链淀粉对碘的吸附能力明显不同。呈螺旋结构的直链淀粉分子能够吸附碘形成络合物，每6个葡萄糖残基形成一个螺旋圈，恰好可容纳1个碘分子。纯直链淀粉每克能吸附约200mg碘，即重量的20%。而支链淀粉吸收碘量很少，不到1%。根据这种性质用电位滴定法可测定样品中直链淀粉的含量。几种淀粉吸附碘的量如表1-10所示，每100g全淀粉结合碘量多在4~5g之间，直链淀粉为19~20g，支链淀粉为0.5~1.0g。当直链淀粉与支链淀粉同时存在时，若碘的浓度很低，碘只能被直链淀粉吸附，当浓度升至10^{-4}mol/L时，支链淀粉才开始吸附碘。吸附碘的直链淀粉分子随着聚合度的不同呈现不同颜色，聚合度(DP)12以下的短链淀粉遇碘不呈现颜色变化，聚合度12~15呈棕色、20~30呈红色、35~40呈紫色、45以上呈蓝色。支链淀粉与碘结合后呈现的颜色与分子分支化度和外链的链长有关，随着分支化度的提高和外链链长的变短，与碘结合后的颜色由紫红色转为红色最后呈碘本色(棕色)。

表1-10 每100g淀粉结合碘量(g)

淀粉品种	全淀粉	直链淀粉	支链淀粉
大米	5.08	20.3	1.62
高直链玉米	9.31	19.4	3.6
玉米	5.18	20.1	1.1
小麦	4.86	19.5	0.98
木薯	—	20	—
马铃薯	—	20.5	—

3. 淀粉的润胀与糊化

(1)淀粉的润胀。

淀粉颗粒不溶于冷水，但将干燥的天然淀粉置于冷水中，它们会吸水，并经历一个有限的可逆润胀。这时候水分子只是简单地进入淀粉颗粒的非结晶部分，与游离的亲水基相结合，淀粉颗粒慢慢地吸收少量的水分，产生极限的膨胀，淀粉颗粒保持原有的特征和晶体的双折射。若在冷水中不加以搅拌，淀粉颗粒因其密度大而沉淀，将其分离干燥仍可恢复成原来的淀粉颗粒。天然淀粉颗粒的润胀，只有体积上的增大。润胀是从颗粒中组织性最差的微晶束之间无定形区开始的。有研究表明,将完全干燥的椭球形的马铃薯淀粉颗粒浸于冷水中时,它们各向呈不均衡的润胀,在长向增长 47%,而在径向只增长 29%;而小麦淀粉的盘状颗粒在润胀中发生明显的形变成为马鞍状,其厚度几乎没有变化;豌豆淀粉的椭球形团粒的润胀最为极端,长向收缩 2%,而径向膨胀 35%。

受损坏的淀粉颗粒和某些经过改性的淀粉粒可溶于冷水,并经历一个不可逆的润胀。

(2)淀粉的糊化。

若把淀粉的悬浮液加热,达到一定温度时(一般在 55℃ 以上),淀粉颗粒突然膨胀,因膨胀后的体积达到原来体积的数百倍之大,所以悬浮液就变成黏稠的胶体溶液。这种现象称为淀粉的糊化。淀粉颗粒突然膨胀的温度称为糊化温度,又称糊化开始温度。因各淀粉颗粒的大小不一样,待所有淀粉颗粒全部膨胀又有另一个糊化过程温度,所以糊化温度有一个范围,见表 1-11。

表 1-11　　　　　　　　　　　　　　几种淀粉颗粒的糊化温度

淀粉种类	糊化温度范围/℃	糊化开始温度/℃
大米	58~61	58
小麦	65~67.5	65
玉米	64~72	64
高粱	69~75	69
马铃薯	56~67	56

淀粉颗粒的糊化过程可分为三个阶段(图 1-10)。第一阶段:当淀粉颗粒在水中加热逐渐升温,水分子由淀粉的孔隙进入淀粉颗粒内,颗粒吸收少量水分,淀粉通过氢键作用结合部分水分子而分散,体积膨胀很小,淀粉乳强度只有缓慢增加,淀粉颗粒发生可逆润胀,其性质与原来本质上无区别,淀粉颗粒内部晶体结构也没有发生改变。第二阶段:水温继续上升,达到开始糊化温度时,淀粉颗粒的周边迅速伸长,大量吸水,偏光十字开始在脐点处变暗,淀粉分子间的氢键破坏,从无定形区扩展到有秩序的辐射状胶束组织区,结晶区氢键开始裂解,分子结构开始发生伸展,其后颗粒继续扩展至巨大的膨胀性网状结构,偏光十字彻底消失,这一过程属不可逆润胀。这时由于胶束没有断裂,所以颗粒仍然聚集在一起,但已有部分直链淀粉分子从颗粒中被沥滤出来成为水溶性物质,当颗粒膨胀体积至最大时,淀粉分子之间的缔合状态已被拆散,淀粉分子或其聚集体经高度水化形成胶体体系,黏度也增至最大。可以说糊化本质是高能量的热和水破坏了淀粉分子内部彼此间氢键结合,使分子混乱度增大,糊化后的淀粉-水体系的行为直接表现为黏度增加。第三阶段:淀粉糊化后,继续加热膨胀到极限的淀粉颗粒开始破碎肢解,最终生成胶状分散物,黏度也升至最高值。因此,可以认为糊化过程是淀粉颗粒晶体区熔化、分子水解、颗粒不可逆润胀的过程。

4. 淀粉的回生

(1)回生的概念与本质。

淀粉稀溶液或淀粉糊在低温下静置一定的时间,浑浊度增加,溶解度减少,在稀溶液

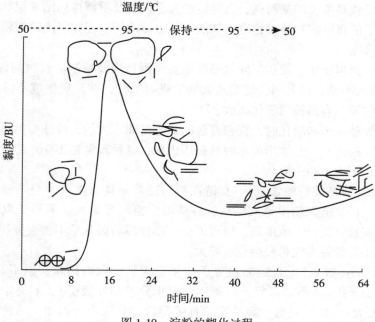

图 1-10　淀粉的糊化过程

中会有沉淀析出，如果冷却速度快，特别是高浓度的淀粉糊，就会变成凝胶体，这种现象称为淀粉的回生，或称老化、凝沉（图 1-11），这种淀粉称为回生淀粉（或称 β-淀粉）。

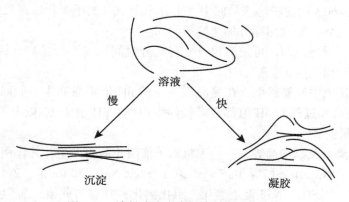

图 1-11　淀粉溶液中直链淀粉回生的机制

　　我们知道原淀粉的 X 射线谱型可分为 A 型、B 型、C 型和 V 型。对于回生淀粉，若由稀溶液制作，则为 B 型；若用浓溶液制作，则是 A 型。回生或干燥直链淀粉除有 A、B、C 三种类型结晶外，若有配合剂（如脂肪酸）存在，也含有 V 型。

　　回生的本质是糊化的淀粉分子在温度降低时由于分子运动减慢，此时直链淀粉分子和支链淀粉分子的分支趋向于平行排列，互相靠拢，彼此以氢键结合，重新组成混合微晶束。其结构与原来的生淀粉颗粒的结构很相似，但不成放射状，而是零乱地组合。由于其所得的淀粉糊分子中氢键很多，分子间缔合很牢固，水溶解性下降，如果淀粉糊的冷却速

19

度很快，特别是较高浓度的淀粉糊，直链淀粉分子来不及重新排列结成束状结构，便形成凝胶体。回生后的直链淀粉非常稳定，加热加压也难溶解，但如有支链淀粉分子混存，仍有加热成糊的可能。

回生是造成面包硬化、淀粉凝胶收缩的主要原因。当淀粉制品长时间保存时(如爆玉米)，常常变成咬不动，这是因为淀粉从大气中吸收水分，并且回生成不溶的物质。回生后的米饭、面包等不容易被酶消化吸收。

当淀粉凝胶被冷冻和融化时，淀粉凝胶的回生是非常大的，冷冻与融化淀粉凝胶，破坏了它的海绵状的性质，且放出的水容易挤压出来，这种现象是不受欢迎的。

(2)影响淀粉回生的因素。

①分子组成(直链淀粉的含量)。直链淀粉的链状结构在溶液中空间障碍小，易于取向，故易于回生；支链淀粉呈分支结构，在溶液中空间障碍大，不易于取向，故难于回生，但若支链淀粉分支长、浓度高，也可回生。糯性淀粉因几乎不含直链淀粉，故不易回生；而玉米、小麦等谷类淀粉回生程度较大。

②分子的大小(链长)。直链淀粉分子如果链太长，取向困难，也不易回生；相反，如果链太短，易于扩散(不易聚集，布朗运动阻止分子相互吸引)，不易定向排列，也不易回生(溶解度大)，所以只有中等长度的直链淀粉才易回生。例如，马铃薯淀粉中直链淀粉分子的链较长，聚合度为 1000~6000，故回生慢；玉米淀粉中直链淀粉分子的聚合度为 200~1200，平均为 800，故容易回生，加上还含有少量的脂类物质，对回生有促进作用。

③淀粉溶液的浓度。淀粉溶液浓度大，分子碰撞机会大，易于回生；浓度小则相反。一般水分占 30%~60% 的淀粉溶液易回生。水分小于 10% 的干燥状态则难于回生。

④温度。接近 0~4℃ 时储存可加速淀粉的回生。

⑤冷却速度。缓慢冷却，可使淀粉分子有充分时间取向平行排列，因而有利于回生。迅速冷却，可减少回生(如速冻)。

⑥pH 值。pH 值中性易回生，在更高或更低的 pH 值不易回生。如回生速率在 pH 值为 5~7 最快，过高和过低的 pH 值都会降低回生速率，pH 值为 10 以上不发生回生现象，低于 pH 值为 2 回生缓慢。

⑦各种无机离子及添加剂等。一些无机离子能阻止淀粉回生，其作用的顺序是 $CNS^->PO_4^{3-}>CO_3^{2-}>I^->NO_3^->Br^->Cl^-$；$Ba^{2+}>Sr^{2+}>Ca^{2+}>K^+>Na^+$。如 $CaCl_2$、$ZnCl_2$、$NaCNS$ 促进糊化，阻止老化；$MgSO_4$、NaF 促进老化，阻止糊化；甘油与蔗糖、葡萄糖等形成的单甘酯易与直链淀粉形成复合物，延缓老化(乳化剂)。

因此，防止回生的方法有快速冷却干燥，这是因为迅速干燥，急剧降低其中所含水分，这样淀粉分子联结而固定下来，保持住 α 构型，仍可复水。另外可考虑加乳化剂，如面包中加乳化剂，保持住面包中的水分，防止面包老化。

(3)高温回生现象。

通常回生在淀粉糊冷却过程以及在 70℃ 或 70℃ 以下储存时发生，然而还有另外一种形式的回生存在，它是在 75~95℃ 储存玉米淀粉溶液时发生的，并形成均匀的颗粒状沉淀，称为高温回生现象，玉米淀粉经 120~160℃ 糊化，得到的淀粉糊在 75~95℃ 储存时，就发生回生情况。沉淀颗粒是由玉米直链淀粉分子同游离脂肪酸结合的螺旋包合物而形成的。这些游离脂肪酸在玉米淀粉中天然存在，脱脂玉米淀粉、蜡质玉米淀粉或马铃薯淀粉在125℃以上糊化并在75~95℃储存就不会产生高温回生现象。普通玉米淀粉在95℃以上储存时也没有高温回生现象发生，说明直链淀粉分子同脂肪酸结合形成的螺旋包合物在此温度下被解离。

5. 淀粉糊与淀粉膜

（1）淀粉糊。淀粉在不同的工业中具有广泛的用途，然而几乎都需要加热糊化后才能使用。不同品种淀粉糊化后，糊的性质，如黏度、透明度、抗剪切性能及老化性能等，都存在着差别（见表1-12），这显著影响其应用效果。一般来说在加热和剪切下膨胀时比较稳定的淀粉颗粒形成短糊，如玉米淀粉和小麦淀粉糊丝短而缺乏黏结力。在加热和剪切下膨胀时不稳定的淀粉颗粒形成长糊，如马铃薯淀粉糊丝长、黏稠、有黏结力。木薯和蜡质玉米淀粉的糊特征类似于马铃薯淀粉，但一般没有马铃薯淀粉那样黏稠和有黏结力。

表1-12　　　　　　　　　　　　　淀粉糊的主要性质

性质	马铃薯淀粉	木薯淀粉	玉米淀粉	糯高粱淀粉	交联糯高粱淀粉	小麦淀粉
蒸煮难易程度	快	快	慢	迅速	迅速	慢
蒸煮稳定性	差	差	好	差	很好	好
峰黏度	高	高	中等	很高	无	中等
老化性能	低	低	很高	很低	很低	高
冷糊稠度	长，成丝	长，易凝固	短，不凝固	长，不凝固	很短	短
凝胶强度	很弱	很弱	强	不凝结	一般	强
抗剪切性能	差	差	低	差	很好	中低
冷冻稳定性	好	稍差	差	好	好	差
透明度	好	稍差	差	半透明	半透明	模糊不透明

（2）淀粉膜。淀粉膜的主要性质如表1-13所示。马铃薯和木薯淀粉糊所形成的膜，在透明度、平滑度、强度、柔韧性和溶解性等性质比玉米和小麦淀粉形成的膜更优越，因而更有利于作为造纸的表面施胶剂、纺织的棉纺上浆剂、胶黏剂等使用。

表1-13　　　　　　　　　　　　　淀粉膜的主要性质

性质	玉米淀粉	马铃薯淀粉	小麦淀粉	木薯淀粉	蜡质玉米淀粉
透明度	低	高	低	高	高
膜强度	低	高	低	高	高
柔韧性	低	高	低	高	高
膜溶解性	低	高	低	高	高

1.3.2　淀粉的化学性质

淀粉的化学性质与葡萄糖有共性，但它又是由许多葡萄糖通过糖苷键连接而成的高分子化合物，具有自己的独特性质。生产中应用淀粉化学性质改变淀粉分子可以获得两类重要的淀粉深加工产品。

1. 淀粉的水解

淀粉与水一起加热即可引起分子裂解。当与无机酸一起加热时，可彻底水解成葡萄糖，水解过程是分几个阶段进行的，同时有各种中间产物相应形成：

$$淀粉 \rightarrow 可溶性淀粉 \rightarrow 糊精 \rightarrow 麦芽糖 \rightarrow 葡萄糖$$

淀粉与淀粉酶在一定条件下也会使淀粉水解，根据淀粉酶的种类(α-淀粉酶、β-淀粉酶、葡萄糖淀粉酶及异淀粉酶)不同，可将淀粉水解成葡萄糖、麦芽糖、三糖、果葡糖、糊精等成分。在淀粉水解过程中，会有各种不同分子量的糊精产生。它们的特性如表1-14所示。

表 1-14　各种糊精的特性

名称	与碘反应	比旋光度	沉淀所需乙醇质量分数/%
淀粉糊精	蓝色	$+190° \sim +195°$	40%
显红糊精	红褐色	$+194° \sim +196°$	60%
消色糊精	不显色	$+192°$	溶于70%乙醇，蒸去乙醇即生成球晶体
麦芽糊精	不反应	$+181° \sim +182°$	不被乙醇沉淀

淀粉分子中除 α-1，4 糖苷键可被水解外，分子中葡萄糖残基的 2、3 及 6 位羟基上都可进行取代或氧化反应，由此产生许多淀粉衍生物。

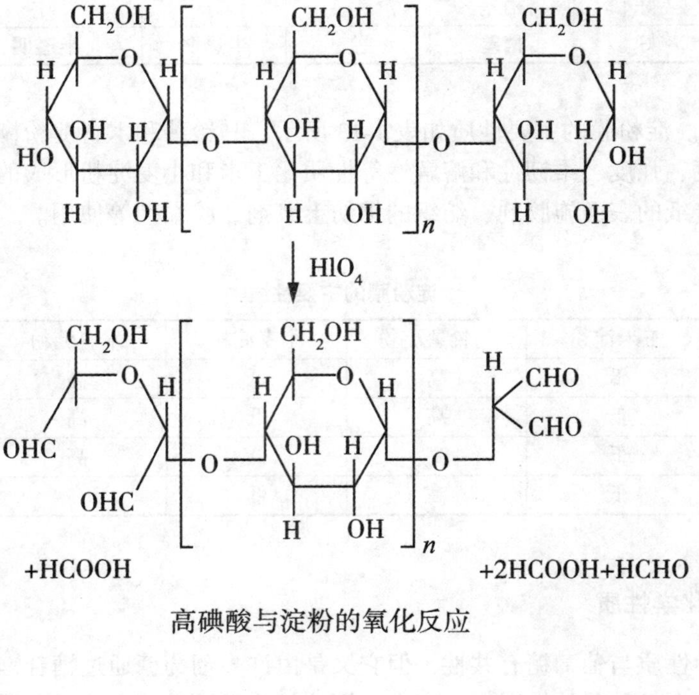

高碘酸与淀粉的氧化反应

2. 淀粉的氧化作用

淀粉氧化因氧化剂种类及反应条件不同而变得相当复杂。轻度氧化可引起羟基的氧化和 C_2—C_3 键的断裂等。

次氯酸和高碘酸氧化反应最具代表性。次氯酸将 C_2 的羟基氧化为酮基，高碘酸则将淀粉转变为二醛淀粉。如高碘酸氧化反应，可根据用去的 HIO_4 数量，生成的甲酸和甲醛的数量，推断出氧化淀粉的分子结构。

3. 淀粉的成酯作用

淀粉分子既可以与无机酸(如硝酸、硫酸及磷酸等)作用，生成无机酸酯，也可以与有机酸(如甲酸、乙酸等)作用生成有机酸酯。如淀粉可以形成乙酸淀粉酯：

$$St—OH+CH_3\overset{O}{\overset{\|}{C}}—O—\overset{O}{\overset{\|}{C}}—CH_3 + NaOH \longrightarrow St—O—\overset{O}{\overset{\|}{C}}—CH_3 + CH_3COONa + H_2O$$

直链淀粉分子的乙酸酯和乙酸纤维具有同样的性质，强度和韧性都较高，可制成薄膜、胶卷及塑料。支链淀粉分子的乙酸酯质脆，品质不好。淀粉的硝酸酯，可以用来做炸药。

4. 淀粉的烷基化作用

$$St—OH+ \overset{O}{\overset{\triangle}{CH_2—CH_2}} \longrightarrow St—O—CH_2CH_2OH$$

除此之外，淀粉分子中的羟基还可醚化、离子化、交联、接枝共聚等，关于这些反应，以后会在变性淀粉内容中详细介绍。

淀粉的识别和选购

目前市场上食用淀粉大部分是食用马铃薯淀粉、食用小麦淀粉和食用玉米淀粉这三种。食用淀粉也称生粉，其品质可以通过感官进行初步鉴定。

(1)淀粉的初步鉴定。

①颜色与光泽：淀粉的色泽与淀粉的含杂量有关，光泽与淀粉的颗粒大小有关，这是在鉴别时值得注意的问题。品质优良的淀粉色泽洁白，有一定光泽品质差的淀粉呈黄白或灰白色，并缺乏光泽。一般来说，淀粉的颗粒大时就显得洁白有光泽，而颗粒小时则相反。

②斑点：淀粉的斑点是因为含纤维素、沙粒等杂质所造成的，所以斑点的多少，可以说明淀粉的纯净程度和品质的好坏。

③气味：品质优良的淀粉应有原料固有的气味，而不应有酸味、霉味及其他不良气味。

④干度：淀粉应该干燥，手摸不应成团，有较好的分散性。

(2)淀粉的保存。

淀粉是一种极易变质的商品，在保存时必须注意以下事项：

①防潮湿：淀粉容易吸湿膨胀甚至腐败发霉。因此，在保存过程中必须保持干

燥，防止潮湿。如果在高湿度情况下再遇到高温度，淀粉就有发生糊化的可能。所以一般室内温度应保持在 15℃ 以下，相对湿度不超过 70% 为宜，并注意通风。

②防止异味：由于淀粉吸水性很强，在吸湿的同时，吸收异味的性能也很强。所以，保存时应防止与有异味的商品存放在一起。如果沾染上异味，可以进行晾晒，以减轻或消除异味。

③防止虫蚀鼠咬：淀粉和各种粮食一样，容易引起虫蚀或鼠咬。所以在保存中除保持库房清洁外，应作好防虫灭鼠工作。

◎ 观察与思考

1. 了解马铃薯淀粉主要的物理性质。
2. 了解什么是淀粉的糊化和淀粉的糊化温度以及影响淀粉糊化的因素。
3. 了解什么是淀粉的回生以及影响淀粉回生的因素主要有哪些。
4. 了解什么是淀粉糊与淀粉膜。

1.4   淀粉的分类

淀粉广泛存在于许多植物的种子、根、茎等组织中，尤其是谷类如玉米、小麦、稻米等，薯类如马铃薯、木薯、甘薯等的组织中大量储存。由农作物和其他植物通过物理方法提取出来的淀粉称为原淀粉，又叫生粉。原淀粉可以进一步采用物理、化学以及生物化学的方法，使淀粉的结构、物理性质和化学性质发生改变，从而出现特定的性能和用途，这种第二次深加工的产品我们把它称为变性淀粉。变性淀粉品种繁多，适用性强，应用范围十分广阔。随着科技的发展和社会的进步，可能会有更多的植物原料被用来加工原淀粉，也会有更新的加工方法用来对原淀粉进行变性处理，以生产出品质和性能更加优良的变性淀粉，满足实际生产的需要。

1.4.1   原淀粉的分类

根据生产淀粉的植物的多样性，不同来源的淀粉具有不同的功能性质，目前市场上已有许多不同用途的淀粉品种。淀粉品种一般根据其来源命名，如马铃薯淀粉、玉米淀粉、木薯淀粉等。按不同来源可将原淀粉分为以下几类(图 1-12)。

1. 谷类淀粉

主要包括大米、玉米、大麦、小麦、燕麦、荞麦、黑麦和高粱等，主要存在于谷物的种子和胚乳细胞中。这类淀粉与薯类淀粉在化学组成和物理性质方面有显著的不同。可在食品中可作为增稠剂、胶体生成剂、保湿剂、乳化剂、黏合剂；在纺织中可作浆料；在造纸中可作胶料和涂料等。

2. 薯类淀粉

主要包括块茎(如马铃薯、山药等)和根类(如木薯、甘薯、葛根等)淀粉。目前淀粉工业上的薯类淀粉主要以马铃薯和木薯淀粉为主，可作为食品添加剂、填充剂、胶粘剂等。

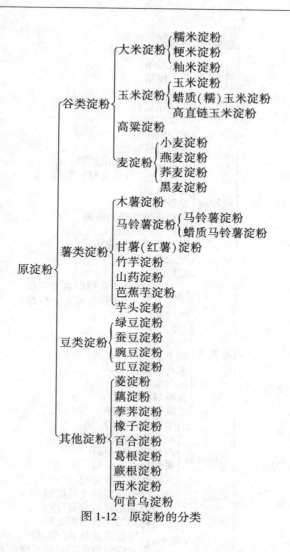

图 1-12 原淀粉的分类

3. 豆类淀粉

主要来源有绿豆、豌豆、蚕豆、豇豆和赤豆等，淀粉主要存在于豆类的种子中。这类淀粉直链淀粉含量高，一般用于制作粉丝、粉条等的原料。

4. 其他类淀粉

以香蕉、芭蕉、芒果、西米、车前草等乔木、草本类作物为原料加工成的淀粉，多用于食品工业。

另外，一些细菌、藻类中亦有淀粉存在。

1.4.2 变性淀粉分类

变性淀粉是指在淀粉所具有的固有特性的基础上，为改善其性能和扩大应用范围，而利用物理方法、化学方法和酶法改变淀粉的天然性质，增加其性能或引进新的特性，制备淀粉衍生物。变性淀粉一般按处理方法分类(图 1-13)。

变性淀粉
- 酸变性淀粉
  - 酸解淀粉
  - 可溶性淀粉
- 焙炒糊精
  - 白糊精
  - 黄糊精
  - 英国胶
- 氧化淀粉
  - 氧化淀粉
  - 双醛淀粉
- 淀粉酯
  - 淀粉醋酸酯
  - 淀粉月桂酸酯
  - 淀粉磷酸酯
    - 单淀粉磷酸酯
    - 二淀粉磷酸酯
  - 淀粉硫酸酯
  - 淀粉硝酸酯
  - 淀粉辛烯基琥珀酸酯
  - 淀粉黄原酸酯
  - 淀粉顺丁烯二酸酯
  - 硬脂酸淀粉酶
  - 淀粉己二酸酯
- 淀粉醚
  - 阳离子淀粉
    - 季铵型阳离子淀粉
    - 叔胺型阳离子淀粉
  - 烯丙基淀粉
  - 羟乙基淀粉
  - 羟丙基淀粉
  - 羧甲基淀粉
  - 氰乙基淀粉
  - 丙烯酰胺淀粉
  - 苯甲基淀粉
  - 乙酰氰乙基淀粉
- 交联淀粉
  - 甲醛交联淀粉
  - 环氧氯丙烷交联淀粉
  - 丙烯醛交联淀粉
  - 磷酸盐交联淀粉
  - 三氯氧磷交联淀粉
  - 己二酸混合酸酐交联淀粉
- 接枝共聚淀粉
  - 丙烯腈接枝共聚淀粉
  - 丙烯酸接枝共聚淀粉
  - 丙烯酰胺接枝共聚淀粉
  - 甲基丙烯酸甲酯接枝共聚淀粉
  - 乙二烯接枝共聚淀粉
  - 苯乙烯接枝共聚淀粉
- 物理变性淀粉
  - 预糊化淀粉
  - 射线处理淀粉
  - 高频处理淀粉
  - 湿热处理淀粉
  - 微球淀粉
- 生物变性淀粉
  - 多孔淀粉
  - 脂肪替代物
- 复合变性淀粉
  - 抗性淀粉
  - 乙酰化二淀粉磷酸酯
  - 磷酸化二淀粉磷酸酯
  - 羟丙基化二淀粉磷酸酯
  - 乙酰化二淀粉己二酸酯
  - 乙酰化二淀粉丙三醇
  - 磷酸化二淀粉丙三醇
  - 羟丙基化二淀粉丙三醇

图 1-13　变性淀粉的分类

（1）酸处理淀粉：对原淀粉在呈浆状条件下进行部分水解而获得的淀粉。酸处理淀粉糊化时黏度低，老化性大，易皂化，无其他淀粉的膨胀性能。老化后坚固性强，黏合力大。

（2）烘焙糊精类淀粉：原淀粉在特定高温下烘焙而获得的淀粉，具有在冷水中可溶性强、再湿性好的特性。

（3）氧化淀粉：通过氧化原淀粉而得到的变性淀粉，具有黏度低、稳定性好、透明度高的特点。

（4）酯化淀粉：淀粉中部分或全部羟基被酯化的变性淀粉，能溶于冷水，低温中黏度稳定，有很高的透明度。

（5）醚化淀粉：淀粉中部分或全部羟基被醚化的变性淀粉，对于酸、碱、温度和氧化剂的作用都稳定，能通过酸和热的作用水解成糊精、糖，或经次亚氯酸氧化成不同产品，但醚取代基仍保持不变。

（6）交联淀粉：用双官能或多官能团的试剂，使其大分子之间形成交联的变性淀粉，具有较高的糊化温度，糊黏度稳定。

（7）接枝共聚淀粉：淀粉与丙烯腈、丙烯酸、丙烯酰胺、甲基丙烯酸甲酯、丁二烯、苯乙烯和其他人工合成高分子单体起接枝共聚反应生成接枝共聚物。最大特点是具有高度吸水性能，可作为增稠剂、吸收剂、上浆剂、胶粘剂和絮凝剂，生产所得的共聚物不溶于水，能溶于树脂和塑料。

（8）物理变性淀粉：采用物理方法使淀粉分子产生活性的自由基，然后加入人工合成高分子的单体，在20~30℃温度以及无氧气存在的情况下进行。这种淀粉专用于其适用的领域。

◎ 观察与思考
1. 了解原淀粉如何分类。
2. 了解变性淀粉如何分类。

1.5 淀粉的应用

在所有加工农产品中淀粉的应用范围最为广阔，经过对原料的初加工，可生产出原淀粉和变性淀粉；经过对原淀粉和变性淀粉的深加工则可生产出水解淀粉产品，例如葡萄糖、糖类代用物、麦芽糖淀粉酶、山梨糖醇、柠檬酸、维生素C，等等。由于具有极其广泛的应用性，淀粉及其产品已经成为食品与饮料业和其他行业应用最为普及的功能性成分。

1.5.1 食品工业

对于食品加工业而言淀粉是一种不可缺少的添加成分，在各种添加剂中通常名列第二和第三位。许多食品都含有多种形式的淀粉成分。淀粉变性后广泛应用于食品工业中，可以用作除臭剂、品质改良剂、黏合剂、稳定剂、食品薄膜、低热量食品、增稠剂、保型剂、增黏剂、导热剂、胶凝剂等。不同的变性淀粉可以用在同一种食品中，而同一种变性淀粉又可以用在不同的食品中。在同一种食品，不同的生产厂家，又有不同的使用习惯；即使是同一种变性淀粉，不同的变性程度，它的性能相差也很大，这样就给变性淀粉在食品中应用和开发提供了广阔的发展前景。在美国、日本，基于淀粉的葡萄糖几乎已经全部替代了价格昂贵的蔗糖。

用 TBA 法检测淀粉的新陈度

随着大米价格上涨，国内已经有更多的啤酒生产厂家倾向于使用淀粉作为辅料，以节约成本。为降低成本的同时，保证产品质量，引入一个原材料检测的新概念——"淀粉的新陈度"。采用硫化巴比妥酸——冰醋酸法（TBA）检测淀粉的新陈度。方法：样品中的脂肪在贮藏过程中被分解为羰基化合物，在一定酸度范围内，羰基化合物与过量的硫代巴比妥酸作用会产生颜色的变化，可以通过比色，用吸光度表示 TBA 值，从而反映出样品中羰基化合物含量。结果：样品的新鲜度越高，TBA 值越小；样品的新鲜度越低，TBA 值越大。结论：TBA 值越大，说明羰基化合物越多，样品新鲜度越低。这就是用 TBA 法检测淀粉新陈度的方法原理。

1. 方便面、油炸方便面、不干燥的方便湿面、挂面都在使用变性淀粉

油炸方便面，一般使用高黏度的醋酸酯淀粉，它可以提高面条筋力和强度，断条的损耗率下降，能提高成品率。另外，淀粉中存在醋酸酯，可降低油炸过程中的油耗 2%～4%，其产品的复水性加快而不糊汤。据日本、中国台湾在中国内地生产便食品工厂得知，生产方便面的配方中添加马铃薯醋酸脂淀粉 10%～13%，木薯醋酸脂淀粉 13%～15%。而韩国在中国生产的方便面不添加醋酸脂淀粉，直接在面团中添加马铃薯原淀粉（生粉）、盐及糊精、合成后的混合淀粉 18%，食用时柔软性强、口感好。不干燥的方便湿面中添加醋酸淀粉，可降低淀粉的回生程度，使储存后的湿面仍有较柔软的口感。日本国内这种湿面中变性淀粉添加量在 18%～20%。

2. 休闲食品

随着国民经济的发展和人民生活水平的提高，目前，我国市场上逐渐流行各种各样的休闲食品、儿童食品。例如，松脆点心、薄脆饼干、马铃薯小馒头、米果等各种休闲食品。这种小点心往往是采用先将配料混合成型后，采用高温烘烤工艺。要求马铃薯淀粉颗粒要大，具有一定的膨胀性，据了解预糊化淀粉也是这类点心的很好原料，且优于添加普通淀粉。因为使用预糊化淀粉制成的混合料坯已经吸水，在烘烤时，大量的水分从淀粉颗粒中跑出造成膨胀。使用普通淀粉不易达到松脆的目的。为达到更佳的效果，使用预糊化淀粉效果更好。一些脆饼表面有盐或调味料附着，这也是采用经变性处理后的低黏度淀粉先形成糊液，再将盐和调味料分散在其中，搅拌后涂于料坯表面再烘烤，盐和调味料便析出而成。必须注意，此糊液浓度要合适，并且黏度要低，达到能形成一层薄层即可。这种变性淀粉一般使用的是低分子糊精。

据了解，台湾食品制造商 20 世纪 80 年代从日本引进儿童食品马铃薯小馒头，在中国内地生产近 10 年，年消耗马铃薯原淀粉约 3 万吨左右。其中旺旺一家企业年需求马铃薯原淀粉量大约 1.7 万吨，它的主料是马铃薯原淀粉（生粉），辅料是鸡蛋、蔗糖、蜂蜜，经搅拌成团后直接烘烤，其营养价值高，口感好，酥脆可口。但对马铃薯原淀粉的个别理化指标要求很高，例如水活度要求 6.8~7.0，水分要求 18%~18.5%。即使同一种类的变性淀粉，各生产企业添加量都不同，取代度大小也不一样，其性能相差很大。因此，在食品中使用变性淀粉和马铃薯原淀粉时，应根据具体情况具体分析。如马铃薯原淀粉，它的品质不是恒定的，与马铃薯品种、土壤、气候条件等有着直接的关系，其淀粉粒径大小、黏度高低都有所不同。

3. 调味料

调味料包括草莓酱、番茄酱、辣椒酱、苹果酱、沙拉酱等，这些酱类都需要增稠剂。使用变性淀粉后，一方面比原来使用生产成本要低；酱的质量稳定，长时间储存不沉淀、不分层，并且酱的外观有光泽，口感细腻。

4. 肉制品

各种午餐肉和火腿肠中，原来加工时多使用玉米淀粉。由于玉米淀粉回生，贮藏后的肉制品，质地松散而不柔软，变得口感粗糙。使用变性后的交联—酯化淀粉，少部分可替代全部玉米淀粉添加量，可以改善肉制品的吸水量，使贮藏后的肉制品仍具有细腻的口感。

5. 糖果类

我国糖果加工行业，主要用两类：一类是马铃薯原淀粉，酥脆糖果中的主要原料是马铃薯原淀粉，据了解徐福记在国内加工厂年需用马铃薯原淀粉约 1.7 万吨。另一类是变性淀粉，例如，牛皮糖中用的酸解淀粉，加入后起黏结剂作用，如口香糖中使用的预糊化淀粉或者变性预糊化淀粉。牛皮糖中很早以前使用柠檬酸来降解淀粉，以提高淀粉的凝胶性，易于成型。现在大部分加工厂直接使用酸解淀粉，避免加工过程中，柠檬酸降解淀粉的不一致性。另外，这些糖果中也有添加氧化淀粉的，其作用是商品糖果更柔软。在口香糖中使用预糊化淀粉作用是利用预糊化淀粉加入少量水成团后，具有黏弹性，可以减少胶基的用量；同时也是一种填充料。为增加口香糖的黏弹性，延长入口中的咀嚼时间，也可以使用经酯化、醚化或者交联后的淀粉再糊化。还有资料报道，使用高取代度的羟丙基醚化再经醋酸酯化的淀粉，可以取代口香糖中的胶基，以达到提高产品质量、降低生产成本的目的。

在美国，基于淀粉的葡萄糖几乎已经全部替代了价格昂贵的蔗糖；在欧盟，由于受到配额的限制，糖类代用物只占甜味剂消费总量的 10%；在日本，高果糖玉米糖浆却占甜味剂消费总量的 60%。淀粉还是淀粉糖工业的基础原料，淀粉糖价格比蔗糖和甜菜糖都低，具有很强的竞争力。随着工业技术的发展，淀粉糖系列产品在人类生活中必将日益丰富多彩。

6. 饮料类

以酸奶为例，它是以牛奶或奶粉分散在水中，再加入乳酸菌发酵而成。无论是做凝固型酸奶，还是饮料型酸奶，都要加入稳定剂，以增加酸奶的黏稠性，改善其质地和口感，防止内容物脱水收缩和乳清的分离。所以，采用变性淀粉具有抵抗酸性环境的能力和杀菌时温度的影响，同时黏稠性要更好，不易回生。用交联酯化或醚化淀粉比较好。固体饮料是饮料中的另外一部分，它包括配制性的汤料，一般要求组分经开水冲调后即能熟化，形成均匀的饮料或汤，并且能稳定半小时以上，形成的饮料或者汤具有黏稠、爽口感。使用马铃薯预糊化淀粉、麦芽糊精或者酯化淀粉。在芝麻糊、米粉、豆奶粉中加入少量的CMS(羧甲基淀粉)可显著提高固体物料的复水性，使冲稠后黏度增加，口感细腻。

7. 冷冻食品类

冰淇淋就是典型的冷冻食品，在其中加入变性淀粉可代替部分奶粉，并有以下几个优点：

(1)可以提高结合水量和稳定气泡作用，它具有类似脂肪的组织结构，使冰淇淋口感更细腻、光滑。

(2)冰淇淋的溶化速度下降。

变性淀粉主要是经酶水解得到的脂肪替代麦芽糊精，也可以酯化、醚化淀粉或者氧化淀粉，可代替奶粉量达 30%。冰淇淋中加入可乳化脂肪，明显增加膨化率，防止冰晶形成，使产品口感细腻。传统汤圆、冷冻水饺皮易裂，不能长时间存放，更不能反复冷冻。为了延长其存放时间，便于销售。可在汤圆、冷冻水饺皮中加添加 5%左右的酯化淀粉能起到黏结作用，避免因皮中淀粉回生，防止皮脱水收缩开裂。同时，也能将汤圆、冷冻水饺放于冰箱中存放，解决了生产企业、商场和消费者对汤圆、冷冻水饺保存难的问题。

8. 香精、香料、乳化稳定剂类

淀粉辛烯基琥珀酸酯既有亲水性，又有亲油性的变性淀粉。可以作香精、香料、维生素和油脂的乳化剂，加入后增加它们在饮料中的稳定性，便于饮料的色和味的稳定。另外，麦芽糊精又是香精、香料、维生素和油脂微胶囊化的良好材料，全部或者部分取代阿拉伯胶，既能达到稳定这些食品成分的作用，又能降低生产成本，避免阿拉伯胶市场供应不稳而影响食品加工。

1.5.2　医药工业

淀粉及其衍生物大量用于制药及临床医疗等方面。在制药工业中，广泛用于药膏基料、药片、药丸，起到黏合、冲淡、赋形等作用。在临床医疗中，主要用于牙科材料、接骨黏固剂、医药手套润滑剂、诊断用放射性核种运载体、电泳凝胶等。压制药片是由淀粉做赋形剂起黏合和填充作用，有些药物用量很小，必须用淀粉稀释后压制成片供临床用。另外，淀粉吸水膨胀，有促进片剂的崩解作用。淀粉制成淀粉海绵经消毒放在伤口上有止血作用。葡萄糖的生产主要原料是淀粉。抗生素类、维生素类、柠檬酸、溶剂、甘油等发酵工业的很多产品也都是用淀粉转化生产的。虽然已有许多新辅料代替淀粉，但淀粉无毒，原料资源丰富，价廉，仍然是很好的辅料。随着制药技术、工艺、设备的不断提升和发展，制药厂对药品质量、安全、疗效要求不断提高。单独使用淀粉不但不能满足某些制药的要求，如外观、稳定性、崩解度、生物利用及疗效，而且也限制了制剂品种多样化，如咀嚼、多层、缓释、成膜等。为了改善天然淀粉理化性质之不足，可采取物理、化学及酶等方法对淀粉进行变性处理。如果说三酸二碱是化学工业之母，那么医药生产更离不开淀粉生产。现在医药工业几乎有一半需用淀粉。有的制药厂虽然不直接用淀粉，但是它在用淀粉深加工后的产品。

1.5.3 纺织工业

纺织工业很久以来就采用淀粉作为经纱上浆剂、印染黏合剂以及精整加工的辅料等，明代《天工开物》中已有记载用淀粉上浆。淀粉的上浆性能虽不及化学浆料，但淀粉资源丰富、价格低廉，通过适当的变性处理，可使淀粉的性能得到改善，提高黏度的稳定性。能代替部分化学浆料，使纺织品的成本降低，且容易使用，又减少化学污染。因此，淀粉及其衍生物一直是纺织行业的主要浆料，约占世界市场的2/3。淀粉用于印染浆料称黏合剂，可使浆液成为稠厚而有黏性的色浆，不仅易于操作，而且可将色素扩散至织物内部，从而能在织物上印出色泽鲜艳的花纹和图案。在织物精整加工时用淀粉及其衍生物作浆料，可使织物平滑、挺括、厚实、丰满，同时使手感和外观都有很大改善。在织物精整加工时用淀粉及其衍生物作洗涤浆剂，可以防止污染，增强光泽。棉、麻、毛、人造丝等纺织工业用淀粉浆纱，可增加纱的强度，防止纱与织机直接摩擦。使用变性淀粉作浆料可提高纺织品质量并降低成本。淀粉糖有还原染料的作用，能使颜色固定在织物上而不退色。

随着当今天然淀粉的快速发展，近几年我国科研人员已采用不同的天然淀粉研制出多种变性淀粉，应用于纺织行业的上浆，以逐步代替化学品浆料，减轻环境污染。如玉米淀粉酸解后上浆效果十分好，随着科技的发展，我们国家又研制出了阳离子淀粉、交联淀粉、接枝淀粉、羧甲基淀粉、羟基淀粉、淀粉醋酸酯、淀粉磷酸酯等，变性淀粉用于纺织行业经纱上浆。在纺织过程中，经纱、纬纱都要经不同机械过程来完成，每根经纱不但要有相互之间的摩擦，还要先后和千万根纬纱接触，相互摩擦十分剧烈。由于织机的开口、投梭、打纬运动，纱与综、筘、停经片等之间的摩擦，会使经纱起毛以致断头。经纱上浆的目的主要是提高经纱的可织性。对于短纤维来说，就是通过帖服毛羽、纤维在纱线的表面形成保护膜来提高其耐磨性，对于长丝来说就增加单丝间隔抱合力，增强集束作用而提高其耐磨性。对于强度不足的纱，可以通过增强纤维之间的黏附性来提高强度。目前我国纺织行业经纱上浆的主要原料有：聚乙烯醇类、丙烯酸类、变性淀粉类。前两类具有良好的上浆性能，对合成纤维及其混纺纱的上浆效果很好，但价格偏高，污染严重，对企业来说污水处理投资较高。采用变性淀粉上浆从性能上不如化学浆料，但资源充足，而价格低廉，对污染环境较小。所以天然的淀粉通过适当的变性处理后性能得到改善，可代替化学浆料。

1.5.4 造纸工业

造纸工业是继食品工业之后最大的淀粉消费行业。造纸工业使用大量淀粉用于表面施胶、内部添加剂、涂布、纸板黏合剂等，以改善纸张性质和增加强度，使纸张和纸板具有良好的物理性能、表面性能、适印性能和其他方面的特殊质量要求。淀粉用于表面施胶，可赋予纸张耐水性能，改进纸张的物理强度、耐磨性和耐水性，使纸张具有较好的挺度和光滑度；用于内部施胶，可以提高浆料及纸的表面强度；用于颜料涂布，可以改善纸页的表面性能，提高适印性、耐水性、耐油性及强度；用于纸板、纸袋、纸盒及其他纸加工方面的黏合剂，能够增强纸板的物理性能和外观质量。由于淀粉价格低，用法简易，废水排放少，因此，作为造纸业的重要辅料被沿用至今。而且随着造纸业的发展，对淀粉的需求量不断增大。经变性后的淀粉用于造纸行业，打浆或类似打浆机使用，提高纸张纤维间的结合强度，减少纸张表面的起毛现象，建立起"纤维-淀粉-纤维"间的结合，提高纸张的强度。同时，用于纸张表面施胶，造纸机辊筒表面将淀粉施胶剂涂在纸的正面和背面，能使淀粉施胶剂均匀地施于纸的两面。胶被吸收到纸的内部，使纸的表面形成一层薄膜，使纸张表面的纤维能结合得更好，使纸张书写流畅，在印刷时不起毛，不掉毛，并且还起着控制纸张油墨吸水性、平滑性、光泽性，提高白度等，进一步提高纸张印刷效果。

1.5.5　化学工业

淀粉是一种重要的化工原料。淀粉或其水解产物葡萄糖经发酵可产生醇、醛、酮、酸、酯、醚等多种有机化合物，如乙醇、异丙醇、丁醇、丙醇、甘油、甲醛、醋酸、柠檬酸、乳酸、麸酸、葡萄糖酸等等。糖浆或葡萄糖，经黑酵母的酵母菌发酵得一种黏多糖——普鲁兰多糖，用它可制成强度与尼龙相似的纤维，热压成光泽、透明度、硬度、强度、柔韧与聚苯乙烯相似的生物塑料。淀粉与丙烯腈、丙烯酸、丙烯酸酯、丁二烯、苯乙烯等单体接枝共聚可制取淀粉共聚物，如淀粉与丙烯腈的共聚物是一种超强吸水剂，吸水量可达本身重量的几百倍，甚至1000倍以上，可用于沙土保水剂、种子保水剂、卫生用品等。近年来，许多国家的研究表明，淀粉在生产薄膜、塑料、树脂中能使其具有新的优良性能。淀粉添加在聚氯乙烯薄膜中可以使该薄膜不透水（宜作雨衣），也可以使该薄膜具有霉菌微生物分解性能（宜作农膜）。淀粉添加在聚氨酯塑料中，既起填充作用，又起交联作用，可以使制品增加强度、硬度和抗磨性，并使制品成本降低。利用淀粉这一天然化合物生产化工产品，价格低廉，污染小。随着科学技术的进步，产量不断增加，品种不断增多，质量不断提高，淀粉作为化学工业的重要原料，具有现实的和长远发展的广阔前景。

1.5.6　农业生产

我国人口多，耕地少，水资源严重匮乏。提高粮食单产和总产量，是各地方农业部门的一项重要任务。经过变性的淀粉不仅促使农作物增产，且可预防水土流失，所以变性淀粉在农业中应用有很好的前景。

（1）农业用生物可降解地膜。大家很熟悉的地膜可以促进植物生长、早熟和增产，还可以防御霜冻及暴风雨的袭击，调解光照、湿度、温度，给农作物生长创造有利条件。同时，采用地膜后使农作物增产15%～40%。在我国广大农村地膜覆盖栽培技术从20世纪70年代开始推广，至1981～1985年农用地膜平均每年以22%的速度增长。据统计，1991年我国生产地膜约50万吨，覆盖面积466.7万公顷（7000万亩）。2008年国家调整农村产业结构和资金投入，预计2009～2010年农村地膜覆盖面积能达到780万～1000万公顷（11700万～15000万亩）。聚乙烯和聚氯乙烯合成生产的地膜对环境污染严重，且用后需人工清除，否则会给牲畜、野生动物和农业产业带来危害。如焚烧，又会产生大量的有毒气体污染空气。20世纪60年代我国就开始研制既能降解，又没有污染的塑料替代品。70年代我国应用淀粉及衍生物制造塑料的研究十分活跃。80年代开始利用淀粉及衍生物，生产能降解的地膜及其他塑料制品，使这一行业得到快速发展。

（2）吸水剂是淀粉与丙烯腈接枝共聚物的水解产物，具有神奇的吸水性能，能提高沙土地的保水性能。因为沙土地蓄水性较差，大雨冲刷流失严重。如在山坡干旱沙土地上部

5cm 厚的土壤混入 0.1%~0.2% 吸水剂,能提高土壤吸水性,增加土壤含水量,对于植物生长有利,可防止水土流失,在缺水的条件下可增加产量。

淀粉造粉笔　无尘环保受欢迎

据中国淀粉行业网报道,大连市从 2010 年 9 月起陆续在全市十余所中小学及大连海洋大学试用以淀粉制造的无尘粉笔,改善学校教学环境,受到师生欢迎。

目前大连的一些学校已使用了这种无尘粉笔,白色、红色等多颜色的粉笔看起来与传统粉笔并无二致。书写过程完全没有粉尘,擦拭时也无扬尘,彻底解决了过去一节课下来,粉笔灰落教师一头、一脸的现象。擦黑板时用湿布一抹就可以了,在黑板潮湿的情况下,粉笔仍可清晰书写。无尘粉笔很耐用,每根粉笔的书写量由过去的 500 字左右提高到近万字。

生态环保无尘粉笔主要成分为天然棕榈油、蔗糖、淀粉等 20 余种环保原材料,下一步将在大连市更多学校应用。相信在不久的将来,老师、学生都不用在粉尘满天飞的教室里学习教学了,用蔗糖淀粉制造的粉笔,会让我们有个干净、清新的学习环境。

国家为搞好环境,防止白色污染,投资大量的资金利用淀粉与聚氯乙烯合成生产降解地膜。农民使用地膜的经济效益显著提高。我国广大农村地膜需求逐年在增加。淀粉经变性后可作为农药和除草剂的缓解剂。淀粉衍生物可以有效地控制药物的有效期。

1.5.7　其他

淀粉特别是变性淀粉,除广泛应用于上述领域之外,在石油、建材、冶金、铸造及日化等诸多行业也有广泛的应用。

在石油工业中,淀粉类产品主要是用作钻井液的降失水剂、压裂液的降滤失剂和稠化剂、堵水中的调稠剂和强化采油的表面活性剂。此外,多种变性淀粉还是很好的絮凝剂用于油田含油污水和其他工业污水的处理。羧甲基淀粉、丙烯腈接枝淀粉等变性淀粉还可以用于处理含油和盐水污染土壤的固相生物补救剂。

在建材工业中,糊精、预糊化淀粉、羧甲基淀粉、磷酸酯淀粉及淀粉接枝共聚物等是建筑材料中的石膏板、胶合板、陶瓷用品和墙面涂料的优质材料。黄糊精还可用作水泥硬化延缓剂。

除上述用途之外,淀粉及其制品还广泛应用于其他各种行业,如铸造工业的砂芯黏合剂,冶金工业的浮选矿石抑制剂,金属表面处理的低温磷化液,橡胶制品的润滑剂,干电池的添加剂,工业废水处理剂,包装工业的胶粘剂,去污肥皂的添加剂,化妆品的填充剂等。

◎ 观察与思考

1. 了解淀粉在农业生产中的应用。
2. 了解淀粉在食品领域中的应用。

第 2 章　马铃薯及马铃薯淀粉概述

◎ 内容提示

　　本章主要介绍马铃薯的起源及产地分布；马铃薯的营养成分、营养价值、马铃薯的保健价值；马铃薯淀粉的特性、马铃薯淀粉的应用；我国马铃薯淀粉加工产业基本现状。

2.1　马铃薯的起源及产地分布

2.1.1　马铃薯的起源与传播

　　世界上关于马铃薯最早的历史记载是公元 1536 年，继哥伦布之后接踵到达新大陆的西班牙探险队员，在哥伦比亚的苏洛科达村最先发现了马铃薯。英国著名植物遗传学家沙拉曼(R. N. Salaman)在论述马铃薯起源与传播时说："哥伦布发现了新大陆，给我们带来的马铃薯是人类真正的最有价值的财富之一。"西班牙人在 1570 年将马铃薯由南美洲引入西班牙，在南部塞维尔地区大量种植。18 世纪末至 19 世纪初马铃薯从欧洲引入北美、非洲南部、澳大利亚等。美国于 1719 年由爱尔兰引入栽培马铃薯。

　　马铃薯在中国内地的传播可追溯到 17 世纪下半叶，从东南的福建省、西北的陕西省和山西省开始引入。大约在公元 1603 年到 1650 年间，由居住在中国台湾澎湖岛的荷兰殖民者最早开始种植马铃薯，故有荷兰薯之称。他们征服台湾后在当地大量种植马铃薯。中国大陆引入马铃薯的另一个途径是从黄土高原的山西省和陕西省，最初是在 17 世纪早期由外国传教士和西伯利亚商人引入，马铃薯从这里开始传向河北、辽宁、吉林和中国北方的其他省份。到了现代，马铃薯的种植已遍及中国的东北、西北、西南。2013 年中国马铃薯种植面积及产量分别为 8421.9 万亩和 8892.5 万吨，2013 年总产量占全球总产量的24.2%，种植面积和鲜薯产量均居世界首位，成为全球第一大马铃薯生产国。中国马铃薯产业化水平不断提高，据 2011 年中国马铃薯大会统计数字得知，目前全国马铃薯加工企业已经发展到约 5000 家，其中规模化深加工企业约 150 家，全国精淀粉年加工能力 200万吨左右，全粉 10 多万吨，薯片薯条 25 万吨左右。马铃薯既是粮食，又是蔬菜，也是重要的经济作物，在世界人民生活中占有重要地位。人类栽培马铃薯的时间已很久远，但它在世界各地广泛传播，仅仅有 400 多年历史。

　　当我们品尝马铃薯烹调的佳肴美味时，应该给把马铃薯培育成栽培作物的南美洲印第安人记下第一功，他们的先辈们不仅为后人选择了诸如淀粉含量很高的玉米和甘薯以及花生和烟草等经济作物，还为人类培育了粮蔬兼用的马铃薯。

2.1.2 马铃薯产地分布

马铃薯又名土豆、山药蛋、地蛋、洋芋、荷兰薯、爪哇薯等，属茄科，是一年生植物。马铃薯的栽培范围遍布全世界，北自北纬71°，南至南纬40°，绝大部分国家都栽培马铃薯。栽培最多的国家是前苏联、中国、美国、波兰、德国、加拿大等。

马铃薯在我国分布极其广泛，北起黑龙江，南至南海诸岛，东抵沿海之滨和台湾省，西到青藏高原和新疆，但主要还是集中在四川、黑龙江、甘肃、内蒙古、河北、山西、陕西、云南、贵州等省区的贫困地区。2011年，全国马铃薯种植面积超过500万亩的省（区、市）有内蒙古、贵州、甘肃、四川、云南、重庆，总种植面积达568.7万公顷，总产量达9754.5万吨，占全国总产量的71%（图2-1~图2-5），我国马铃薯种植面积和鲜薯产量均居世界首位，成为世界马铃薯生产第一大国。

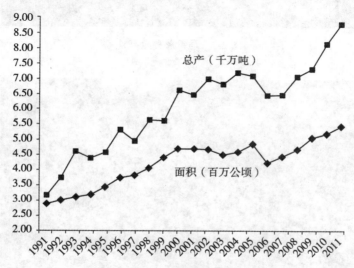

图 2-1　1991—2011 年我国马铃薯种植面积与产量

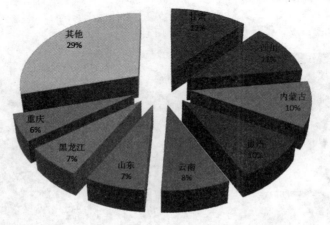

图 2-2　我国马铃薯主要省份总生产量比重

35

图 2-3　马铃薯种植基地

图 2-4　马铃薯大田种植

图 2-5　马铃薯网棚种植

　　根据我国马铃薯主产区自然资源条件、种植规模、产业化基础、产业比较优势等基本条件，将我国马铃薯主产区规划为五大优势区，如图2-6。

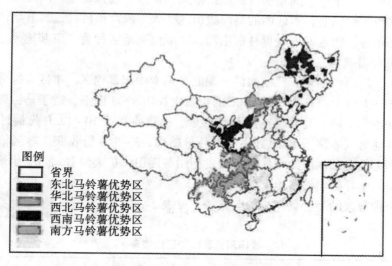

图 2-6　我国马铃薯优势区域布局示意图

1. 东北种用、淀粉加工和鲜食马铃薯优势区

　　包括东北地区的黑龙江和吉林2省、内蒙古东部、辽宁北部和西部，与种薯、商品薯需求量较大的朝鲜、俄罗斯和蒙古等国接壤。本区地处高寒、日照充足、昼夜温差大，年均温度在-4~10℃，大于5℃积温在2000~3500℃之间，土壤为黑土，适于马铃薯生长，为我国马铃薯种薯、淀粉加工用薯的优势区域之一。

2. 华北种用、加工和鲜食马铃薯优势区

　　包括内蒙古中西部、河北北部、山西中北部和山东西南部。本区除山东外地处蒙古高原，气候冷凉，年降雨量在300mm左右，无霜期在90~130d之间，年均温度4~13℃。大于5℃积温在2000~3500℃之间，分布极不均匀。土壤以栗钙土为主。由于气候凉爽、日照充足、昼夜温差大，适合马铃薯生产，是我国马铃薯优势区域之一，单产提高潜力大。本区利用光照强、昼夜温差大、季节早等自然条件，优先发展种薯、加工专用型和鲜食出口马铃薯生产，增强生产组织化水平。

3. 西北鲜食、加工和种用马铃薯优势区

　　包括甘肃、宁夏、陕西西北部和青海东部。本区地处高寒，气候冷凉，无霜期在110~180天之间，年均温度4~8℃，大于5℃积温在2000~3500℃之间，降雨量200~610mm，海拔500~3600m，土壤以黄土、黄棉土、黑垆土、栗钙土、沙土为主。由于气候凉爽、日照充足、昼夜温差大等自然条件，优先发展鲜食用、淀粉加工专用和种薯用马铃薯生产，增强市场流通能力和生产组织化能力。

4. 西南鲜食、加工和种用马铃薯优势区

　　包括云南、贵州、四川、重庆4省(市)和湖北、湖南2省的西部山区、陕西的安康地区。本区地势复杂、海拔高度变化很大。气候的区域差异和垂直变化十分明显，年平均气温较高，无霜期长，雨量充沛，特别适合马铃薯生产，主要分布在海拔 700~3000m 的山区。本区是鲜食、加工用和种用马铃薯的优势区域。马铃薯种植模式多样，一年四季均可种植，已形成周年生产、周年供应的产销格局，是鲜食马铃薯生产的理想区域和加工原料薯生产的优势区。同时，本区内的高海拔山区，天然隔离条件好，具有生产优质种薯得天独厚的生态条件，重点发展脱毒种薯生产，建成西南地区种薯供应基地。

5. 南方马铃薯优势区

包括广东、广西、福建、江西南部、湖北和湖南中东部地区。本区大部分为亚热带气候，无霜期 230 天以上，日均气温≥3℃的作物生长期 320d 以上，适于马铃薯在中稻或晚稻收获后的秋冬作栽培。马铃薯在广西、广东、福建通常于 10~12 月份播种，次年 1~4 月份收获；其他地区通常于 12 月到次年 1 月份播种，3~5 月份收获。本区依托外向型市场区位优势和国内蔬菜供应淡季优势，开发利用冬闲田，扩大鲜食马铃薯生产，是以菜用薯和鲜薯出口为主导的马铃薯生产优势区。

以上 5 个优势区的马铃薯生产情况比较，见表 2-1。

表 2-1　　　　　　　　　　　　　我国马铃薯优势区比较表

地区	2006 年					2010 年		
	种植面积（万亩）	占全国种植面积百分比（%）	产量（万吨）	占全国产量百分比（%）	平均亩产（kg）	种植面积（万亩）	平均亩产（kg）	总产量（万吨）
东北优势区	1018.9	12.9	1025.2	12.7	1006.2	1100	1100	1210
华北优势区	1551.4	19.7	1480.8	18.3	954.5	1600	1050	1680
西北优势区	1591.4	20.2	1525.9	18.9	959	1700	1040	1768
西南优势区	3156.7	40.1	3357.8	41.5	1063.7	3700	1130	4181
南方优势区	550.5	7	705	8.7	1280.7	1000	1350	1350

注：数据来源于中国淀粉工业协会网站统计数据

马铃薯在我国贫困地区分布区域广、种植面积大、产品种类多，据统计，在 592 个扶贫工作重点县中，有 549 个县种植马铃薯。粗略估计，全国马铃薯种植面积 70% 以上分布在贫困地区。

马铃薯是无性繁殖作物，其收获产物是营养器官——块茎，因此具有许多其他以籽实为收获器官的作物所不具备的特殊性。首先，播种用的块茎含有较多的水分，为在干旱条件下保证出苗创造了良好条件，可以说马铃薯是一种水分利用率较高的作物，是发展旱作农业的优势作物。同时马铃薯还是一种高产作物，也是资源利用效率较高的作物。马铃薯的收获指数为 75%~85%，说明作物本身在消耗了阳光、水分、营养以及投入后的损失低于 25%，是一种效率很高的作物。因此，发展马铃薯生产在人口压力比较大、农业资源比较缺乏的国家和地区无疑是一种理智的选择。发展马铃薯产业，有助于解决贫困地区群众的基本口粮，特别是在自然灾害发生的年份，马铃薯可以成为粮食的替代品；有助于增加贫困地区农民收入，通过发展加工业，吸纳贫困劳动力就业；有助于提高扶贫产业的科技水平，随着新品种、脱毒种薯和地膜覆盖等技术的进一步推广应用，马铃薯的品质和生产能力还将继续优化与增加。

◎ 观察与思考

1. 了解马铃薯的产地分布特点，详细了解甘肃马铃薯产地分布。
2. 思考定西马铃薯种植产地分布。

2.2 马铃薯的营养及药用保健价值

马铃薯广植于世界各地、广用于食品工业，主要是因为它兼具粮食和蔬菜的双重特点，营养价值高且全，药用特效好而奇，加工食品美又香。目前在我国，马铃薯的种植面积和总产量虽然都居世界首位，但利用率并不高，还具有较大的开发利用前景。

2.2.1 马铃薯的营养价值

马铃薯所含营养成分之全，是其他粮食作物所不能比的。从其化学组成中可以看出，它的块茎中含有丰富的淀粉及对人体极为重要的营养物质，如蛋白质、糖类、矿物质、盐类和多种维生素等。见表2-2。美国农业部研究中心的341号研究报告指出："作为食品，全脂牛奶和马铃薯两样便可提供人体所需的营养物质。"而德国专家指出，马铃薯为低热量、高蛋白、多种维生素和矿物质元素食品，每天食进150g马铃薯，可吸入人体所需的20%的 V_c、25%的钾和15%的镁，而不必担心人的体重会增加。

马铃薯蛋白质是完全蛋白质，含有人体必需的8种氨基酸，特别是赖氨酸和色氨酸，这两种氨基酸是其他粮食所缺乏的，这些氨基酸的含量和比例符合人体需要。见表2-3。

表2-2   **马铃薯及其制品的营养成分（每100g 含量）**

名称＼成分	水分（%）	热量（kcal）	蛋白质（g）	脂肪（g）	碳水化合物（g）	粗纤维（g）	钙（mg）	磷（mg）
生马铃薯	79.8	76.0	2.1	0.1	17.1	0.5	7.0	53.0
烤马铃薯	75.1	93.0	2.6	0.1	21.1	0.6	9.0	65.0
煮马铃薯	79.1	76.0	2.1	0.1	17.1	0.5	7.0	53.0
牛奶马铃薯泥	82.9	65.0	2.1	0.7	13.0	0.4	24.0	49.0
马铃薯片	1.8	568.0	5.3	39.8	50.0	1.6	40.0	139.0

名称＼成分	镁（mg）	钾（mg）	铁（mg）	V_A（IU）	V_{B1}（mg）	V_{B2}（mg）	V_{B6}（mg）	V_C（mg）
生马铃薯	14.0	407.0	0.60	40.0	0.100	0.04	0.25	20.00
烤马铃薯	28.8	503.0	0.70	—	0.100	0.04	—	20.00
煮马铃薯	—	407.0	0.60	—	0.100	0.04	—	20.00
牛奶马铃薯泥	—	261.0	0.40	20.0	0.080	0.05	—	10.00
马铃薯片	48.0	1130.0	1.8	—	0.21	0.07	0.18	16.00

注：lcal＝4.184J

表2-3　　　　　　　　　不同方法烹调后马铃薯所含氨基酸(mg/500g)

烹调方法	异亮氨酸	氨基酸	赖氨酸	蛋氨酸	苯丙氨酸	苏氨酸	色氨酸	缬氨酸
煮熟	0.89	1.09	1.10	0.26	0.86	0.76	0.24	1.19
炸马铃薯片	3.46	4.21	3.66	0.92	2.79	2.48	0.57	4.22
法式油炸食品	2.89	2.25	2.03	0.47	1.57	1.47	0.45	2.48
马铃薯泥	1.21	1.54	1.31	0.35	1.04	1.02	9.22	1.25

马铃薯中除脂肪含量较少外，其他蛋白质、碳水化合物、铁和维生素的含量均显著高于世界性作物小麦、水稻和玉米，发热量高于所有的禾谷类作物。就单位面积出产的蛋白质而言，分别为小麦、水稻和玉米的2.02、1.33和1.20倍。与大米和面粉比较，马铃薯的各种营养成分比例平衡且全面。见表2-4。

表2-4　　　　　　　　马铃薯和大米、面粉营养成分表(500g马铃薯)

营养成分	马铃薯	大米	面粉	营养成分	马铃薯	大米	面粉
胡萝卜素(mg)	0.521	0	0	碳水化合物(mg)	119.32	395	370
硫胺素(mg)	0.426	0.90	1.25	热量(mg)	542.72	1.753	1.763
核黄素(mg)	0.126	0.15	0.30	粗纤维(mg)	6.012	1	1.1
尼克酸(mg)	1.75	7.50	17	无机盐(mg)	5.15	2	3
抗坏血酸(mg)	76.68	0	0	钙(mg)	46.60	50	0
蛋白质(mg)	8.20	37	55	磷(mg)	252.14	500	0
脂肪(mg)	3.00	2.50	7	铁(mg)	39.60	5	0

"土豆"——超受喜爱的营养减肥食品

人们对马铃薯有许多亲昵的称呼：法国人称它为"地下苹果"；德国人称它为"地梨"；俄罗斯人称它为"第二面包"。

在我国，马铃薯也有不少美称：东北人叫它"土豆"，西北人叫它"洋芋"，华北地区叫它"山药蛋"，江浙一带叫它"洋番芋"等等。

膳食纤维被称为减肥的明星元素，是因为膳食纤维能帮助人体更好地消化吸收，还能使人有饱腹感，减少摄入过量的食物。此外，多项健康研究也显示，膳食纤维有助于降低罹患结肠癌和心脏病的风险。根据美国食品药品管理局的数据，一个148g（近三两）重的带皮马铃薯含有3g膳食纤维，这个数量能够满足人们日需求量的12%，这样的含量接近了苹果中膳食纤维的含量。因此，土豆拥有"地下苹果"的美称。土豆中只含有0.1%的脂肪，这是所有充饥类食物望尘莫及的。每148g马铃薯产生的热量仅为100个卡路里。与进食其他食品相比，每天多吃土豆可以减少脂肪的摄入，帮助代谢多余脂肪。因此，土豆是帮你减肥的好食物。

　　土豆在帮助减肥的同时，还能提供人体需要的其他维生素和矿物质。一个148g重的马铃薯可提供人体维生素C日需求的45%、B_6日需求的10%。由于生长在土壤中，马铃薯富含矿物质，能够提供人体日需求钾元素的21%、磷元素的6%。按照营养学观点，1kg马铃薯的营养价值大约相当于3.5kg苹果。甚至有美国的营养专家说，每餐只要吃全脂奶和马铃薯，便可得到人体需要的全部营养素。所以，土豆是超受人们喜爱的营养减肥食品。

2.2.2　马铃薯的药用保健价值

　　马铃薯富含淀粉和蛋白质，脂肪含量低，含有的维生素和矿物质有很好的防治心血管疾病的功效。马铃薯所含维生素C，作为强效的抗氧化剂，可以保护身体细胞；马铃薯所含的矿物质的钾、镁、钙元素共同作用能够增强血管弹性，对于高血压和中风有很好的防治作用；马铃薯含有的维生素B_6可防止动脉粥样硬化。马铃薯块茎中含有多酚类化合物，如芥子酸、香豆酸、花青素、黄酮等，具有抗氧化、抗肿瘤和降血糖、降血脂等保健作用。另外马铃薯蛋白含有大量的黏体蛋白质，黏体蛋白质是一种多糖蛋白混合物，能预防心血管系统的脂肪沉积，保持动脉血管的弹性，防止过早发生动脉粥样硬化，并可预防肝脏、肾脏中结缔组织的萎缩，保持呼吸道、消化道的润滑。马铃薯所含的粗纤维可促进肠道蠕动，保持肠道水分，可防治胃溃疡、十二指肠溃疡、慢性胃炎、习惯性便秘和皮肤湿疹等疾病，同时还认为有解毒、消炎等功效。总之，马铃薯是高血压、心脏病和胃病等患者的优质营养保健食品。

土豆做醋的技术方法

　　用土豆制作的食醋，不仅色泽黑褐、酸香浓厚、风味独特，而且还具有健胃、消食、解毒之功效，深受人们喜爱。

　　1. 配料方法

　　(1)配料：土豆100kg，谷糠60kg，麸皮40kg，水30kg，扩大曲4~5kg，醋用发

酵剂 1.6kg。

　　(2)方法:①土豆糖化。将土豆洗净,除去腐烂处和泥沙,煮熟捣碎,每 100kg 土豆加凉水 30kg 左右,升温至 25℃,拌入扩大曲和醋用发酵剂。搅匀后,倒入缸内盖好,进行糖化,12h 后开始起泡,时起时伏。每天用木槌上下搅动,上稀下稠即糖化成功。②拌坯。把糖化成熟的土豆浆挖在簸箕内拌入谷糠、麸皮。拌坯时要均匀,坯料的湿度为用手握稍滴水珠为宜(冬天稍干些),坯子拌好后倒入发酵缸内,用草席等盖严进行发酵。

　　2. 醋酸发酵

　　选室温为 25~30℃ 的普通房屋作发酵房,放入缸内的坯料,约 3d 产生醋酸,要上下翻缸,每昼夜翻动 3~4 次,使上下料温一致,料温最高不超过 43℃。若料温过高,应采用将料稍压紧或者倒缸措施来控制。料温较高的时间不超过 3d,之后温度应逐渐下降至 30℃,直到酒精氧化成醋。发酵期为 12~15d(口尝酸甜味),醋坯定型,每 100kg 土豆可均匀拌入食盐 3kg,加盐密封存入池内或缸内压实,通过陈储增加醋的香味。

　　3. 淋醋检验

　　(1)设备:缸,缸内有木淋架子,架子上铺淋席,缸底部装有淋嘴,每套用 4 个淋缸。

　　(2)淋醋:把成熟的醋坯子装入淋缸内,每套装坯子按主料计算为 150kg 左右,然后用二淋醋水装满淋缸泡淋。根据设备和生产情况,闷淋时间可长至 12h,也可短为 3~4h,主要以闷透坯子为好,醋坯闷透即可开始淋醋。先用水或二淋水冲洗其中的两个淋缸,然后打开淋缸下部的淋嘴,将头淋醋放出。另外两个淋缸用二淋醋浸淋,从淋嘴流出醋液反复回淋。

　　(3)感官检查:待醋清亮时,加热至 80℃ 以上成为成品醋,放入存醋池或缸内,经理化检验合格后可包装出厂。这种醋不加防腐剂,但从未发现过变质现象。

◎ 观察与思考

　　1. 了解马铃薯的营养成分。

　　2. 了解马铃薯的药用保健价值。

3. 了解马铃薯蛋白质的特点。

2.3　马铃薯淀粉

2.3.1　马铃薯淀粉的特性

1. 马铃薯淀粉粒的形状与大小

马铃薯淀粉的粒径一般为 25～100μm，平均粒径为 30～40μm，比玉米淀粉、红薯淀粉和木薯淀粉的粒径都要大。马铃薯淀粉粒径的大小不仅随其品种不同而变化，即使是同一品种的马铃薯，在不同的营养条件下，其淀粉粒径大小也会发生变化。大粒径的马铃薯淀粉呈椭圆形，小粒径的呈圆形。

2. 马铃薯淀粉的糊化特性

（1）糊浆黏性大。

马铃薯支链淀粉含量高达 80% 以上，其直链淀粉的聚合度也很高，所以马铃薯淀粉糊的黏度很高。马铃薯淀粉糊浆黏度峰值平均达 3000BU，比小麦淀粉（300BU）、玉米淀粉（600BU）和木薯淀粉（1000BU）的糊浆黏度峰值都高。马铃薯淀粉虽然也含有直链淀粉，但由于其直链部分的大分子量及磷酸基团的取代作用，马铃薯淀粉糊的凝胶强度很大。

（2）糊化温度低、膨胀容易。

马铃薯淀粉的糊化温度平均为 56℃，比玉米淀粉（64℃）、小麦淀粉（69℃）、甘薯淀粉（79℃）的糊化温度都低。这是由马铃薯淀粉本身的分子结构决定的。马铃薯淀粉的分子结构具有弱的、均一的结合力，当温度达到 50～62℃ 时，淀粉粒就会吸水膨胀，糊化产生黏性。马铃薯淀粉虽然也含有直链淀粉，但由于其直链部分的大分子量及磷酸基团的取代作用，马铃薯淀粉糊很少出现凝胶或老化现象。

（3）糊浆透明度高。

马铃薯淀粉本身结构松散，在热水中能完全膨胀、糊化，糊浆中几乎不存在能引起光线折射的未膨胀、未糊化的颗粒状淀粉。所以淀粉糊非常透明。

（4）糊化时吸水、保水力大。

马铃薯淀粉糊化时吸水力、保水力大，随着温度不断升高，淀粉粒吸水越来越多，水分可在淀粉粒中充分保存。当完成糊化时，能吸收比自身的重量多400～600倍的水分。

3. 马铃薯淀粉的蛋白质含量低

马铃薯淀粉不具有玉米淀粉和小麦淀粉那样典型的谷物口味。这主要的原因是其蛋白残留量低，通常低于0.1%。因此它颜色洁白，口味温和，无刺激。

2.3.2　马铃薯淀粉的应用

从工业应用性能和理化指标分析，马铃薯淀粉均优于其他作物淀粉，见表2-5。马铃薯淀粉优良的品质和性能，使得马铃薯淀粉在应用上有着独特的优势，广泛应用于食品、造纸、纺织、制药、化工、建材、发酵、石油钻井等多个工业领域。

表2-5　　　　　　　　　　淀粉工业指标及糊性质比较

项目	马铃薯淀粉	木薯淀粉	玉米淀粉	小麦淀粉	备注
水分	18～20	13～15	12～14	12～13	
黏度	很高（>1300BU）	中等（<500BU）	低（<250BU）	很低（<150BU）	
纯度	很高	高	低	中等	
膨化度	很高	中	低	低	
糊化温度	60～65℃	60～65℃	75～80℃	80～85℃	低者节能性佳
颜色	洁白	白	稍黄	稍黄	
糊透明度	非常透明	透明	不透明	模糊	
糊长度	很长	长	短	短	
抗剪切性	低	低	中等	低	
凝沉性	低	低	高	高	高者易老化
膨胀力	1153倍	71倍	24倍	21倍	
蛋白质	0.1以下	0.15	0.35	0.4	低者质优
脂肪	0.05	0.1	0.8	0.9	低者质优
磷	0.08	0.01	0.02	0.06	高者质优
溶解度	82	48	25	41	
颗粒度	100	35	30	45	
膜强度	很高	高	低	低	
工业性能整体评价	很好	好	差	差	

从上表可以看出，马铃薯淀粉理化指标及工业应用性能最佳，属高档淀粉。但是马铃薯淀粉生产期短，产量较少，价格较贵，一定程度上影响了工业应用面。

马铃薯淀粉的主要应用领域有以下方面：

（1）食品行业——乳化剂、增稠剂、膨化剂、改良剂、保水剂、裹浆剂等，所有食品类、饮料类产品等全适宜应用；

（2）制药行业——填充剂、崩解剂、成型剂、胶囊等；

（3）化工行业——各种黏合剂、油漆、电池、胶片、生物降解制品等；

（4）建材行业——涂料、腻子粉等；

（5）造纸行业——高档纸张涂布剂、施胶剂等；

（6）纺织行业——高档织物上浆剂、精整剂等；

（7）铸造行业——铸模型砂成型剂；

（8）石油钻井——降滤失剂、井壁增强、成型剂、水处理剂等。

（9）水产养殖业——鳗鱼、甲鱼、高档鱼虾饲料。

（10）农业、林业——高效吸水剂、保水剂。

◎ 观察与思考

1. 了解马铃薯淀粉的特性。

2. 根据马铃薯淀粉的特性分析其用途。

2.4 马铃薯淀粉加工产业

马铃薯加工产业涵盖了马铃薯的繁殖、培育、种植、中间和终端产品加工的全过程及其配套设备的生产。马铃薯的生产加工在中国处在起步且蓬勃发展阶段，它是随着中国经济、食品和农副产品加工业的发展并肩而进、在跳跃式发展中形成的新兴行业。自20世纪80年代以来马铃薯加工业一直以较快的速度发展，进入90年代以后，其平均年增长速度保持在10%~20%。产值、产量逐年增加。我国马铃薯加工业是可持续发展的朝阳行业，其市场未来将是巨大的。

2.4.1 我国马铃薯加工产业发展现状

马铃薯作为世界第四大粮食作物，几乎在所有纬度地区均能种植，目前全世界种植马铃薯的国家已达161个。自1986年以来，我国马铃薯种植面积迅速增长，目前，全国马铃薯种植面积超过500万亩的省（区、市）有内蒙古、贵州、甘肃、四川、云南、重庆，总种植面积达568.7万公顷，总产量达9754.5万吨，占全国总产量的71%，我国马铃薯种植面积和鲜薯产量均居世界首位，成为世界马铃薯生产第一大国。我国马铃薯的消费利用结构稳定（图2-7），主要消费是作为蔬菜、粮食和加工原料。城市人口增加、城市人口中可支配收入上升、工作时间变长和空闲时间缩短，将迫使人们选择方便快餐食品和半成品，马铃薯作为蔬菜的消费量将增加，如加工的土豆丝、土豆片、薯块等，脱水制品如全粉等产品除了应用于食品加工外，还可作为蔬菜、主食等进入千家万户。符合中国饮食习惯的马铃薯食品，如粉条、粉皮、粉丝、冷冻薯条、面条、面包和切片消费将有所增加。

马铃薯加工主要产品有淀粉、薯片、薯条和全粉，据中国食品加工协会的数据，2011年我国马铃薯加工产量为：淀粉50万吨；冷冻薯条16.7万吨；薯片品种增加，总销售额约180亿元；全粉生产能力增长16.9%，加工6万吨；另外，还有袋装的鲜马铃薯切片、切丁、切丝等产品。

但是，对马铃薯加工产品的结构作进一步的分析就不那么乐观了。与国外相比，我国

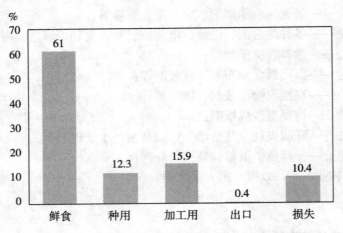

图 2-7　2009—2011 年我国马铃薯主要消费结构

的马铃薯单产较低，加工利用率、增值率非常低，大部分局限在简单食用、饲料加工等。如果以消耗马铃薯原料多少来计算：我国马铃薯淀粉加工比例约占加工总量的 70% 左右，其余加工制品：马铃薯全粉占 20% 左右、薯条占 5% 左右、薯片占 5% 左右、其他产品不到 1%。这里还没有计算农村手工作坊直接加工马铃薯粉条时所加工的粗淀粉的原料用薯，马铃薯淀粉的加工已经占绝对优势了。而继续用马铃薯淀粉加工高附加值的变性淀粉不到 10%。尽管我国现有变性淀粉企业的产能已达到 40 万吨左右。如果加工普通变性淀粉，以玉米淀粉为原料在成本上比马铃薯淀粉更有优势。有人计算过，马铃薯加工成淀粉，在考虑环保成本的情况下，其加工成本与效益基本持平，利润最高不超过 5%。如果继续加工为变性淀粉其效益可以达到 1~3 倍，加工成精制粉条粉丝等其效益也可以提高 20%~50%。如果马铃薯加工成全粉，其效益可以提高 20%~50%，全粉进一步加工成薯片、薯泥或作为其他食品添加剂，其效益可以提高 1~4 倍。如果马铃薯加工成冷冻薯条、薯片的半成品或成品，其效益可以提高 2~5 倍，马铃薯的价格提高 3~10 倍。

　　从总体上来看，我国马铃薯产业呈"农重工轻，低端产品偏多，高端产品偏少，高效益产品发展较慢，低价值产品发展较快"的结构现状。马铃薯产业的这种情况，一方面反映出我国的马铃薯产业化水平很低，无法满足社会发展和工业化需求；另一方面说明了中国马铃薯加工产业有着巨大的发展空间和市场潜力，具有旺盛的生机和活力。

　　1. 马铃薯淀粉加工业

　　马铃薯淀粉加工在我国马铃薯加工产品中所占的比例最大，马铃薯淀粉以其独有的特性，在众多领域具有十分广泛的应用。

　　马铃薯淀粉的生产历史大约有 150 年，但工业化精深加工大约只有 50 年历史。马铃薯淀粉生产及市场以欧洲为主，工艺设备先进，质量指标优良，产量稳定。我国马铃薯淀粉加工产品主要包括马铃薯原淀粉、马铃薯全粉、马铃薯变性淀粉、马铃薯淀粉副产品。

　　由于人多粮少的国情，我国淀粉工业起步较晚，特别是马铃薯淀粉的工业化加工。20世纪 50 年代以前，我国仅有几家淀粉作坊，没有工厂，更谈不上有什么淀粉工业。直到50 年代中期才从苏联引进第一套现代化的淀粉生产线落户华北制药厂淀粉分厂。从 60 年代至 80 年代初期，我国淀粉工业主要是为医药工业配套。进入 80 年代，我国粮食生产才有了转机，淀粉工业逐步发展起来。先后开发了年产1000t、2000t、3000t的精制淀粉成套设备。淀粉提取率、白度、黏弹性等有了质的变化和提高，基本满足了国内中小淀粉企业的需要，形成了我国马铃薯精制淀粉工业的基础，国内市场供应也逐渐由粗淀粉转为精制淀粉。90年代初期，俄罗斯、波兰马铃薯淀粉生产线的引进，让我国淀粉加工业看到了自己的不足，特别是俄罗斯淀粉全旋流技术和设备，使我国生产每吨淀粉耗水由原来的20t降至6t。客观上讲，我国马铃薯精制淀粉的加工和发展源于方便食品、精致糕点、饲料加工和精细化工的快速发展，特别是90年代我国迅速成长起来的膨化小食品、油炸方便面、饲料、养殖业对马铃薯精制淀粉和变性淀粉的巨大市场需求才真正启动了我国马铃薯淀粉加工业的大发展。一段时间内，我国马铃薯淀粉市场出现了真空，市场价格也达到了空前高价位。由此带动了我国90年代早中期开始的对俄罗斯、波兰、瑞典、丹麦、荷兰等国先进淀粉加工技术和设备的引进高潮，也极大地推动了国内淀粉工业水平的提高和发展。近两年，由于国际环保要求的限制导致国际市场精致淀粉产量减少、需求进一步加大、及国内反倾销的成功，带动了我国精致马铃薯淀粉价格的空前高位，最高的竟超过了每吨7000元。产量每年也以35%以上的速度增长，增长速度为世界第一。据统计，当前国内精致马铃薯淀粉市场需求大概在70万吨左右，这种增长速度仍将继续保持下去。

20世纪90年代中后期，我国相继自行研制开发了大型淀粉生产线所需的清洗机、去石机、刨丝机(锉磨机)、离心分离机、旋流分离站、真空脱水机、大型气流干燥机以及各类变性淀粉加工设备。其中，刨丝机(锉磨机)的线速度已达90m/s，提高了淀粉的游离率和提取率，已逐渐形成了我国马铃薯淀粉加工技术、设备的框架和体系。这些设备已能满足年产万吨规模(每小时原料处理量30t)淀粉厂的生产能力要求，价格仅为国外同类产品的四分之一。在加工工艺上，现已广泛采用的封闭、逆流洗涤(鲜薯洗涤、浆渣分离、淀粉洗涤等)工艺技术，新式、高效分离技术，以及近年开始应用的模拟显示控制技术、工业控制计算机和PLC可编程控制器的控制系统，对淀粉乳的底流密度、洗水量、细胞液的排放量及排放质量、离心筛选洗水压力的高低、洗水量的大小、洗涤效果的好坏、整个管网系统的物料平衡、淀粉成品水分高低的自动控制，极大地提高了淀粉质量，有效地降低了工艺过程用水量。同时，淀粉提取率也由原来的不足80%提高到90%以上，比传统工艺提高了10%以上；同时，国内进口设备厂家结合自己的经验和技术也对引进设备进行了大胆的改进和提高，有的厂家单线年生产能力已接近2.5万吨，淀粉白度、提取率也有了一定的提高。但就淀粉生产整个系统而言，我国现有淀粉及其深加工设备与荷兰等国先进的技术设备相比还有一定差距。主要表现在几个方面。首先由于基础技术、原料供应、交通等多方面原因，我国目前马铃薯淀粉设备单线最大产量只有年产1万吨(即30t/h原料处理量)的规模，工作系统的控制还是靠人工监测仪表为主。而发达国家开发应用的都是万吨以上的设备，各道工序质量控制主要依靠计算机的中央监控。这样既保证了系统工作的稳定性，又保证了产品的质量和卫生；其次是软件方面，对整条生产线工作的稳定性、可靠性、旋流分离站、刨丝机(锉磨机)、加工用水和物料的充分利用还缺乏系统的理论研究和深刻认识。生产中在淀粉提取率、白度要低于荷兰等国先进技术2~3个百分点，废水的产生和水的污染也比较严重。

全球变性淀粉生产近二三十年发展非常迅速，已能够加工出2000多种产品。作为重要的工业原料，由于性能稳定，被广泛地运用于食品、医药、精细化工、饲料加工、石油钻探、纺织、造纸等工业中。我国形成工业化生产变性淀粉仅有 10 多年的历史，总体上讲，企业规模偏小，工艺水平和产品档次不高，专用产品少，缺乏产品标准，产品质量不够稳定。一些价格昂贵、高档的产品还靠进口。随着我国食品、纺织、制药、精细化工工业的快速发展，我国的变性淀粉未来必有一个巨大的发展空间。

2. 马铃薯休闲食品加工业的发展现状

油炸薯片、复合薯片、速冻薯条是我国市场发展较快的三种马铃薯休闲食品，马铃薯休闲食品加工是一个高利润的项目(图 2-8)。

图 2-8　符合中国饮食习惯的马铃薯食品

我国冷冻薯条生产量近年来逐年递增，2007—2009 年从年增长 1 万吨跨上了年增长 2 万吨的新台阶，达到年产 9.8 万吨，同比增长 25.6%，表现出高速增长的可喜态势。尤其后起之秀蓝顿旭美食品有限公司代表着国内自主品牌生产企业，在引进国外先进装备的基础上，自主创新研发工艺技术软件，开创新品波纹红薯条、波纹马铃薯条、脆皮薯条、带皮薯条、薯泥、薯角、薯丁等多种休闲食品进入沃尔玛、家乐福等大型超市销售，使企业迅速发展壮大。马铃薯薯片生产销售进一步扩大。2009 年，马铃薯休闲食品中具有代表性的切片型马铃薯片生产企业百事、上好佳、云南子弟、四洲等十余家企业年产能 13.95 万吨；复合型马铃薯片有百事、旺旺、达利、盼盼等企业年产能从 2007 年的 4.08 万吨增长到 2009 年的 15.276 万吨，产销增势喜人，两项合计为 29.226 万吨。2009 年仅福建省达利、盼盼、亲亲等企业马铃薯片产量就达到了 10 万吨左右，销售额 20 亿元。据估算目前全国马铃薯片产能超过 32 万吨。

油炸膨化马铃薯小食品作为近年食品市场的新宠,发展之快出乎人们的预料,据不完全统计,现已成为单一马铃薯制品中产值最高的产品。我国现有大大小小的膨化食品厂几千家,规模大小、产品质量参差不齐,绝大部分生产厂是买坯料加工,投资小、见效快。一项调查统计表明,最近,我国膨化小食品的生产走到了十字路口,如何发展、如何飞跃,人们拭目以待。我国膨化小食品坯料生产设备与国外相比水平不高,挤出机主要局限在 50~80kg/h 成品的基础上。设备生产厂有十几家,以广东汕头和山东济南地区的产品最好,市场上档次膨化食品的坯料均来自国外。

随着马铃薯制品消费市场的日益成熟,市场对产品质量的要求也越来越高,特别是在我国加入 WTO 后,马铃薯产品生产也将面临着国际市场的激烈竞争。因此,国内马铃薯加工也必须由中、小型化向大型化发展,提高生产设备的先进性,进一步降低生产成本,否则我们就会失去国际、国内两个市场。

3. 马铃薯全粉加工业

马铃薯全粉是以干物质含量高的优质马铃薯为原料,经过清洗、去皮、切片、漂烫、冷却、蒸煮、混合、调质、干燥、筛分等多道工序制成的含水率在 10% 以下的粉状料。由于在加工过程中采用了回填、调质、微波烘干等先进的工艺生产方法,没有破坏植物细胞,基本保持了细胞壁的完整性,虽经干燥脱水,但一经用适当比例的水复水,即可重新获得新鲜的马铃薯泥,保持马铃薯天然的风味及固有的营养价值。马铃薯全粉主要包括马铃薯颗粒全粉和马铃薯雪花粉两种产品,它们是因加工工艺过程的后期处理不同,而派生出的两种不同风格的产品。

近 5 年间,国内已相继投产和建设及形成加工能力的马铃薯全粉加工企业达几十家,总投资额十多亿元,新建项目大多引进荷兰科瑞欧等公司的设备。2009 年达 17 万吨,2010 年及以后拟建 2.85 万吨,将达到近 20 万吨。随着人民生活水平的不断提高,国内的休闲、快餐、方便食品以每年 20% 以上的市场增量长,对马铃薯全粉的需求量将不断增加,我国马铃薯全粉加工业将迎来一个大发展时期。

中国是人口大国、发展大国,大力发展马铃薯产业也是农业产业结构调整和增加农民收入的重要途径。

2.4.2 我国主要的马铃薯加工企业

1. 黑龙江北大荒马铃薯集团

北大荒马铃薯集团是目前国内最大的马铃薯制品企业,主要从事马铃薯的精深加工及产品研发。现有二龙山、九三、克山、尾山四个精制淀粉公司和克山全粉公司、斯达奇变性淀粉、种薯研发中心、马铃薯研究院等分公司。现有员工 547 人,拥有固定资产 10 亿元。凭借独有的基地依托优势、产能规模优势、马铃薯品种优势、技术研发优势,经过多年的生产运营,已发展成为国家级重点农业产业化龙头企业。

集团拥有 100 万亩核心原料基地和 8700 多户马铃薯种植户,确保了马铃薯加工的原料供应。目前集团拥有世界先进水平的精制淀粉生产线三条,雪花全粉生产线一条,具备了年加工马铃薯 70 万吨、年产精淀粉 10 万吨、雪花全粉 12000 吨、无明矾水晶粉丝粉皮 500 吨、脱毒薯苗 500 万株、脱毒原原种 2000 万粒、脱毒种薯 40 万吨的加工和生产能力。

包括脱毒种薯、商品薯、精制淀粉、雪花全粉、无明矾水晶粉丝粉皮等产品系列。并正在向精深加工的变性淀粉、薯渣生物饲料、薯渣提取乙醇等副产品综合利用等方面延伸。

集团具有健全的技术研发体系，特聘美国食品工程专家、加拿大籍华裔博士主持科研工作并招聘 6 名硕士生、23 名本科毕业生专职培训一年后，从事科研工作。并与中国农科院、国家马铃薯检测中心、国家马铃薯改良中心、江南大学、沈阳工大等科研机构和高校合作，进行自主研发和创新，培育核心竞争力。集团的种薯研发中心配备了国内最先进的组培和检测设备。配有智能温室、网室，实现了马铃薯种苗规模化、标准化、工厂化生产，现已筛选出适合马铃薯淀粉和全粉加工，适合薯条、薯片加工的"三高"（高产、高含量、高抗病）品种 20 余个。形成了脱毒马铃薯品种选育、品种筛选、脱毒快繁、原良种生产、种薯储藏和经营的基地化、产业化体系。

2. 内蒙古奈伦农业科技股份有限公司

内蒙古奈伦农业科技股份有限公司是国家八部委确定的首批国级重点农业产业化龙头企业之一，奈伦公司创建于 20 世纪 90 年代初，是国内首家引进国外（波兰）自动化生产线的现代化企业；1995 年公司与瑞典、丹麦合资，并引进了北欧瑞典当时国际上最先进的全自控、全封闭、全自动的马铃薯淀粉生产线，产品质量达到欧共体质量标准。2003 年奈伦公司马铃薯淀粉生产规模迅速扩大，正式命名为内蒙古奈伦农业科技股份有限公司。公司拥有十条瑞典、荷兰最先进的全旋流、全自动生产线，生产规模、工艺技术水平、产品质量水平在国内行业均居领先地位。公司担任着中国淀粉工业协会马铃薯淀粉专业委员会的主任委员的职责，并且是马铃薯淀粉国家标准 GB/T 8884—2007 的主要编制单位。公司注册资本 1.34 亿元，下辖集宁奈伦淀粉工业公司、阿荣旗奈伦淀粉工业公司、黑龙江依安奈伦淀粉公司、乌兰浩特奈伦淀粉公司、土左旗奈伦种业有限公司、薯类淀粉技术研发中心六家子公司，资产总值 6.3 亿元人民币，达到年产 10 万吨马铃薯优级淀粉和 2 万吨变性淀粉的生产能力。

奈伦淀粉以优越的品质被国家标准委独家授予"采用国际标准"企业，以诚信和优质服务被中国淀粉协会授予同行业独家"国家企业信用等级 AAA 级"企业。公司通过 ISO9001、ISO14001 国际质量管理体系认证。

3. 甘肃腾胜淀粉有限责任公司

甘肃腾胜淀粉有限责任公司位于定西市临洮县辛店镇康家崖村，始建于 2004 年 10 月，总投资 5700 万元。甘肃腾胜淀粉有限责任公司是西北最大的马铃薯淀粉生产厂，也是全国马铃薯精淀粉的主要生产、供应商之一。公司引进具有世界先进水平的荷兰尼沃巴淀粉生产设备，采用先进的荷兰全旋流、全封闭和脉冲气流干燥功能的马铃薯精淀粉新工艺、新技术生产线，以来自甘肃省临洮、康乐、东乡、广河等地的优质绿色马铃薯为原料，全封闭作业，中央控制在线调整工艺参数。从原料进厂到产品质量形成的全过程进行严密的监控，产品质量稳定，品质好，各项质量指标达到国家标准 GB 8884—2007 优级标准。"腾胜"牌马铃薯精淀粉已获国家绿色食品认可标志，企业已顺利通过 ISO9001：2000 质量管理体系认证，并被国家农业部命名为农业产业化龙头企业。

公司目前拥有马铃薯精淀粉生产线两条。其中年产 2 万吨精淀粉生产线由马铃薯王国之称的荷兰引进，另一条年产 5 千吨生产线来自内蒙古博思达。工艺技术先进，设备自动化程度高，主要技术参数由电脑控制，并建有国内淀粉行业一流的中心化验室和完善的质量保证体系。公司成立了"腾胜"牌专用马铃薯创新服务中心，聘请有关专家教授研究半干旱区马铃薯产业开发关键技术，引进培育脱毒种薯、繁殖适合当地种植的专用型马铃薯品种。

"腾胜"牌马铃薯精淀粉具有高白度、高黏度、高透明度、低糊化度等特性，广泛应用于食品加工，也是生产变性淀粉的最佳原料，经过物理、化学和生物处理后，可广泛用于化工、机械、石油、纺织、造纸、建筑、水产饲料等工业部门。

国内主要马铃薯淀粉生产企业如表 2-6 所示。

表 2-6 　　　　　　　　　国内主要马铃薯淀粉生产企业一览表

产区	企　业	生产线	设备厂家	生产能力
华北产区	内蒙古奈伦农业科技股份有限公司	8 条	瑞典、荷兰	8 万吨
	呼和浩特华欧淀粉制品有限公司	2 条	瑞典	1.6 万吨
	内蒙古科鑫源集团有限公司	6 条	国产	5 万吨
	内蒙古龙的马铃薯有限公司	1 条	荷兰	1 万吨
	内蒙古飞马食品有限公司	3 条	国产	2 万吨
	河北围场双九淀粉公司	1 条	荷兰	1 万吨
	山西古陵山淀粉有限公司	1 条	国产	1 万吨
	山西嘉利科技股份有限公司	1 条	俄罗斯	6 千吨
	山西雪龙淀粉有限公司	2 条	国产	1 万吨
西北产区	青海威斯顿生物工程公司	2 条	荷兰、国产	2 万吨
	甘肃兴达淀粉工业有限公司	2 条	荷兰、国产	2 万吨
	甘肃腾胜集团淀粉公司	2 条	荷兰	1 万吨
	甘肃祁连雪淀粉工贸有限公司	2 条	国产	1.5 万吨
	甘肃金大地精淀粉有限责任公司	3 条	国产	1.5 万吨
	甘肃晨雪淀粉有限公司	1 条	国产	6 千吨
	甘肃凯龙淀粉有限公司	2 条	荷兰、波兰	1.5 万吨
	宁夏佳立生物科技有限公司	5 条	波兰、国产	3 万吨
	宁夏福宁广业有限公司	3 条	波兰、国产	1.5 万吨
	宁夏瑞丰马铃薯制品有限公司	2 条	波兰、国产	1 万吨
	宁夏国联马铃薯产业有限公司	2 条	波兰、国产	1 万吨
	陕西新田源集团公司	1 条	荷兰	6 千吨
	新疆雪龙淀粉有限公司	1 条	国产	6 千吨

续表

产区	企　业	生产线	设备厂家	生产能力
东北产区	黑龙江北大荒马铃薯产业有限公司	2 条	荷兰	3 万吨
	黑龙江沃华马铃薯制品有限公司	1 条	荷兰	1 万吨
	黑龙江大兴安岭丽雪精淀粉公司	2 条	荷兰	2 万吨
	黑龙江雪花淀粉集团有限公司	2 条	国产	1.5 万吨
	黑龙江如意淀粉食品有限公司	1 条	国产	6 千吨
	黑龙江碧港淀粉有限公司	2 条	国产	1 万吨
	吉林长春金源实业集团有限公司	2 条	荷兰	2 万吨
	内蒙古大雁鹤声薯业有限公司	1 条	荷兰	1 万吨
	内蒙古民生淀粉有限公司	1 条	国产	6 千吨
西南产区	云南润凯实业有限公司	2 条	荷兰	3 万吨
	云南昭阳威力淀粉有限公司	3 条	波兰、国产	2 万吨
	云南华业有限责任公司	2 条	国产	1 万吨
	四川必喜食品有限公司	1 条	国产	1 万吨

2.4.3　促进我国马铃薯产业和谐发展

2007 年 10 月 18 日，联合国宣布 2008 年为"国际马铃薯年"，强调马铃薯对发展中国家数亿人口的粮食安全至关重要，促进了马铃薯的生产、加工、消费和贸易。2008 年 12 月 7 日，胡锦涛同志亲自批示：要协调做好马铃薯相关工作。2009 年温家宝主持召开国务院常务会议，研究部署并启动了中央财政对马铃薯原种生产给予的 100 元/亩的补贴。所有这些都为我国马铃薯产业发展提供了良好的政策和经济环境，这是我们争取中国马铃薯产业又好又快发展的大好时机。

1. 强化政府职能，加大扶持力度，搞好社会化服务

马铃薯深加工产业是一个集科研、生产、经营，基地、龙头、市场，产加销、农工贸为一体的庞大、严密、多学科、方方面面协调配合的完整的系统工程。因此，政府应遵循经济规律，加强领导和组织管理职能，加大扶持力度，搞好社会化服务，推动马铃薯产业化发展。重点工作是：对马铃薯深加工企业的建设要加强管理和指导，要依据各地区的实际搞好规划布局；对新建企业一定要充分论证，全方位着眼，要站在世界最先进水平的高度，高点起步，坚决避免低水平重复建设；对那些确有强大带动力的企业要在政策、资金等方面给予大力扶持，同时要组织协调相关部门，宣传教育广大农户，形成合力，共同推进马铃薯深加工快速发展。

2. 进一步实现马铃薯种植良种化、标准化和产业化，马铃薯加工技术装备高新化、质量控制标准化

加快深加工专用薯品种的引进和育种工作，完善我国马铃薯种薯繁育体系，加大加工型马铃薯种植区域及新品种的培育，加快脱毒马铃薯种薯的普及，推广应用马铃薯高产栽

培技术。加强马铃薯病虫害综合防治技术的研发与推广，加强马铃薯种薯质量检测技术的研究与推广，不断提高马铃薯品质，满足生产加工所需质量要求。

大力提高马铃薯加工利用率，继续提倡技术装备高新化、质量控制标准化的现代化马铃薯加工生产方式；对于已具备一定规模的企业，特别是具备国际先进生产能力和市场经营能力的企业，要发挥引导和带动作用，提倡资源的优化配置和适度整合，使之走上新型工业化的道路；借鉴国际大型加工机械设备的先进经验，加大力度研发和推广适合我国广大地区的适度规模的先进的国产化马铃薯加工设备，以满足更多马铃薯产地加工发展的需要。

3. 及时调整产品结构，创新推出美味营养方便食品

推进马铃薯加工业大力发展，应主攻3个方向：即大力发展市场需求旺盛、前景看好的马铃薯精淀粉及其深加工；推动市场基础较好的传统粗淀粉及粉条、粉丝加工业的改造升级；积极发展市场潜力巨大的马铃薯休闲食品、快餐食品与方便营养食品加工。目前，国内外消费者正在为实现长寿而追求饮食健康，所幸的是，越来越多的研究发现，马铃薯是一种拥有诸多有益健康因素的好食品，为此加工企业要抓住机遇，加大开拓创新的力度，生产出更多既美味又营养又方便的马铃薯好食品。

一些小型淀粉加工企业面对产品滞销而及时调整产品结构，要借鉴速冻饺子等产品的生产经验，研发确定适合的配方、工艺、设备、包装、储运等生产条件，生产销售多种多样的中华传统的马铃薯主食、副食、美食。只要产品品质安全稳定，口感美味，价格合理，食用方便，一定会有可观的消费市场和经济效益。

2.4.4 我国马铃薯加工业中期发展规划草案（2010—2020 年）

1. 马铃薯加工主要产品、产量指标

根据工业发展水平及生产能力、人民生活水平及消费能力以及亚太、拉美等国际市场的开发能力综合确定，如表 2-7 所示。

表 2-7　　　　　　　　　　　　马铃薯加工主要产品、产量指标

年　度	马铃薯淀粉（万吨）	全粉（万吨）	薯条、薯片（万吨）
2010 年	80	15	20
2015 年	110	25	35
2020 年	150	40	50

2. 产品质量

（1）马铃薯淀粉。根据提升产业水平，淘汰落后产能原则以及地区经济发展水平制定，如表 2-8 所示。注：表中等级按国家标准 GB/T 8884—2007 划分。

（2）马铃薯全粉。

目前尚无国家产品质量标准及行业标准。应在 2011 年前制定统一标准。

表 2-8   马铃薯淀粉产品质量

年　度	优级品（万吨）	一级品（万吨）	合格品（万吨）
2010 年	20	40	20
2015 年	30	60	20
2020 年	50	100	

（3）薯条、薯片。

目前尚无国家产品质量标准及行业标准。应在 2011 年前分别制定速冻薯条、鲜切薯片、复合薯片等各类产品标准。

3. 物料消耗：

（1）马铃薯淀粉（表 2-9）：

表 2-9   马铃薯淀粉生产物料消耗

年度	出成率（t 薯/t 粉）	水耗（m³/t 粉）	电耗（kW/t 粉）	煤耗（t/t 粉）
2010 年	平均水平：6.5	20	260	0.15
	先进水平：6.0	15	230	0.12
	一般水平：7.0	25	300	0.18
2015 年	平均水平：6.3	19	230	0.13
	先进水平：5.8	14	200	0.11
	一般水平：6.8	23	260	0.15
2020 年	平均水平：6.0	18	200	0.12
	先进水平：5.6	14	180	0.10
	一般水平：6.5	20	230	0.13

（2）马铃薯全粉：（内蒙古富广集团指标（表 2-10），仅作参考）

表 2-10   马铃薯全粉生产物料消耗

品　种	出成率	水耗（m³/t 粉）	电耗（kW/t 粉）	煤耗（t/t 粉）
专用品种	5∶1	14	300	1.1
混杂品种	6.5∶1	16	330	1.2

4. 环保

从 2010 年起，全部实现达标排放，或实现综合利用，循环经济。

5. 新产品开发

要在确立产、学、研紧密结合，以企业为主体、以市场为导向体制基础上，紧密围绕淀粉的深加工、副产物的深加工、生产技术及应用技术，及薯类系列食品、保鲜制品的研究、工业薯种和脱毒薯种的研究等方面全力攻关，力争在高技术、高附加值产品、综合利用、循环经济、延长和完善薯产业链条等方面，有较大突破，构建以深加工产品为主的产业形态。

随着农业科学技术的发展，我国的马铃薯生产将会越来越迅速增长，人们将马铃薯直接作粮作菜的习惯也在不断地改善，给马铃薯的加工利用创造了良好的条件。大力开展马铃薯综合利用，对于发展国民经济有十分重要的意义。马铃薯产业的发展离不开产后的深加工，要采用高新技术，应用国内外先进设备，提高马铃薯加工转化率，达到马铃薯增值的目的。同时，要充分利用我国马铃薯产量第一的有利资源，积极发展休闲食品和快餐食品，改善人民的生活，提高生活质量，建立和完善马铃薯深加工体系，加大综合开发力度，并建立多渠道的市场经销体系，走产业化开发和集生产、加工、销售于一体的经销之路。

◎ 观察与思考

1. 了解国内外马铃薯淀粉加工产业的基本现状。
2. 思考我国马铃薯淀粉加工产业的现状、存在的问题及发展前景。
3. 了解国内外马铃薯休闲食品加工业的发展现状。
4. 了解我国主要的马铃薯加工企业主要有哪些。

◎ 资讯平台

★有关马铃薯淀粉用途及营养价值的发明专利：

1. 一种以马铃薯淀粉为原料制备可降解地膜的方法

【申请号】	CN201310200556.0	【申请日】	2013-05-27
【公开号】	CN103242561A	【公开日】	2013-08-14
【申请人】	新疆师范大学	【地　　址】	830054 新疆维吾尔自治区乌鲁木齐市沙依巴克区新医路102 号
【发明人】	王帅		
【国省代码】	65		
【摘要】	本发明提供了一种以马铃薯淀粉为原料制备可降解地膜的方法。本发明涉及可降解塑料领域，针对目前塑料地膜造成的环境污染问题而提出，使用马铃薯淀粉、聚乙烯醇、增塑剂、交联剂等共混、交联反应后流延成膜或挤出成膜得到可完全降解的薄膜材料；其特征在于制备过程中使用特定的条件，如原料成分、各成分重量份数比例和反应条件。本发明以马铃薯淀粉为主要原料，也可直接使用马铃薯为原料，成膜均匀，具有普通聚乙烯膜的机械性能，可用于可降级地膜材料，制备工艺简单，具有良好的推广价值		
【主权项】	一种以马铃薯淀粉为原料制备可降解地膜的方法，其特征在于制备过程中的原料组分及其重量份数比例，具体如下：FSA00000901666000011. tif		

【页数】	5
【主分类号】	C08L3/02
【专利分类号】	C08L3/02；C08L29/04；C08K5/053；C08K5/21；C08K5/07；C08K3/32；C08J3/24；A01G13/02

2. 营养保健马铃薯淀粉及其制造方法

【申请号】	CN00102438.8	【申请日】	2000-02-22
【公开号】	CN1263721	【公开日】	2000-08-23
【申请人】	吉林省食品工业设计研究院；敦化市银龙淀粉有限责任公司	【地　址】	130041 吉林省长春市西四道街 51 号
【发明人】	金秀莲；刘新民；王文焱；任怀忠；汤文春；苏桂芳		
【国省代码】	22		
【摘要】	本发明公开了一种营养保健马铃薯淀粉及其制造方法，以商品马铃薯淀粉为基料，配以钙、锌、V_A、V_{B2}、V_D、V_E、等营养强化剂和魔芋甘露聚糖、黄原胶等品质改良剂加工制成，可用于菜肴的烹炸、勾芡，做凉粉皮，以及如藕粉那样冲调煮熟成糊食用，能起到补充营养素和壮骨、抗衰老、提高免疫功能等作用		
【主权项】	权利要求书，一种营养保健马铃薯淀粉，其特征是：以商品马铃薯淀粉为基料，配以营养强化剂、品质改良剂等制成的，可以用作菜肴的烹炸、勾芡，做凉粉皮以及如藕粉类食品那样，冲调煮熟成糊食用		
【页数】	4		
【主分类号】	A23L1/0522		
【专利分类号】	A23L1/0522		

第3章 马铃薯淀粉的生产过程

◎ 内容提示

本章介绍淀粉生产对马铃薯质量的要求、马铃薯收购流程与质量控制、马铃薯贮藏方式及对马铃薯质量的影响；马铃薯原料输送工艺流程；马铃薯除石清洗工艺流程；马铃薯锉磨解碎工艺流程；马铃薯除铁除沙工艺流程；马铃薯纤维提取工艺流程；马铃薯淀粉乳制取生产工艺流程；马铃薯淀粉脱水生产工艺流程；马铃薯淀粉干燥工艺流程；马铃薯淀粉的均容、筛理、除铁、金属检测、含水量、灰分、白度、斑点、细度、pH 值、砷、铅含量等测定；马铃薯淀粉的传统加工工艺流程；马铃薯淀粉的实验室提取。

马铃薯块茎中的淀粉颗粒存在于构成块茎植物的细胞里。马铃薯淀粉的生产任务是尽可能地破坏马铃薯块茎细胞壁，使其从中释放出淀粉颗粒，利用淀粉不溶解于冷水以及与蛋白质、纤维素、脂肪、无机盐等成分比重不同的特性，运用物理的方法、借助一定机械设备，使淀粉、薯渣及可溶性物质相互分离，获得马铃薯淀粉。马铃薯淀粉生产企业依所采用的工艺设备不同而具有专门的工艺流程，但淀粉生产中主要的生产工序在各种工艺流程中都是基本相同的。马铃薯淀粉的生产过程由下列工序组成：马铃薯加工前的准备；锉磨解碎；纤维提取；淀粉乳精制；湿淀粉脱水；淀粉干燥；淀粉整理(图 3-1 和图 3-2)。

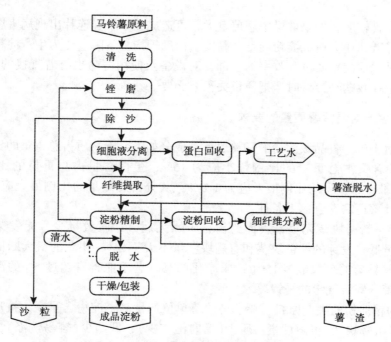

图 3-1 马铃薯精制淀粉生产工艺流程图

马铃薯原料堆积场　　原料输送　　马铃薯高压水枪清洗输送　　二级清洗

淀粉分离　　除沙　　洗涤分离（浆渣分离）　　粉碎

淀粉洗涤精制　　脱水　　锅炉（热源）　　烘干　　成品淀粉

图 3-2　马铃薯淀粉生产工艺设备流程图

3.1　原料的选择

马铃薯病害较多，如果堆垛中病薯量大，可造成整个堆垛连片出现病害腐烂，不仅使淀粉提取率降低，还会造成淀粉纯度、黏度、白度等指标下降。作为生产淀粉的原料马铃薯的质量，是保证淀粉质量和收率的基础，对设备及使用寿命也有着直接的影响。因此，淀粉加工行业在收购马铃薯时严把质量关很有必要。

3.1.1　淀粉生产对马铃薯质量的要求

原料为适于生产食品级淀粉的马铃薯，其成分如下：干物质占总重量的比例最小应为22.5%；淀粉含量占总重量的比例最小应为 16%；蛋白含量占总重量的比例最大应为2.7%；粗纤维占总重量的比例最大应为 1.9%；灰分占总重量的比例最大应为 1.2%。除此之外，马铃薯还需符合以下条件：

（1）要求马铃薯块茎完整，表面光滑，干燥无病，芽眼数量少，无发芽，块大耐贮藏，杂质含量低。发芽的绿色块茎和有病块茎量不大于 2%；块茎的最大断面直径不小于30mm，1kg 马铃薯的个数最多 15 个；未净化的马铃薯不能含有超过 5% 的泥沙和其他杂质；不收购带有邪杂气味的马铃薯。

（2）作为精淀粉的生产原料，要求马铃薯单位产量高，淀粉含量高，抗病性强，淀粉粒大小均匀(沉降快)，可溶性蛋白质少(磨时泡沫少)，凹凸少(容易洗涤)，皮薄纤维含量低(皮厚纤维素多，薯渣就会增多，淀粉提取率降低，工艺用水量增加)。

常见的高淀粉马铃薯有系薯 1 号、晋薯 2 号、高原 4 号、高原 7 号、榆薯 1 号、晋薯 8 号、安薯 56 号、春薯 3 号、陇薯 3 号、陇薯 6 号、克新 12 号、合作 88 号、内薯 7 号等。

(3)马铃薯原料新鲜,不允许有烂薯、枯萎、冻伤、冻透的块茎存在;没有受到外来污染,重金属、农残含量不超过国家标准。

马铃薯收购进厂时质检员要按以上标准检验、验收生产淀粉的马铃薯,严把质量关,以达到加工方便、提高得率、降低成本、增加效益的目的。

3.1.2 马铃薯收购流程与质量控制

1. 马铃薯收购流程示意图(图 3-3)

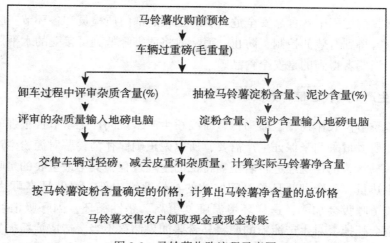

图 3-3 马铃薯收购流程示意图

2. 马铃薯收购过程质量控制

根据我国食品行业执行的 QS 管理和 HACCP 质量控制要求,对淀粉生产企业的马铃薯收购,需要制定严格的收购控制程序和控制指标。工厂收购部门也属于显著危害关键控制点。对于刚收获和储存期较长的马铃薯采购到工厂,属于验收质量控制,更需要提前预检,控制项目主要有马铃薯是否受过外来污染,严重腐烂变质,掺假及其他杂物,块茎大小,严重冻伤等。车辆过重磅时,应在电子秤的电脑输入交售人姓名、车牌号码、马铃薯原产地、总重量(毛重);车辆过轻磅时,属于数据过程控制,在电子秤电脑输入空车重量时(除空车皮重),减去车辆皮重、减去杂质量、计算马铃薯净含量。根据淀粉含量的价格×马铃薯净含量=马铃薯总价格。

马铃薯杂质含量评审质检员,在评审过程中要亲自观察整车马铃薯在卸车过程中的详细情况。自卸翻斗车在启动翻斗之前,质检员必须站在车旁观看;平板车在打开侧门和卸车中、卸车后至少观察 3 次。如发现严重掺假现象,应立即要求停止卸车(尤其是自卸翻斗车)。卸车结束后,才能根据实际情况进行杂质含量评审,同时将评审结果通知地磅房计算机录入员输入电脑,并做好书面记录以备复核。卸车完毕后,评审质检人员现场监督马铃薯交售客户将随车物品装车后再过轻磅(除空车皮重)。

重磅过秤时属于数据控制:①车辆完全上磅秤平台并停稳。②制止与过磅无关的人或物与磅秤平台接触。③电子秤显示屏所显数字稳定。④打印机正常运行、打印收购单据到位。⑤检查所输入所有数据无误。⑥核对货主姓名和车型、车号是否与质量预检单一致。核对无误后方可称重量。

轻磅过秤属于数据控制:①空车辆完全上磅秤平台并停稳。②检查确认驾驶员和携带物品与过重磅一致。③电子秤显示屏所显数字稳定。④打印机正常运行、打印收购单据到位。⑤检查所输入数据完全无误。⑥核对货主姓名、车号、淀粉含量、货位号、微机编号是否一致,同时通过对讲机与评审质检员、淀粉含量检验员再次复核杂质含量、淀粉含量是否和单据一致。核对无误后方可称量计算马铃薯净含量、总金额、打印收购单据、签字、盖章。

在马铃薯收购过程中,食品安全危害要通过收购部门质检员和各环节实施控制。确保可能存在的危害得到有效的控制,防止、消除或将危害降低到可接受的水平。确保商品淀粉进入市场、消费者得到的是安全食品。

3.1.3　淀粉生产对马铃薯储存的要求

马铃薯是季节性农作物,因而马铃薯对淀粉生产来说同样是季节性很强的原料。在马铃薯收获期间要大量采购来保证生产需要,所以说正确储存马铃薯对淀粉生产意义重大。

收获后的马铃薯仍在继续进行着植物特征的生理过程,其中最重要的是呼吸过程,呼吸过程会产生热量,不合理并且长时间堆放的马铃薯堆内部,温度最高可达 60℃。当温度高时,马铃薯呼吸会加剧,这样环境温度就更高。恶性循环,因呼吸消耗掉过量淀粉时,马铃薯也会死掉。对生产淀粉的原料马铃薯如果储存不当,造成淀粉损失,更糟糕的是导致马铃薯死亡,部分烂掉,就会给企业带来损失。因此,对收购的马铃薯进行合理的储存堆放,是马铃薯淀粉生产企业必须认真对待和解决的问题。

1. 马铃薯的科学贮藏条件及贮藏前的处理

马铃薯皮薄、肉嫩、含水量高、易碰撞损伤,多病害,易腐烂。对环境非常敏感,冷了容易冻伤,冻伤后不能保管,食味变差,严重冻伤的不能食用;热了容易生芽,生芽的马铃薯产生毒素,影响人体健康。空气干燥时,水分蒸发快,薯块皱缩;空气潮湿又容易发汗,造成大量腐烂。马铃薯品种较多,按皮色可分为:白皮、红皮、黄皮和紫皮等类型,其中以红皮种和黄皮种较耐贮藏。

马铃薯适宜的贮藏温度为 3~5℃,相对湿度 85%~95%,4℃是大部分品种的最适贮藏温度,此时块茎不易发芽或发芽很少,也不易皱缩。另外,马铃薯收获后有明显的生理休眠期,为 2~3 个月。马铃薯贮藏前要严格挑选,去除病、烂、受伤及有麻斑和受潮的不良薯块。收获前一周要停止浇水,以减少含水量,促使薯皮老化,以利于及早进入休眠和减少病害。采收后在较高的温湿条件下(10~15℃,相对湿度 95%)进行愈伤处理,以便恢复收获时的机械损伤,然后即可贮藏。

2. 马铃薯的科学储藏方法

(1)堆藏法：选择通风良好、场地干燥的仓库，先用福尔马林和高锰酸钾混合熏蒸消毒，之后，将马铃薯入仓。

通常在工厂附近采用堆垛储存方式，很少采用散堆放。马铃薯传染病害严重或腐烂时，才可以散堆放。传统的马铃薯储存都采用通风堆垛方式进行储存，在地面挖一条长方形深沟，宽 3.5m×高 1.5m×长 5～10m，马铃薯堆垛总高度不得超过 4m，垛与垛之间不得超过 5m。为了有效储存马铃薯，在堆垛下部(底部)沿其中轴线挖掘一条深 2.5m×宽 3m×长 5～12m 的通风道，用多孔模板覆盖在通风沟上面，在板上盖薄薄一层稻草，堆垛的两端安装有向沟中通风的管道及设备。如气温高，可采用鼓风机强制性通风。马铃薯堆垛的顶部留有向外排气通道，可将散发的水蒸气排出。在马铃薯堆垛的顶部可采用草带或塑料薄膜覆盖。如图 3-4 所示。

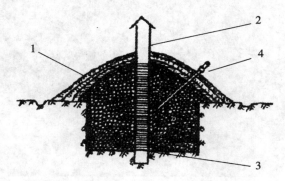

1—覆盖层　2—强制通风管　3—通风道　4—温度计
图 3-4　马铃薯堆垛式样

(2)通风库储藏法：将马铃薯装筐堆码于床内，每筐约 25kg，垛高以 5～6 筐为宜。此外还可散堆在床内，堆高 1.3～1.7m，薯堆与库顶之间至少要留 60～80cm 的空间。薯堆中每隔 2～3m 放一个通气筒，还可在薯堆底部设通风道与通气筒连接，并用鼓风机吹入冷风。秋季和初冬，夜间打开通风系统，让冷空气进入，白天则关闭，阻止热空气进入，冬季注意保温，必要时还要加温。春季气温回升后，则采用夜间短时间放风、白天关闭的方法以缓和库温的上升。

马铃薯变绿后为什么不能食用?

　　马铃薯块茎变绿后会产生一种叫做龙葵素(茄碱)的化学物质,当 100g 鲜薯中龙葵素的含量超过 0.2g 时,人就感觉口麻、恶心、头晕,出现中毒症状,严重时会导致昏厥甚至死亡。薯块不变绿时不会产生龙葵素,但在发芽期芽眼部位龙葵素的含量要高于其他部位。

　　(3)窖藏法:借鉴发达国家的经验,采用现代化保温材料,建造容量大,机械化程度高,调控能力强的现代化贮藏窖,实行集中管理和贮藏,这样不仅可以提高贮藏品质,减少损耗,而且还可以大大降低成本。也可以在现有基础上改进贮藏窖的结构和设施,增强调控能力,主要是增加自然通风换气设施,利用强制通风换气设备,根据经济实力,可建造有风机、主风道、分风道的水泥、砖石结构的大中型现代化贮藏窖,如图 3-5 所示。

图 3-5　国家投资建设的马铃薯储存库

　　薯窖建造结构的改进,主要是增加自然通风换气设施,逐步利用强制通风换气设备。随着先进保温材料的应用,薯窖可由地下式改为半地下式或地上式,这样出入窖方便,可减少不必要的薯块损伤,又便于管理。具体改进做法如下:

　　①对普通窖,在窖底和窖壁挖 1 条宽 20cm、深 20cm 的小通风槽,用秸秆或枝柴盖上,然后再放薯块。这样可以增加自然通风的效果。

　　②改单筒井窖为双筒井窖,加强窖内空气对流,使窖内空气新鲜,并便于调节温度和湿度。

　　③改单门窑洞式窖为双门窑洞式窖,以增加窖内空气流通,并使块茎出入窖方便、

安全。

④根据窖内温、湿度情况，用移动式中小型风机，不定期进行窖内强制通风，调节窖内的温度和湿度。

⑤依据经济力量，可以建造有风机、主风道、分风道的水泥与砖石结构的、永久性贮量千吨以上的大型薯窖，再配备上垛机、输送机等，逐步建成现代化贮藏窖。河北省围场满族蒙古族自治县农业局，参照美国马铃薯贮藏窖的形式，于1994年建造了国内第一座可贮2500t种薯的半地下式土洋结合的种薯贮藏窖，采取人工调控的方法调节窖内温、湿度，贮藏效果较为理想。

（4）药物贮藏法：贮藏中采用青鲜素(MH)或萘乙酸甲酯等药剂处理，可以抑制或减少发芽，还能抑制病原微生物的繁殖，并能防腐。方法是：98%的萘乙酸、丙酮、细泥土、土豆比为1：2：100：3300。以500kg薯块为例，需要98%的萘乙酸甲酯1.5g，溶解在30g丙酮或酒精中，再慢慢拌入1~1.25kg干细泥土中，快速充分拌和后，装入纱布或粗麻布袋中，然后将药物均匀地撒在500kg薯块上，药物要现用现配。在贮藏时，四周可遮盖1~2层细板纸。使药物在相对密闭的环境中挥发。药物处理的时间以收获后2个月左右比较适宜(即在休眠期)。否则经过休眠期开始萌芽的马铃薯，即使用药物处理仍不能抑制发芽。

经过长期储藏的马铃薯块茎，粉质显著减少，淀粉含量降低。据试验，储存2~3个月的马铃薯出粉率可达12%以上，但储存12个月以后，就降低到9%。如果块茎腐烂或发芽，淀粉的损失率可达12.5%。发芽的马铃薯芽体中会含有较多的龙葵素，势必使块茎中龙葵素总含量增加。此外，由于水分的蒸发而引起重量的损失，这比因呼吸造成干物质损失要大10倍以上。为了安全地储藏马铃薯，必须创造有利条件，保证马铃薯中的营养物质损失最少，重量损耗也最低，不腐败、不变质也是至关重要的。

◎ 观察与思考

1. 淀粉加工对马铃薯质量有什么要求？
2. 常见的高淀粉马铃薯品种有哪些？
3. 马铃薯应在什么条件下贮藏？马铃薯科学贮藏方法主要有哪些？
4. 在马铃薯收购过程中，质量控制项目主要有哪些？

◎ 资讯平台

高淀粉马铃薯品种陇薯3号、陇薯6号

陇薯3号(原代号161-2)是甘肃省农业科学院粮作所以杂交育种方法选育成的高淀粉马铃薯品种，1995年通过甘肃省农作物品种审定委员会审定，2002年4月获甘肃省科技进步二等奖。该品种中晚熟，生育期(出苗至成熟)为110d左右。块茎休眠期长，耐贮藏。品质优良，薯块淀粉含量为20.09%~24.25%，维生素C含量为20.2~26.88mg/100g，还原糖含量为0.13%~0.18%，粗蛋白质含量为1.78%~1.88%。淀粉含量比一般中晚熟品种高出3~5个百分点，十分适宜淀粉加工。高抗晚疫病，对花叶、卷叶病毒病具有田间抗性。产量高，多点生产试验示范平均每亩产2793.2kg，比对照平均增产

37.3%。不仅适宜甘肃省高寒阴湿、二阴及半干旱山区推广种植，而且种植范围还扩大到宁夏、陕西、青海、新疆、河北、内蒙古、黑龙江等省区。

栽培技术要点：提倡使用脱毒种薯，要深种厚培土，重施基肥、氮磷配合、早施追肥，实行早促快发管理。

陇薯 6 号(原代号 19408-10)是甘肃省农业科学院粮食作物研究所于 2004 年完成选育的淀粉及全粉加工型马铃薯品种。2005 年 5 月通过国家农作物品种审定委员会审定。该品种晚熟，生育期(出苗至成熟)115d 左右。薯块干物质含量为 27.47%，淀粉含量 20.05%，粗蛋白含量为 2.04%，维生素 C 含量为 15.53mg/100g，还原糖含量 0.22%，高淀粉低还原糖，是适宜淀粉及全粉加工的马铃薯品种。抗病性强，丰产性好。生产试验、示范每亩产 2835.5~4020.0kg，比各地主栽品种增产 14.4%~78.4%。不仅适宜甘肃省高寒阴湿、二阴及半干旱地区推广种植，还适宜宁夏固原地区、青海海南藏族自治州、河北张家口与承德地区、内蒙古乌盟与武川地区等北方一季作区推广种植。

陇薯 6 号很好地将高产、抗病、高淀粉、低还原糖、适应性广、薯形美观等优良性状结合在一起，其育成推广为马铃薯生产、加工提供了强有力的科技支撑。

宁夏培育出高端彩色马铃薯新品种

由国家农科院、宁夏回族自治区农技总站、原州区农技推广中心经过 6 年不间断实验评价，2008 年 12 月 12 日在原州区培育出世界高端马铃薯新品种。这种填补了国内外市场空白的红皮黄肉、紫色薯肉的彩色马铃薯，将解决宁夏马铃薯产业发展中存在的科技含量低、销售不畅等问题，改变马铃薯种植格局。

从 2003 年初开始，宁夏回族自治区利用农业部 948 农业科研项目(即国际优质特色马铃薯引进开发)，从美国、英国等 8 个国家共引进处于世界科技领先技术的品种和品系 80 个，同时引进 2000 多份育种材料。引进的品种和品系包括"鲜食型"、"淀粉型"、"油炸型"、"沙拉型"以及"航空酒店配餐迷你型"等薯种。科技人员通过几年的生态适用性和生产力评价，从 2000 多份资料和 80 个品种和品系中初步选定 13 个基本适应宁夏回族自治区灌区和南部山区种植的优质特色新品种，结合当地的生态条件进行梯次配制，并大面积实验推广和开发，先后培育出红皮黄肉型"948-A"、油炸型"948-K"、休闲食品加工型"LX-16"和"LX-22"、紫色薯肉型"LX-69"和"LX-70"等世界马铃薯高端科技产品。

据科研项目执行人原州区农技推广中心赵连喜介绍，这些新品种不仅在国内技术领先，在世界上也位居科技前沿。科研部门通过对"948-A"和"948-K"两个品种的适应开发，将彻底解决宁夏回族自治区马铃薯品种不优、市场占有力不强的问题，同时填补固原山区乃至宁夏回族自治区马铃薯没有"油炸品种"的空缺，推动马铃薯加工由淀粉加工向油炸型深层次发展。"LX-16"和"LX-22"两个品种，不但适应灌溉区和山区种植，且品优、产量高，亩产是现种植马铃薯的两倍多，经济效益显著。"LX-69"和"LX-70"两个品种的应用推广，将冲击东南亚乃至国际高端市场，促进马铃薯销售重心由国内市场向国际市场转移。据了解，"LX-69"和"LX-70"两个品种抗氧化能力较强，因品种花青素含量高具有抗衰老的保健功能。今后，这些新品种将逐步推广。

贮藏期间不同品种马铃薯淀粉含量的变化

马铃薯在贮藏期间其内部物质始终处于一种动态的变化过程。贮藏期间马铃薯淀粉含量的变化由下图可知，马铃薯淀粉含量在收获时最高，随着贮藏时间的延长，不同品种马铃薯淀粉含量均呈下降趋势。贮藏中期下降最多，贮藏末期各品种淀粉含量有所回升。马铃薯淀粉含量的贮藏变化是"低温糖化"的结果。因此，在马铃薯加工利用时，对于长时间低温存贮的马铃薯，根据加工利用目的，如淀粉加工、食品加工必须在 $15\sim26℃$、相对湿度 $75\%\sim90\%$ 的条件下进行升温贮藏，以降低淀粉磷酸化酶的活性，增加淀粉合成酶的活性，使糖转化为淀粉，提高块茎的淀粉含量，降低还原糖含量。

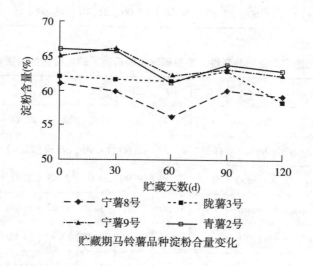

贮藏期马铃薯品种淀粉合量变化

马铃薯贮藏期间的"低温糖化"现象

马铃薯块茎的贮藏受温度、湿度和通风条件等环境因素的影响。为了有效抑制块茎的发芽，减少贮藏期间病害的发生，人们通常将块茎贮藏在低温条件下，但低温贮藏造成"低温糖化"现象。

　　马铃薯贮藏期间"低温糖化"现象是多因素作用的结果。低温是引起这种反应的外因。一方面，低温胁迫引起马铃薯细胞内活性氧代谢平衡被打破，活性氧积累，导致膜脂发生过氧化，造粉体双层膜作为淀粉粒与细胞质之间的分界，膜的内层被认为是转运蛋白的位点，在无机磷的交换过程中，能够调节中间产物糖—磷酸的双向运转，从而控制反应方向。另一方面，植物在逆境条件下会改变基因表达，编码原有蛋白质的基因会减弱或停止表达，而某些新的蛋白质的基因被诱导表达。从这种意义上看，低温下酶活性的改变，如淀粉酶、淀粉磷酸化酶和转化酶的活性被促进，可能是低温胁迫下基因表达发生改变的结果。这二者均可引起碳水化合物代谢的方向和速率改变，原有的碳水化合物代谢平衡被打破，向着还原糖积累的方向进行(表 3-1~表 3-3)。

表 3-1　　　　　　　　　贮藏期间马铃薯还原糖、总糖、淀粉的含量的变化

采后时间(d)	0	10	20	35	50	60	75	95	115
还原糖(4℃)(g/100g)	0.18	0.22	0.24	0.30	0.35	0.38	0.40	0.52	0.55
还原糖(10℃)(g/100g)	0.18	0.16	0.18	0.19	0.20	0.23	0.25	0.19	0.22
总糖(4℃)(g/100g)	0.47	0.48	0.53	0.67	0.62	0.89	1.00	1.06	0.96
总糖(10℃)(g/100g)	0.47	0.46	0.50	0.52	0.60	0.67	0.69	0.72	0.76
淀粉(4℃)(g/100g)	17.60	17.30	17.20	16.70	16.40	15.90	15.30	14.60	14.00
淀粉(10℃)(g/100g)	17.60	17.80	17.50	17.00	16.70	16.60	16.10	15.80	15.60

表 3-2　　　　　贮藏期间淀粉酶活性、淀粉磷酸化酶活性、转化酶活性的变化

采后时间(d)	0	10	20	35	50	60	75	95	110
淀粉酶(4℃)(mg/gFw·h)	16.30	14.45	17.51	31.53	28.81	28.07	31.20	34.77	39.36
淀粉酶(10℃)(mg/gFw·h)	16.30	11.59	13.60	14.90	19.30	22.80	24.30	24.90	26.60
淀粉磷酸化酶(4℃)(μg/gFw·min)	5.64	5.26	18.99	20.01	2.85	2.61	6.80	4.52	9.31
淀粉磷酸化酶(10℃)(μg/gFw·min)	5.64	0.80	2.09	12.55	1.62	2.64	7.63	5.31	8.94
转化酶(4℃)(μg/gFw·h)	/	/	52.20	51.45	53.85	46.80	83.09	105.40	72.87
转化酶(10℃)(μg/gFw·h)	/	/	36.90	65.10	48.48	48.15	44.73	49.59	49.02

表 3-3　　　　　　　　贮藏期间块茎的电导率和丙二醛含量的变化

采后时间(d)	0	10	20	35	50	60	75	95	115
电导率(4℃)(%)	27.16	/	26.7	27.12	28.65	28.39	29.14	29.45	29.85

续表

采后时间(d)	0	10	20	35	50	60	75	95	115
电导率(10℃)(%)	27.16	/	25.69	26.37	27.02	26.59	27.79	27.51	28.85
丙二醛(4℃)(nmol/gFw)	5.56	6.03	/	6.25	6.35	7.12	7.85	12.92	14.40
丙二醛(10℃)(nmol/gFw)	5.56	4.89	/	5.00	5.11	6.25	6.52	7.19	8.36

此外，贮藏过程中，淀粉、蔗糖和还原糖之间不断地发生着相互转化。这些变化的方向和速率取决于品种、块茎的生理状态和贮藏条件。

因此，"低温糖化"的机理在于，低温促进或抑制了碳水化合物代谢过程中一些酶的活性，增加了造粉体双层膜的透性，从而使碳水化合物代谢向还原糖积累的方向进行。

3.2 原料输送

马铃薯在清洗前从储存、堆放场地运到除石清洗生产场地，称加工前输送。马铃薯的输送，有湿法输送和干法输送两种。在我国采用的通常是湿法输送，而在欧洲等国家和地区，马铃薯淀粉厂都采用机械化干法输送。

在马铃薯原料输送过程中，要对原料进行计量称重，称量的目的是为了计算工厂单位时间(时、班、日)的生产能力、淀粉的得率及生产中淀粉的损失。大多数工厂原料的称量是用自动秤或皮带秤连续进行。大型工厂皮带秤设在胶带输送机上连续称量。马铃薯皮薄、肉嫩、含水量高，易碰撞损伤，破烂马铃薯的汁水易流出，形成泡沫，在清洗工段造成不必要的问题。因此，在运输过程中，要注意有效地降低和弱化损伤马铃薯的程度。

3.2.1 马铃薯湿法输送

湿法输送一般是加工量较大的马铃薯淀粉生产线所采用，实际是指用水力输送马铃薯，称湿法输送工艺。水力输送是马铃薯淀粉生产企业最常用最有效的上料方法(图3-6)。采用水力输送简单易行、省力、省投资。但整个工段采用湿法输送，用水量大，因此应采用逆流洗涤和循环水重复利用，减少清水使用量。在输送的过程中，马铃薯在水流中不断翻滚摩擦，能够让马铃薯上黏附的泥土剥落，起到了很好的清洗效果，且水力输送能在达到最好清洗效果的同时将对原料的损伤程度降至最低，避免了由于原料损伤而使淀粉流失，从原料输送阶段保证了高提取率。

马铃薯湿法输送是从马铃薯储存堆放地点或储存库由一台高压水枪等设备借助水力将马铃薯冲散，形成水与马铃薯混合物，通过泵或 U 形槽输送到马铃薯清洗车间。马铃薯湿法输送可根据地形选择水平输送或垂直输送两种方法。马铃薯采用湿法输送，可以减少马铃薯在二次搬运、机械输送过程中的损伤。同时马铃薯与水混合后在输送及流动过程中，可将马铃薯表皮、芽眼黏结的细泥沙起到浸泡和清洗作用。

图 3-6　马铃薯流送沟水力输送图

1. 马铃薯湿法水平输送

厂址选在山坡地的马铃薯淀粉加工厂，可利用地形划分两个或三个高位差平面，按照地形不同进行布置。第一平面布置马铃薯储存场地、流送沟、地磅房；第二平面布置马铃薯清洗车间、湿加工车间、干燥车间、成品库、铺料库、高低压变电室、软化水处理；第三平面可布置锅炉房及煤场、薯渣发酵场、循环水处理站、污水处理站等。第一平面和第二平面的高差最好在 5.7~5.8m，方便于水平输送和清洗车工艺布置。清洗车间与第一平面需留有足够的间距，方便设计安装漂浮除石机、除杂草设备、钢制 U 形槽、操作平台及消防通道(厂区运输道路)。湿法水平输送与湿法垂直输送工艺的原理相同，仅减少了两台马铃薯清洗输送泵。与垂直输送工艺配置相比较，土建投资大，而输送机械设备投资较少，每年维修费用也低。

湿法水平输送工艺是，由一台水枪从流送沟把马铃薯冲散，水与马铃薯混合后，沿着流送沟沟底 U 形槽自流进入室外或室内漂浮除石机(根据当地气候条件设计)，经除石机除去石块及沙粒，然后在自流过程中除铁、除草、清洗、脱水、多级清洗，称马铃薯湿法水平输送工艺。

2. 马铃薯湿法垂直输送

我们先了解欧洲马铃薯湿法输送工艺。在荷兰、德国、丹麦马铃薯原淀粉加工厂，一般是日加工马铃薯 6000t，日生产商品淀粉 1200t 的企业(每小时加工鲜马铃薯 250t，平均淀粉含量约 18%，产出比 5.0∶1 计算)。采用水力输送马铃薯到清洗车间，一般设计露天混凝土圆锥形储存池，设计储存量为 1.3 万~1.5 万吨，如图 3-7 所示的欧洲某工厂马铃薯储存池。储存池卸车平台外边缘与马铃薯输送泵房垂直线距离约 10m，输送泵房与马铃薯清洗车间直线距离为 18~20m。马铃薯储存池垂直高度于清洗车间±"0"为 9~11m。储存马铃薯的池子属上部圆、下部锥形，半径大约在 30m，其池子中心直线深大约 11m，池子中心设计筒状小圆池，且为 360°进料区，小圆池顶部安装扇子形旋转卸车平台轨道，并承载着扇子形卸车平台。扇子形卸车平台可 360°旋转卸马铃薯到储存池的各个位置。池子的内壁 360°设计倒三角形状的自流沟槽，沟槽的上部安装自动控制进水阀门。承载卸车平台的池子内壁直线深约 1.2m 为扇子形卸车平台外侧承载轨道。1.2m 以下设计倒三角形自流沟槽一直延伸到池子的中心与筒状小圆池子的进口相连通,自流沟槽的坡度大约 36.7°,输送水可将马铃薯从沟槽上部冲送到下部的筒状小圆池进口,经 U 形溜槽自流进入马铃薯输送泵房进行除石、除草后再采用泵输送到清洗车间。欧洲马铃薯淀粉加工行业的这种设计建造,有利于马铃薯的卸车,水力输送路线也长,且在输送过程中能起到马铃薯的浸泡作用、清洗马铃薯表皮的黏性泥土。不利的是下雨时马铃薯得不到保护,建设投资太大。

图 3-7 欧洲马铃薯储存池图片

按我国马铃薯产区和国情,马铃薯淀粉加工企业一般较小,最大的马铃薯原淀粉生产线,日加工马铃薯 1400t,日生产商品淀粉约 250t(每小时加工马铃薯 60t,平均淀粉含量 14.6%,产出比 5.6∶1 计算),对于马铃薯输送一般采用湿法垂直输送到清洗车间。设计储存池要根据地形选择,也可以在主车间"±0"平面或高于主车间"±0"平面进行布置,马铃薯流送沟储存量最少应按 7 天的生产能力计算。对于 30t/h 马铃薯淀粉生产线,流送沟的总长度一般设计为 90m,流送沟总宽 14m,流送沟沟底 U 形槽直线或转弯平均取坡度 1.2%~1.3%。以流送沟 U 形槽中心为界线,两侧横向各取坡度 15%。最低端深度以 2m 计算,设计 3 个流送沟大约能容纳 4900t 马铃薯,可供生产车间 6.8 天加工时间,一个供给车间生产,另外两个收购马铃薯继续储存,每个流送沟可容纳 2520m³ 马铃薯,约 1640t,露天流送沟工艺条件如图 3-8 所示。在我国东北、西北寒冷地区,应把流送沟建在储存库内,再采用水力输送到清洗车间,自流 U 形槽越长越好,在自流过程中可起到浸泡、清洗马铃薯表皮的黏性泥土。设计露天流送沟或储存库内流送沟,最好配套强制通风、抽风设施,将储存期马铃薯呼吸所散发出的水蒸气通过送风、抽风设备排放到大气中,以降低马铃薯储存期的腐烂。水力垂直输送首选设备是马铃薯清洗输送泵。采用水力输送马铃薯时,水与马铃薯比例一般控制在马铃薯 25%,水 75%。对于每小时加工 30t 马铃薯原料的淀粉生产线,选用单级单吸蜗壳悬臂式马铃薯清洗输送泵,输送马铃薯到清洗车间。计算马铃薯体积重量时,马铃薯一般按 0.65~0.70t/m³ 估算。如选择一台流量在 400m³/h 马铃薯清洗输送泵,它的工作效率按 95% 计算,实际体积流量为 380m³/h。输送比例按马铃薯 25%，水 75%计算，每小时输送水 285m³/h。而马铃薯占 95m³/h(马铃薯约 61.75t/h)，可以满足加工车间的生产需求。

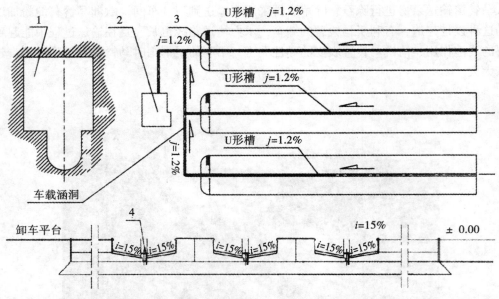

1—流送沟前 U 形槽涵洞　2—输送马铃薯泵房　3—输送水枪隔离挡墙　4—输送水枪
图 3-8　露天流送沟工艺条件图

3. 马铃薯湿法输送过程除石、除泥沙

淀粉生产企业要得到高质量商品淀粉，要保证锉磨机可靠有效工作。需要确保石块、杂草、沙粒及其他金属物不得进入锉磨机，不损伤锉磨机锯条，延长使用寿命，有效保证下一道工序顺利进行。在欧洲的荷兰、德国、丹麦等大型马铃薯淀粉加工企业，为了提高商品淀粉质量和产品稳定性，在土豆泵输送之前设计安装了除草机和除石机，目的是预防石块、沙粒及其他杂物进入土豆输送泵，以防损伤泵的叶轮及马铃薯输送过程的堵塞。预防被打碎的细沙粒再流到下一道工序，给下道工序增加负荷。20 世纪 80 年代波兰、苏联、我国西北大部分马铃薯淀粉加工厂都采用的单头和双头滚筒式除石机，单头滚筒式除石机结构如图 3-9 所示，其缺点是占地面积大，该机对输送比例和流速要求很高，控制难度较大，除石效率不到 98%，除泥沙效率不到 60%。20 世纪 90 年代末我国新开发的 JS-3000 型重力漂浮除石机投入使用后，除石效率 100%，除泥沙效率 90%，同时占地面积较小，解决了输送过程流速和比例存在的难题。

4. 马铃薯湿法输送工艺

以 30t/h 加工马铃薯生产线为例，马铃薯在储存库或流送沟被水枪冲散，马铃薯与水混合，自流到 U 形溜槽以每秒 0.7m 的速度进入马铃薯清洗输送泵前的除石机，除去石块及沙粒。在这个过程需要给除石机加入 28～30m³/h 的反冲水。工作压力控制在 0.08～0.10MPa。被除去石块、沙粒再经大倾角皮带输送机输送到室外，如输送工艺图 3-10 所示。马铃薯与水的混合物，自流进入马铃薯输送泵前的缓冲分配池子，被该泵输送到高位置的流送槽(一台工作一台待命)，在自流过程中除去杂草。马铃薯与水混合物，在 U 形流送槽以 0.7~1.25m/s 的速度进入清洗车间，在自流过程中除去金属物，然后进入二次重力漂浮除石机除去泥沙，同时给除石机加入 28~30m³/h 的反冲水。工作压力控制在 0.08~0.1MPa。

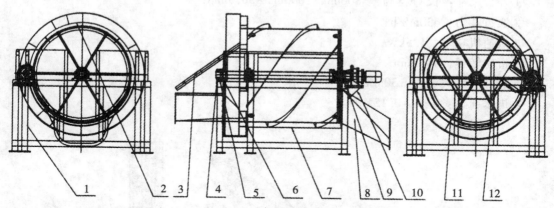

1—机架　2—滚筒　3—石块流槽　4—轴承支座　5—轴承　6—轴承挡圈　7—壳体
8—出料 U 形槽　9—支承架连接螺栓　10—减速机座　11—集石槽滚筒支架　12—进料口
图 3-9　GS/1600 型单头除石机结构图

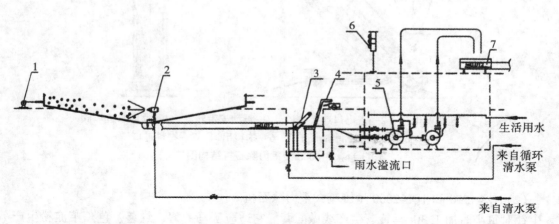

1—鼓风机　2—输送水枪　3—漂浮重力除石机　4—刮板提升机　5—土豆泵　6—信号指挥灯　7—输送槽
图 3-10　马铃薯除石输送工艺图

5. 马铃薯湿法输送设备结构及原理

(1)jS-3000 型重力漂浮除石机。

jS-3000 型重力漂浮除石机，适应每小时加工 30~60t 马铃薯生产线做配套。

被输送的马铃薯和水的混合物料，以 0.7~1.25m/s 的速度通过除石机锥体时，由于石块、沙粒和马铃薯的比重不同，石块、沙粒以螺旋线沿大锥体内壁落入小锥体底部，石块和沙粒被小锥体底部的刮板式皮带输送机输出。结构如图 3-11 所示。而马铃薯在返冲水的浮力下，顺利通过除石机的锥体流入下道工序。

jS-3000 型重力漂浮除石机由机架、壳体、物料进口法兰、物料出口法兰、捕石锥体、反冲水管、控制阀门、电机及减速箱、主动滚筒、被动滚筒、带刮板的皮带、轴承座、滑动轴承、传动装置、密封润滑水装置、石头出口法兰等组件组成。

jS-3000 重力漂浮除石机主要技术参数为：

①外形尺寸：长×宽×高，3806mm×1000mm×3855mm；

②通过能力：650m³/h；

③减速机功率：1.5kW；

④带轮转速：40r/min；

⑤返冲水最大流量：30m³/h；

⑥进水压力：0.08～0.12MPa。

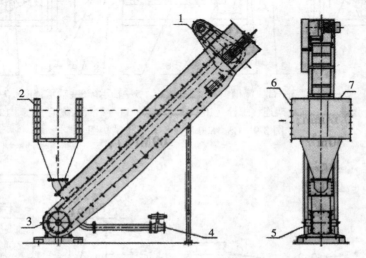

1—减速机及电机　2—进出口连接法兰　3—被动皮带转筒　4—反冲水进口阀
5—轴承座及密封润滑水进口　6—物料出口　7—物料进口

图 3-11　jS-3000 型重力除石机结构图

（2）TQS-1500 和 TQS-2000 型旋流式重力除石机。

针对每小时加工 30t 马铃薯生产线做配套。它适应于马铃薯、红薯、芭蕉芋淀粉生产的湿法运输过程除石、除沙。

马铃薯和水的混合物料，以 1.25m/s 的速度自流进入除石机进口大锥体内壁旋转向下运动，由于石块和马铃薯比重不同，石块和沙粒以螺旋方式沿大锥体内壁落入小锥体，并在螺旋形浆叶片同方向转动下，使石块、沙粒快速落入底部，经皮带输送机的进料端被皮带输出。而马铃薯混合物在返冲水浮力下通过除石机大锥体出口流入下道工序。其工作原理如图 3-12 所示。

TQS-1500 和 TQS-2000 型旋流式重力除石机结构由机架、壳体、电机及减速箱、主轴、螺旋搅拌叶片、物料进口法兰、物料出口法兰、反冲水管及阀门、石头收集管组件组成。刮板式皮带输送机由电机及减速箱、主动滚筒、被动滚筒、带刮板的皮带、轴承座、滑动轴承、传动装置、密封润滑水装置、石头出口法兰组件组成。

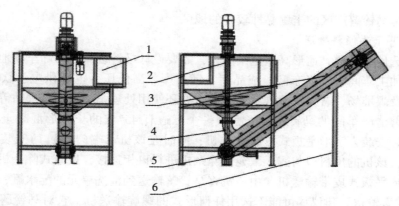

1—锥壳体及进料口　2—叶片及主轴　3—沙石刮板皮带机
4—沙石收集器　5—皮带被动滚筒　6—支架
图 3-12　TQS/2000 型旋流式重力除石机原理图

TQS-1500 旋流式重力除石机主要技术参数为：

①外形尺寸：长×宽×高，2020mm×1860mm×3540mm；

②生产能力：480m^3/h；

③减速机功率：5.5kW；

④带轮转速：40r/min；

⑤返冲水流量：30m^3/h；

⑥进水压 0.08～0.09MPa；

⑦设备重量：800kg。

TQS-2000 型旋流式重力除石机技术参数：

①外形尺寸：长×宽×高，2570mm×2200mm×3540mm；

②生产能力：650m^3/h；

③减速机功率：5.5kW；

④带轮转速：40r/min；

⑤返冲水流量：30m^3/h；

⑥进水压：0.08～0.12MPa；

⑦设备重量：1000kg。

3.2.2　马铃薯干法输送

在德国、波兰等多年降雨量少的国家，马铃薯淀粉厂一般都采用机械化干法输送，通常马铃薯用卡车运到生产现场。卡车经过过磅并取样若干，测定卡车所载的马铃薯的平均淀粉含量。过磅和取样的结果决定农场主所获的价格。卡车接着驶向一种朝着卡车侧面的桥架，使马铃薯能够从卡车上下落到储斗中。输送机将马铃薯从储斗输送到干法净化转笼，在这里，附着的泥土和粗杂质被清除。干法净化后，马铃薯用输送机输送到马铃薯储库。干法输送的优点是节约用水，缺点是机械化一次性投资太大；马铃薯干法输送需要二次搬运，机械对马铃薯损伤严重，对淀粉损失较大。干法输送的条件是该厂必须建设在沙土地区或者是马铃薯产区的土壤黏性较差的地区。

1. 马铃薯干法倾斜输送

如工厂选址属平地,地形高差范围不大,需要设计马铃薯储存、卸车场地、马铃薯清洗车间、湿加工车间、干燥车间、成品库、铺料库、高低压变电和供电、软化水处理车间、锅炉房及煤堆场、薯渣发酵堆场、清洗水循环使用处理站、污水处理站等设施。同时在靠近马铃薯清洗车间的马铃薯堆场,做一个三边有 45°坡的长方形混凝土马铃薯输送沟,底部设计安装人字形平板式皮带输送机,同时在该机末端(出料口)安装一台大倾角皮带输送机,该机的出料口与露天鼠笼式除杂机进料口相连接,鼠笼式除杂机的出料口配有一台人字形平板式皮带输送机,由该机将马铃薯输送到清洗单元的配水罐,简称倾斜输送方法(马铃薯输送,建议尽可能不选用任何形式的螺旋输送机,它对马铃薯损伤最大)。该工艺输送过程是:由一台装载机或多台人力手推车,把近距离储存马铃薯铲起或装车,再倒入长方形混凝土输送沟,由输送沟底部人字形平板式皮带输送机将马铃薯输送到大倾角皮带输送机进料槽,再由该机将马铃薯输送到约 6m 高的斜槽,然后自流进入鼠笼式除杂机。该机在运转过程中,使马铃薯表皮能起到相互摩擦作用,除去马铃薯表皮部分沙土(指马铃薯表皮没有水分的条件下),同时能将 30mm 以下的石块、沙粒、黏土及其他杂质去除(也称干法清洗)。而杂物及沙土经除杂斗自流到手推车。马铃薯经该机出口自流进入人字形平板式皮带输送机,然后由该机将马铃薯输送到清洗车间配水罐,加水后再进行除草、除石、除铁、多级清洗。

2. 马铃薯干法水平输送

对于选址在山坡地的马铃薯淀粉生产线,可利用地形划分三个高位差平面,按照地形采用不同平面布置。第一平面布置马铃薯原料堆场。第二平面布置马铃薯清洗车间、湿加工车间、干燥车间、成品库、铺料库、高低压变电室、软化水处理等设施,两个平面的高差最好在 5.7~5.8m,方便于工艺布置,同时可设计消防通道及物料运输道路。第三平面高差根据地形而定,分别布置锅炉房及煤场、薯渣发酵场、循环水处理站、污水处理站。靠近马铃薯清洗车间原料堆场,做一个三边有 45°坡的长方形混凝土马铃薯输送沟,底部设计安装人字形平板式皮带输送机,该机出料口与露天鼠笼式除杂机进料口相连接,鼠笼式除杂机出料口配有一台人字形平板式皮带输送机,由该机将马铃薯输送到清洗车间配水罐,简称水平输送方法。干法水平输送过程是:由一台装载机或多台人力手推车,把近距离储存马铃薯铲起或装车,再倒入人字形平板式皮带输送机的混凝土输送沟,由该机将马铃薯输送到鼠笼式除杂机。该机在运转过程中,使马铃薯表皮能起到相互摩擦作用,除去马铃薯表皮部分细沙、黏土(指马铃薯表皮没有水分的条件下),同时将 30mm 以下的石块、沙粒、黏土及其他杂质除去(也称干法清洗)。被除去的杂物经除杂斗自流到手推车。马铃薯经该机出口自流进入人字形平板式皮带输送机,由该机将马铃薯输送到清洗车间配水罐,加水后再进行除草、除石、除铁、多级清洗。

马铃薯干法输送工艺,仅适应于 12t/h 以下小型马铃薯淀粉生产线作配套,不适应规模较大的马铃薯淀粉生产线输送原料。其原因为:①干法输送过程需要雇用劳动力太多,且机械或人力手推车在搬运马铃薯过程中,难免机械对马铃薯造成损伤。②干法输送缩短了马铃薯在水中浸泡时间,使部分芽眼较深的马铃薯暗藏的细黏土得不到有效浸泡,给马铃薯清洗造成一定的难度。③对储存期间马铃薯呼吸所散发在表皮的水分、生产期间遇雨水淋湿的马铃薯通过鼠笼式除杂机相互摩擦清洗时，该机的除杂效率会下降。

总之，马铃薯运送工作要灵活，要不同方法结合使用，尽量方便并节约能源及水资源。

3.2.3　马铃薯输送工段控制参量

马铃薯输送工段主要控制参量，也就是马铃薯的进料量。较简单的生产线，一般采用控制上料平台的马铃薯流冲量，来实现进料量的控制，一般容易产生拥料现象。在没有设置匀料贮仓的生产线，也容易造成解碎工段进料不均匀。在使用马铃薯泵的生产线，可以实现变频调速，靠调整马铃薯泵的转数来调整马铃薯的进料量。

◎ 观察与思考

1. 什么是湿法输送？
2. 什么是干法输送？
3. 马铃薯输送工段控制参量有哪些？

3.3　除石清洗

为了得到高质量的淀粉，保证锉磨机可靠有效地工作，要将马铃薯中的沙石、泥土、杂草等异物彻底除掉。清洗得越净，淀粉的质量就越好。在清洗过程中要减少马铃薯的破损，避免淀粉无谓流失。

3.3.1　生产原理

20世纪80年代末，我国马铃薯淀粉加工行业对马铃薯清洗采用桨叶式洗薯机，但清洗效果较差，主要反映在马铃薯表皮和芽眼暗藏的黏性泥土不能彻底清除。90年代末随着科技发展，马铃薯淀粉生产线的成套引进，国内马铃薯淀粉生产工艺及技术装备不断提升，对于马铃薯清洗先后采用了鼠笼式清洗机、滚筒式清洗机，它能彻底清除马铃薯芽眼、表皮黏性泥土，提高了清洗效率和效果，同时节约了马铃薯清洗用水。

大部分马铃薯淀粉加工企业，一般采用湿法输送马铃薯到清洗车间，水与马铃薯的混合物，经输送槽自流进入马铃薯清洗单元。小型加工企业也有设计干法输送马铃薯到清洗车间的，为了更好除去石块、沙粒、除铁，干法输送马铃薯到清洗车间后，需要增加配水罐，再加入输送水与马铃薯混合，然后再经配水罐底部的 U 形输送槽自流进入除铁、除石、马铃薯脱水、多次清洗马铃薯的工艺过程。干法输送马铃薯仅适应规模较小的生产线，而湿法输送马铃薯，更适应小规模生产线的选择。因设备进出口特殊原因，使工艺设计过程有好多高低差别，而马铃薯需要尽可能减少马铃薯直线跌落撞击，以不损伤表皮为原则。所以设计马铃薯清洗单元工艺时，应该从马铃薯与水的混合物进入车间时开始控制流速，马铃薯与水的混合物，通过钢制 U 形槽流速继续控制在 0.7~0.9m/s 之间（平均取坡度1.2%）。再通过除铁器、除石机过程，且不能有安装过程遗留焊接毛刺，减少马铃薯在流动过程中的擦伤，方便于除石机有效地工作。为了防止到马铃薯储存时间失去水分、发芽等因素，便于马铃薯与输送水分离，马铃薯脱水格栅入口中心与滚筒式清洗机进料口中心线，一般需要 23°~25°倾斜坡，形成高差为 2.15~2.18m，为了防止脱水后马铃薯流速过快，在脱水格栅出口采用软线胶板进行拦截，同时在滚筒式清洗机进口倾斜封闭槽加入约 30m³/h 输送清水，以缓冲对马铃薯的冲击撞伤。采用滚筒式清洗机，需要打磨筒体内遗留的焊接毛刺，且在该机出料口的接收输送槽底部，安装橡胶板减轻马铃薯跌落撞击，同时在第二级清洗机出料提斗（畚斗）与脱水格栅垂直跌落点安装线胶板，以减轻马铃薯跌落撞伤。

3.3.2 生产工艺

用水枪将马铃薯仓暂存的马铃薯经过流槽冲至马铃薯清洗输送泵处，马铃薯泵将水与马铃薯的混合物抽送至组合除杂器的罐体中，切线进入的水流在罐中产生旋转。由于密度不同，杂草、木头、烂马铃薯等较轻的物质上浮在液面上，并汇集在中心区域，由溢流管排出。分水筛将水分离后排出轻相杂物，分离出的水回至流槽。好的马铃薯与重相（例如石头、金属物等）下沉至罐下部，罐下部有筛板，小于筛孔直径的重相物透过筛孔落至罐底，汇集后由时间控制的自动阀门定时排出。

由罐体下部排出的液流进至去石器中，当经过去石器中的缝隙时，向上的水流将马铃薯推过此缝隙向后继续移动，比重较大的石块和金属物品则沉入去石器的下部箱体中，汇集后由时间控制的自动阀门定时排出。

经过去石的水与马铃薯的混合流体经分水筛分离，污浊的输送水由下水道排入循环水池。马铃薯则进入第一清洗机和第二清洗机进行清洗，两级清洗机是串联接。在清洗机内加有清水作为清洗水，水流与马铃薯的方向是相反的，即遵从逆流洗涤的原理。在清洗机中马铃薯在不停地翻滚中由出料端前进，最后由清洗机转鼓的挖斗挖出。洗净的马铃薯从滚筒清洗机出来后，落到一台带喷淋的螺旋输送机。在螺旋输送机上面均匀分布着几排喷嘴，新鲜水通过一定的压力喷洒在马铃薯上，进一步将马铃薯表面的脏水带走。清洗机后的分水筛尽量将马铃薯中携带的水分离干净，后续的提升机将马铃薯输送到净马铃薯仓，马铃薯仓的容积一般设计为能存储一到两个小时的量。专门设计的螺旋输送机保证原料能够充分装满马铃薯仓。至此马铃薯的清洗过程全部结束。见图 3-13。

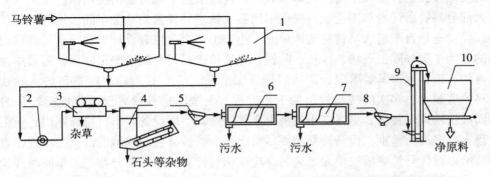

1—原料堆场　2—原料输送泵　3—除草器　4—除石机　5—脱水格栅
6—第一级清洗机　7—第二级清洗机　8—二次脱水格栅　9—提升机　10—净原料仓

图 3-13　马铃薯清洗工段工艺流程图

冲送水将物料送至车间后与物料分离，与清洗水、排放水混合后经曲筛分离大杂质后，进入车间的收集水系统，然后送入沉淀池处理系统，进行泥沙分离。分离后清水再进入冲送水枪继续冲送原料，这样实现清洗冲送水循环使用，大大节约用水。清洗机采用逆流洗涤，整个工艺的清水仅在补水点加入，以补充整个系统中泥沙分离时的损失水，保证系统稳定平衡。针对马铃薯淀粉生产线的冲送水水量大（150~400m³/h）、泥沙含量高、杂物种类多等特点进行处理，处理后的水质完全可以满足原料冲送的需要。

3.3.3 除石清洗设备

农村手工业生产一般采用人工竹筐振荡洗涤法等。小型淀粉厂有搅拌设备的池洗涤法。规模化生产的大型淀粉厂常用的清洗设备有连续除石机、滚筒清洗机、螺旋清洗机、斜鼠笼式清洗机、平鼠笼式清洗机、马铃薯联合清洗机等，根据土壤和淀粉原料特性可选择其中的一些进行组合，达到清洗度高，输送方便的要求。

1. 连续除石机

北京瑞德华机电设备有限公司生产的TQS15A、TQS20A、TQS18B、TQS20B型连续除石机广泛应用于薯类淀粉生产中清洗除石工序，可有效去除马铃薯物料上附着的沙粒及夹杂的大沙石、砖块等重质杂物（图3-14）。

图3-14 连续除石机

除石机按其结构与工作原理的不同，可分为旋流重力式和逆螺旋卧式两种连续除石机。该类连续除石机结构紧凑，生产能力大，是大中型薯类淀粉生产企业的理想选择。

旋流重力式连续除石机由电机、主轴、进料口、壳体、机架、石杂收集器、出料口、叶片、石杂出口、皮带输送机、反冲水入口等组成（图3-15）。该机工作时薯类物料随水流经进料口进入机壳体内，由主轴叶片旋转带动，在锥形壳体内高速旋转，在离心力和反冲水的作用下，较轻的薯类物料通过出料口进入下道工序。较重的石杂、沙粒等重质杂物因离心力和重力的作用，沿着圆锥形壳体内壁向下，进入石杂收集器，由皮带输送机送至石杂出口排除。

逆螺旋卧式除石机由电机、主轴、逆螺旋带、旋转筛筒、排沙鼓、石杂出口、进料口、机架等组成，如图3-16所示。

77

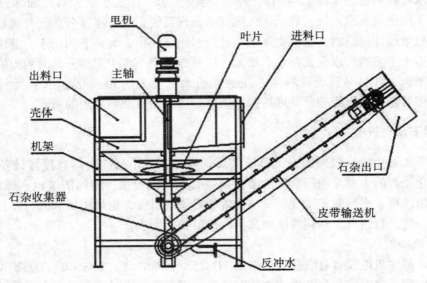

图 3-15　旋流重力式连续除石机结构图

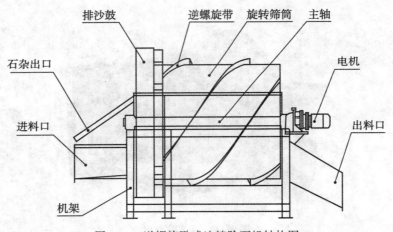

图 3-16　逆螺旋卧式连续除石机结构图

逆螺旋卧式连续除石机是一种既能连续通过马铃薯又能连续捕除沙石的机械，有机架和转鼓两大部分。转鼓又分为排沙鼓和筛筒两部分。筛筒的筒壁上钻有直径为 16～18mm 的圆孔或开有长圆孔。该机械工作时，直径小于孔径或孔宽的沙砾，会从孔中漏到筛筒外。在筛筒外壁上逆推螺旋带的作用下，向水流的逆方向前进，落入机器前面的集沙槽内，由排沙鼓经卸沙板排到石杂出料口。直径大一些的重杂物，如砖头和石块等，由于不能飘浮，进入筛筒后会贴在筛筒的内壁上，在筛筒内逆螺旋带的推动下，也向水流的逆方向前进，并落入排沙鼓内，与直径较小的沙粒汇集一同排除。

逆螺旋式连续除石机处理马铃薯的能力很大，在筛筒直径为 2m、长度为 2.4m 的条件下，每小时处理马铃薯可达 30～50t。

TQs 型连续除石机的主要技术参数见表 3-4。

表 3-4 TQS 型连续除石机的主要技术参数

型号	生产量(t/h)	电机功率(kW)	外形尺寸(mm)	重量(kg)
TQS15A	35	5.5	2020×1860×3540	800
TQS20A	60	5.5	2570×2200×3540	1000
TQS18B	30	5.5	4610×3010×2740	2500
TQS20B	45	5.5	4480×2880×3000	3000

2. 清洗去石上料机

固得威薯业设备厂生产的清洗去石上料机,能去除物料中的石块等硬质大颗粒杂质,同时有高效清洗和提升功能。

该机采用比重去石原理,水流与物料逆向运动,可以有效去除物料中的石块等重质杂质,可以有效保证后续设备的安全运转。该机采用下开门式清洗积累的杂质,可以保证工作的连续性;立式放置,占地面积小,可以有效利用空间;设备具有提升功能,可以节省提升设备,减少设备的投资;该机可采用变频调速控制物料的输送量大小,从而起到定量输送的功能。

图 3-17 清洗去石上料机

3. 滚筒式清洗机

北京瑞德华机电设备有限公司生产的 TR-60 型滚筒式清洗机,采用逆流洗涤原理,马铃薯从进口流入清洗机滚笼内随螺旋绞条至出口,而清洗槽内的水,在滚笼内螺旋绞条的反作用下流向清洗机进口,与物料(薯类)逆向运动,清洗效果好,可有效除泥、除沙(图3-18)。

清洗机由机架、主轴、滚笼、螺旋绞条、清洗槽及传动件组成,整机结构精简,设计合理,运行平稳,物料破碎率低,节能节水(图3-19)。

除石后的马铃薯随水流经过流送槽和脱水格栅后送入滚筒清洗机对马铃薯进行清洗。滚筒清洗机在低液位下工作,对马铃薯进行彻底清洗。经转鼓的旋转使得马铃薯块茎相互

图 3-18　滚筒清洗机

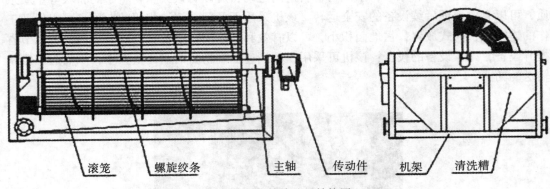

滚笼　　　螺旋绞条　　　　　主轴　　传动件　　　机架　　　清洗槽

图 3-19　滚筒清洗机结构图

之间强有力地摩擦碰撞以达到洗涤效果，同时干净的清洗水从清洗机的出料口喂入，水流逆向洗涤原料并从清洗机进料口处将脏水和薯皮等排出。清洗水可以由循环泵输送到流送槽作为冲送水，达到循环使用。

4. 鼠笼式清洗机

固得威薯业设备厂生产的 GD-SL-800 型斜鼠笼式高效能洗薯机（国家专利）（图 3-20）用于红薯、马铃薯、芭蕉芋、葛根、木薯等块茎状物的清洗，是由鼠笼式滚筒、传动部件和机壳三大部分组成。漏斗式上料，降低了人工上料的高度，使上料更方便、更容易，减轻了体力劳动。旋筒输送，鲜薯在旋筒中一方面沿筒壁作圆周运动，另一方面沿轴线作直线运动，薯块与薯块间相互摩擦、碰撞，薯块与鼠笼钢条撞击，从而洗去泥沙和部分去皮。洗涤水从出料端上的喷头加入，泥沙沉淀从排污口排出，清洗距离长达 20 多米，鲜薯洗净度高。泥沙、石块、皮渣通过栅条缝和壳底排污口自动排出。兼具洗薯和输送功能，不需再另外增加提薯机，这是一般鼠笼式洗机所不能达到的。高效节能，每小时可洗薯 8t，用电不到 3 度。

GD-SL-800 型斜鼠笼式高效能洗薯机的主要技术参数见表 3-5。

图 3-20　鼠笼式清洗机

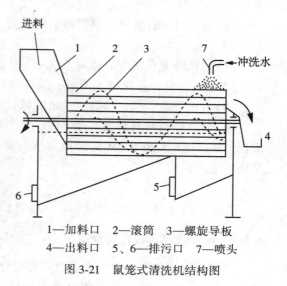

1—加料口　2—滚筒　3—螺旋导板
4—出料口　5、6—排污口　7—喷头

图 3-21　鼠笼式清洗机结构图

表 3-5　　　　　　GD-SL-800 型斜鼠笼式高效能洗薯机的主要技术参数

型号	GD-SL-800	电源电压	220-380（V）
外形尺寸	3600×800×800（mm）	重量	70（kg）
配用动力	2.2（kW）	加工能力	8000（kg/h）

3.3.4　安全生产操作

1. 检查

（1）检查水供应状况：循环水池是否加满水，除泥设备是否加满水，除石机皮带机轴承是否加水。

（2）检查设备的加油状况：除石机、清洗机、减速机等加油情况，斗提机、清洗机、马铃薯泵等主轴承加油情况。

（3）检查设备状态：水枪是否安装；手动阀的情况：打开循环水泵、水枪泵、除石机泵泵前阀及泵出口阀门；将清洗工段所有设备电机置于"OCC 控制"状态。

2. 启动

（1）打开计算机，进入工艺流程状态的清洗工段。

（2）依次启动斗式提升机、清洗机，现场打开清洗机清水阀，调至 20~25m³/h。

（3）启动除石机，打开水阀，调整除石缝宽度 70mm，启动除草机。

（4）启动水枪泵，循环水泵。

3. 巡检

（1）输送沟中水、马铃薯的比例。

（2）除石机的除石效果。

（3）检查除草机的除草效果。

（4）检查水枪泵、循环水泵、除石机泵、清洗机、斗提机的工作情况。

（5）每小时定时排放除泥设备的排放阀。

4. 停机

（1）当马铃薯仓接近满罐时，水枪冲送岗位停止冲送马铃薯。

（2）15min 后，依次停水枪泵、除石机泵、停循环水泵以及马铃薯泵。

（3）依次停除草机、除石机、清洗机、斗提机。

（4）紧急停机：遇到突然停电时，整个系统设备都带物料，开机应对设备予以检查和清理，从后至前地开机（正常停机为从前至后），严禁带料启动设备，否则易造成堵料甚至烧坏电机。

5. 记录

在操作时应做好原始记录和设备检修档案工作。

3.3.5 除石清洗工段控制参数

马铃薯清洗机所使用的水量也是需要控制的。简单地说，是水用得越多，洗涤效果会越好一些，但也不能无限制地浪费水资源。在一般生产线，其洗涤用水由手控阀门来控制。在较先进的生产线，安装有智能流量计，可以用电脑自动控制洗涤用水的量。

现代的淀粉加工工艺，马铃薯清洗以及流槽用水是使用来自淀粉精制顶流的工艺水，大大降低了新鲜水的总用量，致使最终排出工艺的废水量也急剧减少。

在水力输送槽中，1t 马铃薯清洗的耗水量为 6~8t；水和马铃薯混合物的流动速度应不低于 0.75m/s；除草机进水量为 30~35m³/h；清洗机加水量为 20~50m³/h；一般清洗时间为 8~15min；经清洗后马铃薯的杂质含量小于 0.1%；马铃薯损伤率小于 5%，洗涤水中淀粉的含量小于 0.005%。

◎ **观察与思考**

1. 了解马铃薯除石清洗的原理。

2. 了解马铃薯除石清洗的工艺。

3. 熟悉马铃薯的除石清洗设备。

4. 熟悉马铃薯安全生产的操作。

3.4 锉磨解碎

由于使用的机械不同，马铃薯的锉磨解碎，又称为破碎、粉碎、磨碎和刨丝等。锉磨解碎是马铃薯淀粉加工工段的第一步，其目的是尽可能地使马铃薯块茎的细胞破裂，释放出更多的淀粉颗粒，与纤维和蛋白质能很好地分开，为提取淀粉创造有利条件。

马铃薯块茎被磨碎时，细胞壁被破坏释放出淀粉颗粒，同时也释出细胞液汁。细胞、液汁中含有溶于水的蛋白质（包括酶和其他含氮物质）、糖物质、果胶物质、酸物质、矿物质、维生素及其他物质的混合物。除此之外，细胞液中含有糖苷，它属于龙葵苷，在生产过程中会形成稳定的泡沫。天然细胞液含有 4.5%~7.0% 的干物质。这些物质占马铃薯总干物质重量的 20% 左右。马铃薯块茎被锉磨成浆料后，应在最短的时间分离出细胞液。因为马铃薯块茎细胞中含有的氢氰酸释放出来后，与铁接触反应生成亚铁氰化物（呈淡蓝色）。此外，细胞中氧化酶释放出后，与空气中的氧气接触后，使组成细胞的一些物质很快会发生氧化，使马铃薯浆料在短时间内变成浅褐色，导致淀粉色泽发暗，降低淀粉质量。为了防止马铃薯破碎后与空气接触氧化，在马铃薯磨碎的同时加入亚硫酸溶液，可以遏制氧化酶的作用。同时加入工艺水稀释，使马铃薯块茎被锉磨的浆料改变颜色。因此，马铃薯块茎被磨碎后的工艺设备（包括管道及法门）与物料接触部位必须采用 304 不锈钢材质或耐酸 316 不锈钢钢材制成。

3.4.1 锉磨单元生产工艺

马铃薯经水力输送流入螺旋提升机斗内，送往除石机和洗薯机进行除石和清洗，最后将清洗后的马铃薯由带有可调速驱动电机的螺旋输送机喂入锉磨机壳体内，将马铃薯在拉丝的瞬间进行磨碎。锉磨机转子装有锯条状刀片用来破碎马铃薯，有数台平行设置的锉磨机，其中一台备用，用于更换刀片时替换使用。

被磨碎的纯马铃薯浆料，体积为 $37.50 \sim 40.0 mm^3/h$（纯马铃薯浆料重量为 $0.75 \sim 0.80 t/m^3$，根据马铃薯淀粉含量 16% 测算）。而马铃薯浆料需要加入来自旋流洗涤单元、淀粉乳脱水单元工艺水为 $7.78 \sim 8.5 mm^3/h$ 进行稀释浆料。被稀释的马铃薯浆料在斜槽自流过程中，除去铁屑和锯齿尖，再沿斜槽自流进入集料池子。浆料经离心泵或单杆螺旋泵输送到旋流除沙器进行除沙。在这个时间段，被稀释的马铃薯浆料为 $45.28 \sim 48.50 m^3/h$，进入旋流除沙器进行除沙（物料进口压力控制在 $0.25 \sim 0.30 MPa$）。被除沙粒经集沙罐底部两级自动控制蝶阀，定时按次序排放到准备好的容器内，然后再统一处理。经过除沙的浆料依靠压力，再进入四级淀粉与纤维分离单元的离心筛，进行逐级洗涤分离淀粉与纤维。同时，在锉磨机底部斜槽或浆料输送泵入口处，加入浓度在 7.5% 的亚硫酸溶液，以防止马铃薯浆料与空气接触氧化变色，同时促使淀粉颗粒与细胞壁快速分离及杀菌。

马铃薯的解碎分一次解碎和二次解碎。一次磨碎是把洗净的薯块直接粉碎，粉碎后的浆料是一种混合物，这种混合物是由破裂和未破裂的植物细胞、细胞液、淀粉颗粒组成，这种混合物称为马铃薯浆料。在马铃薯浆料中，从细胞中释放出来的淀粉称为游离淀粉，残留在未破裂和未完全破裂的细胞中的淀粉称为结合淀粉，结合淀粉在生产中不能再返回加工而与渣滓一起排出。马铃薯细胞破坏的程度能表明从细胞中提取淀粉颗粒的程度。在马铃薯淀粉加工中常采用先对第一次粉碎后的马铃薯浆料提取游离淀粉，对提取游离淀粉后的粗渣进行补充磨碎为二次磨碎。二次磨碎可以提高马铃薯的磨碎效率 2%~4%。为了提高二次磨碎的效果，应尽量使薯渣脱水，并使薯渣中的干物质不少于 10%~20%。

在磨碎操作中，薯块的破碎如果不充分，则会因细胞壁破坏不完全，不能使淀粉充分游离出来，造成在筛分过程中淀粉仍留存于粉渣中，不易取净，降低了淀粉的产出率，并且还会使淀粉的分离不能迅速地进行。如果破碎过细，会增加粉渣的分离难度。从几何形状来讲，同体积下比表面积随着多面体的面数增加而增加，即球体<椭圆体<圆柱体<长方体<长六方体<不规则薄片体，而要使薯类中的淀粉最大限度地游离出来，最好的是体积小而比表面积大，所以解碎后的物料颗粒，以不规则薄片体最为理想，最利于淀粉提取。

马铃薯块茎磨碎后，生产淀粉用水要求是无色透明、不含钙质的软水，否则，水的杂质与颜色就要渗入淀粉中，影响淀粉的质量与色泽。

83

3.4.2 锉磨度(磨碎系数)

在破碎马铃薯细胞释放出淀粉颗粒、纤维、可溶性物质时得到一种混合物,这种混合物是由破裂和未破裂的植物细胞、细胞液汁及淀粉颗粒组成,这种混合物称为马铃薯浆料。马铃薯浆料中残留的未破裂细胞壁中的淀粉,在生产中是无法提取的,与渣淬一起排出,这种淀粉称为结合淀粉,如图 3-22 所示释放在细胞壁以外的淀粉,称游离淀粉。

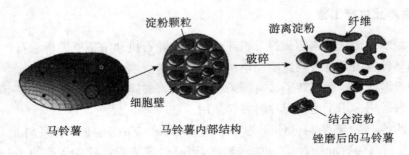

图 3-22　马铃薯被破碎后的浆料

马铃薯锉磨操作的效果用锉磨度(磨碎系数)表示,马铃薯磨碎系数取决于锉磨机性能,它表明从细胞壁中释放出可提取淀粉颗粒的程度。磨碎系数用游离淀粉与洗净的马铃薯或磨碎的浆料中的全部淀粉之比来确定。我们通常把磨碎系数按下式确定,用百分比表示:

$$K = A \cdot 100(A+B)$$

式中: K——马铃薯磨碎系数,%;

　　　A——100g 浆料中游离淀粉质量,克;

　　　B——100g 浆料中结合淀粉质量,克。

马铃薯磨碎系数的高低,在很大程度上决定了淀粉的提取率、生产量、产出比。一般我们在设计马铃薯淀粉与纤维分离单元、粗淀粉乳旋流洗涤单元工艺配置时,把锉磨机破碎系数定位在 98%,马铃薯磨碎系数如果少于 98%或者更低,则会使细胞壁破坏不彻底,使细胞壁结合淀粉不能游离出来,在淀粉与纤维分离过程中,淀粉颗粒仍残留在未破裂细胞中,则会降低游离淀粉颗粒提取。如果磨碎系数过高,淀粉与纤维分离单元的离心分离筛安装的筛板孔径目数就得缩小,又会降低生产能力,否则粗淀粉乳液中细纤维会增加,使粗淀粉乳旋流洗涤单元再增加旋流器的配置级数。

加工鲜马铃薯时,磨碎系数应达到 90%~92%。马铃薯磨碎系数的高低,在很大程度上决定了淀粉的产量及与之有关的全部生产技术经济指标。因为磨碎系数直接关系着另一个重要的生产系数——淀粉提取率。淀粉提取率对生产企业的经济效益,有着直接的影响。

在理论上,马铃薯被解碎得越细小,则解碎系数越高。但是如果要求过高的解碎系数,就势必要增加解碎机械的加工能力。

马铃薯在解碎前和解碎后主要成分的变化动态,可参见表 3-6。

表 3-6　　　　　　　　　　某品种马铃薯成分动态表

解碎前			解碎后	
淀粉	16.0	→	14.9	淀 粉
		↘	1.1	
不溶性固形物	1.2	→	1.2	渣 滓 8.1
可溶性固形物	4.3	↗↘	0.3	
			5.5	
		↗	4.0	废 水 77.0
水 分	78.5	→	73.0	
	100		100	

3.4.3　锉磨解碎工段中的褐变及其防止

马铃薯细胞壁解碎后，汁水立即暴露于空气，汁水中含有一些酶和氢氰酸等褐变物质，这些褐变物质在与空气或水中的氧相结合时，会产生蓝褐色的化合物，沉积或附着在淀粉颗粒的表面，或与其他灰分物质相结合，形成小颗粒物，混在淀粉中，使淀粉产品的白度下降。这就是马铃薯淀粉生产中的褐变现象。褐变产生于马铃薯淀粉生产过程中的解碎、脱汁和后脱汁工艺中的筛分工段。据实际测察，褐变严重时，会使淀粉产品的白度下降10个百分点以上，严重影响其感官品质和商品价值。因此，采取有效措施，控制加工过程中马铃薯的褐变就显得非常重要。

马铃薯在加工过程的褐变程度，因马铃薯品种不同而有所差异，也会因马铃薯收获时间的不同而有所变化。一般认为，在淀粉生产中，不完全成熟的马铃薯褐变程度较低，较新鲜的马铃薯褐变程度也较低，临近解眠期的马铃薯，褐变程度也会下降。

褐变主要是由多酚氧化酶(Polyphenol Oxidase, PPO)引起的。这种酶催化内源性多酚类底物及酚类衍生物而发生复杂的化学变化，最终形成褐色或黑色物质。在完整的马铃薯组织中，PPO与酚类底物是分离的，因此褐变不会发生，更主要的是由于酚类物质在正常的植物组织中作为呼吸传递体参与了呼吸代谢作用，酚与醌之间的氧化与还原呈动态平衡。而当植物细胞受到破坏后，正常的呼吸链被打断，氧气的侵入造成酚类底物在酚酶的作用下迅速氧化生成邻醌，转而又通过快速的聚合作用形成褐色素或黑色素。如何抑制酶促褐变是马铃薯生产加工中的中心环节，而抑制酶促褐变的关键就在于抑制PPO的活性。

在马铃薯淀粉生产中，防止褐变的措施主要有三条：①努力缩短解碎与筛分的时间，使之尽快进入脱汁工段；②在适当的生产位置添加防褐变剂；③控制未脱汁的浆料的温升。

1. 防褐变剂的选择

在对马铃薯进行解碎的过程中，适当加入一些对褐变酶和氢氰酸更有亲和性质的化学物质，使之迅速地与褐变酶及氢氰酸发生化学反应，并生成不足以影响淀粉产品白度的化合物。这就是马铃薯淀粉生产过程中应用化学方法防止褐变的原理。

防褐变剂的选择，要本着既能较好地解决问题，又不会过多地增加生产成本的原则进行。

亚硫酸钠对多酚氧化酶活性抑制效果十分明显，浓度为 80mg/L 时，PPO 活性几乎被完全抑制，亚硫酸盐抑制褐变主要是通过不可逆的与醌生成无色的加成产物，与此同时降低了 PPO 作用于酚类底物的活力。而抑制多酚氧化酶活性实际上是游离的 SO_2 在起作用，微酸性环境有利于 SO_2 的释放，因此生产中可将体系的 pH 值控制在 7.2 左右，再添加适量的亚硫酸钠，这样能使其更充分地发挥护色作用，但是亚硫酸钠有漂白作用，因此添加量不能过多，否则会使马铃薯因漂白而失去原色，影响外观，同时会产生不愉快气味。含氯制剂中的氯与褐变酶及氢氰酸发生反应所生成的化合物为白色，它更不会降低淀粉的白度。

在实际应用中，可供选择的防褐变剂，有以下几种：

(1) 工厂自制的亚硫酸水（$H_2SO_3+H_2O$）。

(2) 亚硫酸制剂。其中包括重亚硫酸钠（Na_2SO_3）、焦亚硫酸钠（$Na_2S_2O_5$）和结晶亚硫酸钠（$Na_2SO_3 \cdot 7H_2O$）。

(3) 氯制剂。最常用的是二氧化氯水制剂。

在生产过程中，会有一些亚硫酸或二氧化氯没有参与到与褐变物质的反应中，而残留在淀粉浆中。这些残留的含硫或含氯化合物，在以后的洗涤和脱水过程中，会被排出一大部分；剩余的少部分将在干燥过程中受热升腾，而与水蒸气一起被排到大气中去。有极少一部分含硫或含氯化合物沉积附着在淀粉颗粒的表面，或与其他灰分结合生成小颗粒，混在淀粉中。这些含硫或含氯化合物应该是非常少的，少到小于马铃薯淀粉标准中的允许残留量以下。

在国家标准中，马铃薯淀粉中的二氧化硫残留量为：$SO_2 \leqslant 30$ mg/kg。

2. 亚硫酸制备方法

在空气中燃烧硫黄，使之生成二氧化硫气体（SO_2），然后用水吸收二氧化硫，使之成为当量很低的亚硫酸水。其化学反应式为：

$$S+O_2 \xrightarrow{\text{燃烧}} SO_2（\text{亚硫酐}）$$
$$SO_2+H_2O \Longleftrightarrow H_2SO_3（\text{亚硫酸}）$$

硫黄在空气中加热至 119℃ 时，会熔化成淡黄色的液体。如果逐渐提高温度，会使其颜色加深，直至变成深红色。同时液体的黏度增加，180℃ 时黏度达到最高值，250℃ 时开始燃烧，火焰为紫蓝色。燃烧后，如果周围散热不好，硫黄液体的温度仍会持续上升，在363℃ 时会产生腾空火焰（火焰离开液体表面）。在温度达到 449.6℃ 以上时，硫黄开始升华。此时的大部分硫分子会自己升华到空气中，与氧分子直接反应，生成三氧化二硫 S_2O_3。升华到空气中的硫分子，也会与氢发生反应，生成硫化氢 H_2S。

在实际操作中，应该控制硫黄液体的温度，以使之不超过 350℃ 为宜。

根据理论计算，在合理消耗氧气的情况下，硫烟气中的二氧化硫的含量为 20% 左右。但在实际操作中，由于过分的通风，所得到的硫烟气中的二氧化硫含量会不足 12%，在操作不当时，甚至会低于 5%。

二氧化硫含量偏低的另一个原因，是燃烧炉局部温度过高，当燃烧温度达到 900℃

时，已经生成的二氧化硫也会分解。其反应式为：

$$SO_2 \xrightarrow{过热} S+2(O)$$

初生态的氧性质十分活泼，反过来又会与周围的二氧化硫发生反应，生成三氧化硫。反应式为：

$$SO_2+(O) \longrightarrow SO_3$$

这样，不仅还会进一步降低硫烟气中的二氧化硫的含量，而且三氧化硫与水结合后，还会生成硫酸（H_2SO_4）。

硫酸的腐蚀性比亚硫酸大得多，可以很容易地腐蚀管道、储罐和所接触到的部件，使锈蚀物带入生产线。硫酸确实能与褐变物质发生反应，而且更容易与马铃薯中的钙、钾、镁、磷等发生反应，生成多种硫酸盐，并结成颗粒混入淀粉中。这些硫酸盐会造成淀粉黏度的下降。如果在生产实际中，遇到马铃薯淀粉黏度指标偏低时，可以找一找亚硫酸水的制备设施或工艺是否有缺陷。

3.4.4　锉磨设备

20世纪80年代初，我国马铃薯淀粉加工行业，对马铃薯破碎普遍采用破碎机（锤片式和爪子式）和沙盘磨。80年代中期，随着生产力发展，我国西部咸阳某厂采用碳钢钢材制造出10t/h薯类锉磨机，该设备采用皮带传动，转速800 r/min，刀片（锯条）采用65Mn碳钢制造，单面锯齿，在当时历史背景下，深受马铃薯淀粉加工行业的青睐。到90年代中期，我国西部先后从波兰、荷兰引进直联传动和皮带传动400~500型高效薯类锉磨机。随着社会进步和经济发展，我国马铃薯淀粉加工工艺不断完善，在工艺技术装备向自动化控制迈进的同时，由呼和浩特市和郑州市先后制造出皮带传动薯类300型和500型高效锉磨机，转速2100 r/min，离心力1727.8N，每小时可加工马铃薯15~30t不等。且提高了机械加工精度，使转子的锯齿尖与锉刀间隙可以调整到1.8~2.0mm。该机各部位采用304和316耐酸不锈钢钢材制造（包括机座）。到目前为止，国内外制造的300~500型高效锉磨机，属于薯类淀粉行业理想破碎设备。围绕现代高效锉磨机的性能，在工艺过程中，需要配置锉磨机进料口闸板滑阀、浆料除铁器、浆料输送泵、旋流除沙机等，才能形成一个更先进的马铃薯锉磨单元。

1. 锉磨机

锉磨机由机座、机壳、转子、主轴、进料口、双向组合锉刀、轴承、轴承座、定块、筛板、电机、V形皮带轮、防护罩组成。500型高效锉磨机结构组成如图3-23所示。

500型高效锉磨机配套电动机功率，一般都在160~200kW不等，它的主要结构如图3-24所示。在选择工艺设计配套时，设备制造商是根据用户原料种类及特性配套电机功率。每小时加工30t马铃薯原料，配套160kW电动机已能满足生产需要。每小时加工30t红薯原料、木薯原料，需要配套200kW电动机，因为它的纤维较长，且韧性好。如果用户每小时加工35t马铃薯原料，配套200kW电动机能满足生产需要。

锉磨机装有组合锉刀的转子在两轴承中旋转，定块与锉刀的间距由螺栓调整，筛板位于定块下方。独立的轴承座不与机壳内相接触，因此不会因锉磨机万一漏水而受损。锉磨机的转子由电机和V形皮带轮驱动，电机和转子安装在一个非常坚固的不锈钢机座上。

图 3-23　500 型高效锉磨机

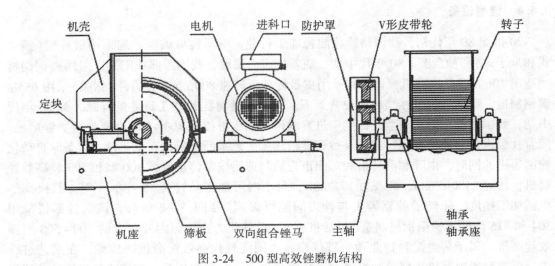

图 3-24　500 型高效锉磨机结构

锉磨机顶部为进料口。V 形皮带轮驱动使用不锈钢防护罩完全封闭。该机高速旋转的带有锉刀的转子，将物料旋带入定块间锉磨成颗粒，而均匀的乳液经筛板落入料槽。

在马铃薯仓的下面连接了一个特殊设计的出料口，出料口与一可调速的喂料螺旋相连。喂料螺旋开有三个出口，两个锉磨机接口和一个溢流口。在锉磨机与喂料螺旋间有一段带插板阀的短接。当系统要进料时，先打开锉磨机上面的插板阀，然后根据需要调整喂料螺旋的频率，启动喂料螺旋开始进料。锉磨下的马铃薯浆料用一台纤维泵送进除沙单元。

锉磨机转子在电动机皮带驱动下，转子转速达到 2100r/min，产生离心力，刀片组件在离心力 1727.8N 作用下，将安装有刀片（锯条）的夹持条组件从槽内向外甩出，卡紧在转子内槽斜面固定。同时刀片的齿尖也高出转子表面 3mm，锉刀与转子表面间距 4.8~5.0mm，刀片齿尖与锉刀之间的间隙调整为 1.8~2.0mm 之间。经调速喂料螺旋输送机送来的马铃薯自流喂入锉磨机壳体内，由装有刀片的转子将马铃薯带入前端狭小区域与锉刀接触进行刨丝，简称刨丝过程。被拉成丝的浆料由转子带入锉刀下部，在转子与栅孔板之间进行再次磨碎，并且将颗粒状细胞壁磨碎到 0.05～1.5mm 细小粒径。使细胞壁尽可能的破裂，释放出淀粉颗粒。锉磨机原理如图 3-25 所示，磨碎后的浆料通过栅孔板(1.5mm 宽×2.0mm 长)的孔径自流到锉磨机下部带有坡度的溜槽，再自流到浆料池，没有通过栅孔板大于 2.0mm 以上片状物、块状物，由装有刀片的转子带到转子后端与锉刀接触继续磨碎，最终磨碎达到能通过栅孔板孔径为止。这时马铃薯细胞壁基本被破裂，使淀粉颗粒释放出来。

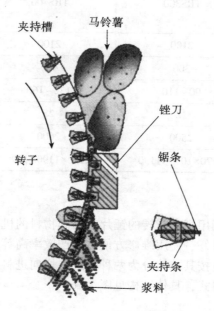

图 3-25 锉磨机原理

马铃薯磨碎系数高低，取决于马铃薯新鲜程度，同时也与刀片(锯条)质量有着直接关系，一般进口刀片采用 T8 型钢材制造(美国代号 1074)，它的韧性较好。国内目前一般采用 65Mn 钢材制造，但都是经过热处理的，硬度一般在 45～47 度之间为宜。锯条齿面高低最好均匀一致。一般 500 型锉磨机所配的刀片(锯条)厚度为 1.25mm、宽度 21mm、长度 500mm，要求牙尖长 3.8～4.0mm 较好。但制造商制作有一定的难度。牙齿总数尽可能要求控制在 320～340 个为宜。定位销孔距为 100mm×300mm×100mm，孔径 5mm。从生产工艺上讲，一般要求转子下部栅孔板最适宜孔径为：宽 1.5mm×长 2mm 的长方形截面。被磨碎浆料粒径大于 2.0mm 是不能通过栅孔的，它还需要继续磨碎，所以磨碎系数才会提高。马铃薯物料喂入锉磨机，要杜绝金属件、木块、石块、橡胶块等杂物混入原料进入锉磨机内，这些外来杂物进入锉磨机一次性损伤锉磨机锯条 120 根，同时也损伤刀头及转子表面。因此，清洗单元，杜绝金属件、木块、石块等混入原料进入锉磨机，才能保证锉磨系数的提高。如破碎系数达到 98% 以上，淀粉提取率才能达到 92%～95%。

特殊设计的不锈钢锉磨机操作非常简单，结构紧凑，转速高，锉磨精细，颗粒均匀，淀粉游离率高，提取率高。简洁的锉刀夹紧系统保证了锉刀工作在最佳的位置上，锉刀厚度为 1.25mm，保证了更长的使用寿命。锉刀的装卸非常简单，根本无需使用特殊工具，普通人员即可完成。不锈钢筛板是一整体结构且无需工具即可更换，可使锉磨机达到最高的效率和淀粉得率。通过可调速的喂料螺旋可以调节整条生产线的能力。锉磨机的主要技术参数见表 3-7。

表 3-7　　　　　　　　　　　　　　锉磨机的主要技术参数

项目 \ 型号 参数	TRS300	TRS400	TRS500
主轴转速（r/min）	2100	2100	2100
转子宽度（mm）	300	400	500
电机功率（kW）	90~110	132~160	160~200
物料处理量（t/h）	18	25	32
机器重量（kg）	2500	2600	3500
外形尺寸（mm）	2170×1090×1190	2170×1190×1190	2170×1290×1190

2. 锤片式粉碎机

锤片式粉碎机是一种利用高速旋转的锤片来击碎物料的机器，该机具有通用性强、调节粉碎程度方便、粉碎质量好、使用维修方便、生产效率高等优点，但动力消耗大，振动和噪声较大。锤片式粉碎机按其结构分为两种形式，切向进料式和轴向进料式，薯类淀粉加工厂使用的全为切向进料式，具体结构见图 3-26。

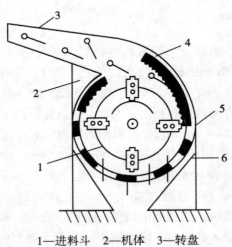

1—进料斗　2—机体　3—转盘
4—锤片　5—齿板　6—筛片
图 3-26　锤片式粉碎机结构图

锤架板和锤片组成的转子由轴承支撑在机体内，上机体内安有齿板，下机体内安有筛片，齿板和筛片包围着整个转子，构成粉碎室。锤片用销子销在锤片架板周围。锤片之间的销轴上装有垫片，使锤片彼此错开，并沿轴向均匀分布在粉碎室。工作时，物料从喂料斗进入粉碎室，首先受到高速旋转的锤片打击而飞向齿板，然后与齿板发生撞击又被弹回。于是，再次受到锤片打击和与齿板相撞击，物料颗粒经反复打击和撞击后，就逐渐成为较小的碎粒从筛片的孔中漏出，留在筛面上的较大颗粒再次受到锤片的打击，并在锤片与筛片之间受到摩擦，直到物料从筛孔中漏出为止。

3. 砂轮磨

大直径砂轮磨，也需要有预破碎机械配合工作。砂轮磨的砂轮，是成水平放置的，可以从砂轮中间的圆孔进料，被磨碎的浆料，可沿砂轮的径向向四周溅射，在砂轮间隙调整合适时(为 1~1.5mm)，有相当高的解碎系数。

砂轮磨的主要缺点是：砂轮易损坏，而且造价高，更换困难。再者，其机械规模偏小，加工能力不大，一般每小时加工马铃薯的数量小于 5t。

3.4.5 安全生产操作

1. 检查

①检查锉磨机内有无异物，检查锉磨块与转鼓的间隙。②锉磨机皮带的张紧程度。③检查软水装置，反冲水是否正常。④检查设备加油情况。⑤检查设备电机是否处于"计算机控制"状态。

2. 启动

全面检查无误后，依次启动加工工段设备

3. 巡检

①检查锉磨机的工作情况。工作过程中如在设备腔体内出现异常响动，请立即关闭螺旋输送机和锉磨机上方的闸板阀，停止进料，并关闭锉磨机。②检查锉磨机的锉磨效果。③检查轴承的温度，轴承温升不应该超过正常工作温度的40℃。

4. 停机

①停下螺旋输送机和关闭闸板阀停锉磨机。②当送料斗无物料后，打开冲洗水进行冲洗冲洗转鼓，冲洗时间为 10min 左右。③让转子保持运转惯性直至完全停下。④当锉磨机停机作业超过 2d 时，取下所有的锯条，并涂抹防锈油，防止生锈，将压条清洗干净放好。

5. 锉磨刀更换

①关闭螺旋输送机和关闭送料阀门。②通过锉磨机上盖后背的冲洗连接管用水冲洗运行的转子10min 左右。③关闭锉磨机电机。④当转子停止转动时，打开反向手柄，松开筛网的夹紧装置。⑤松开侧盖与上盖、机座的 6 个固定螺栓，打掉上盖与侧盖的 2 个定位销。⑥松开组合铣刀的两个固定螺栓，向后拉动组合铣刀约 15mm，并取下侧盖。⑦卸下 6 个螺栓，换上新的锉磨刀。⑧照相反的顺序将设备装好。⑨注意事项：在更换锉磨刀过程中注意保持锉磨块与转子外表面之间的间隙为 6~6.5mm，否则会影响锉磨效果。

6. 检修

锉磨机常见故障及排除见表3-8。

表 3-8　　　　　　　　　　　　　　**常见故障及排除**

故障特征	可能原因	排除方法
振动及噪声大	机内进入硬质异物	检查排除
	主轴轴承磨损	更换轴承
振动及噪声大	锯条组件与上盖或侧盖内侧壁摩擦	更换锯条组件
轴承升温过高	润滑不良	补加润滑脂
	轴承磨损或轴承座损坏	更换轴承
电流过高	锯条磨损严重，负载加重	更换锯条
	轴承摩擦严重，负载加重	更换轴承

3.4.6　马铃薯锉磨解碎工段控制参量

进入锉磨粉碎设备的马铃薯量，应该是均匀并且基本恒定的。它略小于锉磨粉碎设备的处理能力。在简单的生产线上，一般采用控制落料插板的开隙大小，来控制马铃薯的落料量。这种方法比较适用于锤式破碎机和联合解碎机等耐冲击性好的解碎机器。

在设置了匀料贮仓的生产线，可以用调整喂料螺旋机的转数，来控制落料量。喂料螺旋机的转数，可以使用滑差调速电机或变频调速器来调整。

锉磨粉碎设备工作时，一般都要加一些水，以起到润滑、降温和调整渣浆浓度的作用。水的加入量因机器类型不同而异，以刨丝机的加水量为最少。在个别生产线上甚至不加水，但前提是机下必须使用螺杆泵输渣浆，才可以不加水。如果刨丝机下配套的输渣浆泵为半开式液下泵，就必须加一定量的水才能工作。而使用砂轮磨作解碎工具时，则必须加入较多的水。锉磨粉碎设备加入水的最大量，为原料薯的一倍，即薯水比例≤1∶1。锉磨粉碎设备的用水量(主要指第一水来源)是通过调整阀门的开启度来控制的。

锉磨粉碎设备用水来自于三个方面：①加有防褐变剂的制剂水；②最末级渣浆分离筛的浆料(含淀粉极少)；③旋流站所排出的回收液。在三个水源都存在(或有两个来源存在)时，应该首先使用后两个回收的水来源。在其不足时才由第一个水来源补充。

◎ 观察与思考
1. 了解马铃薯锉磨单元的生产工艺。
2. 了解马铃薯锉磨解碎工段中防止褐变的方法。
3. 熟悉马铃薯锉磨设备及其安全生产操作。
4. 了解马铃薯锉磨解碎工段控制参量。

3.5　除铁除沙

3.5.1　生产工艺要点

锉磨得到的马铃薯浆料通过纤维泵泵送入除沙旋流器，经两级旋流除沙器，将混入其中的几乎肉眼看不到的细沙和铁屑除去。

带有一定压力的物料沿切线方向进入除沙旋流器，在旋流器中马铃薯浆料高速旋转，轻相的淀粉和马铃薯渣等从顶部溢出，重相的沙粒等会从底部排出。在陶瓷旋流管下面有一个积沙罐，积沙罐联有压力反冲水，保证淀粉不从底流口流失，排出的沙粒通过两个气囊阀定期排出。特殊制造的陶瓷旋流管经久耐用，独特的设计的气囊阀能够自动定时将沙粒排出。

3.5.2 生产设备

北京瑞德华机电设备有限公司生产的 TCS-100 型除沙旋流器，由不锈钢进料口、出料口(溢流管)、锥形陶瓷旋流器、锥形不锈钢罐(罐有两个观察视镜)、自控或手动排沙阀(一般装有两支排沙阀门)、反冲水阀等组成(图 3-27)。该设备结构简单，设计先进，用料讲究，锥形旋流管由高耐磨陶瓷材料制造，经久耐用，除沙除杂率高。

图 3-27　除沙旋流器

除沙旋流器工作时，薯类乳液(淀粉乳)被泵入除沙旋流器内，并在除沙器内高速旋转，由于离心力的作用，较轻的物料(淀粉)通过溢流管排出，较重的物料(沙粒等)在离心力的作用下，沿着圆锥形的旋流管内壁向下从底部排出。向下旋流的沙粒收集于集沙斗内，由自动的排沙气囊阀排出(图 3-38)。

使用时调节反冲水流量(应是连续不断的)是保证除沙率的关键，水压过高，较小的沙粒会通过溢流管流入淀粉；水压过低，淀粉就会与沙粒一起下沉。

从排出的沙粒中抽样测定，可判断除沙效果，从除沙器里排出的沙粒中应含极少量淀粉，如根本无一点淀粉，则表明有少量细小沙粒没被收集而混入了淀粉。

自动除沙时，在正常情况下，底部阀门关闭着而上部阀门开启着，电磁阀的延迟时间可以调节，到达等待时间以后，上部气囊阀迅速关闭，下部气囊阀开启(压缩空气联通)，

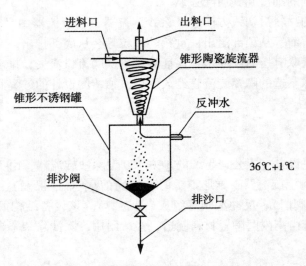

图 3-28　除沙旋流器结构原理图

这时沙粒从排沙口排出，排沙后下部阀门关闭，上部阀开放，如此往复。

按工艺要求将设备安装于准确位置，安装设备的位置（地面）应水平、光滑。除沙旋流器无需地脚螺栓固定，通过调整机器底部平衡地脚，使设备处于要求的水平位置。TSC-100 型除沙旋流器主要技术参数见表 3-9。

表 3-9　　　　　　　　　　**TCS-100 型除沙旋流器主要技术参数**

型号	生产能力（m³/h）	除沙率（%）	外形尺寸（mm）
TCS-100	15～17	99	635×800×2700

◎ 观察与思考
1. 了解马铃薯浆料除铁除沙的生产工艺要点。
2. 熟悉马铃薯浆料除铁除沙的生产设备。

3.6　纤维提取

锉磨得到的马铃薯浆料通过除沙旋流器，除去沙和铁屑，进入淀粉提取单元进行淀粉与纤维的分离。

分离纤维大多采用过筛的方法，所以称为筛分工序。筛分工序包括筛分粗纤维、细纤维。其工作原理是：使磨碎的马铃薯浆料液通过筛子表面，在离心筛离心力作用下和不断的喷淋水洗涤下，马铃薯浆料中的全部可溶性物质及细小的淀粉粒穿过筛面，而含纤维的渣滓体积较大，则留在筛面上。这样就将淀粉、可溶性物质与纤维分开，即分成淀粉和粉渣两部分。

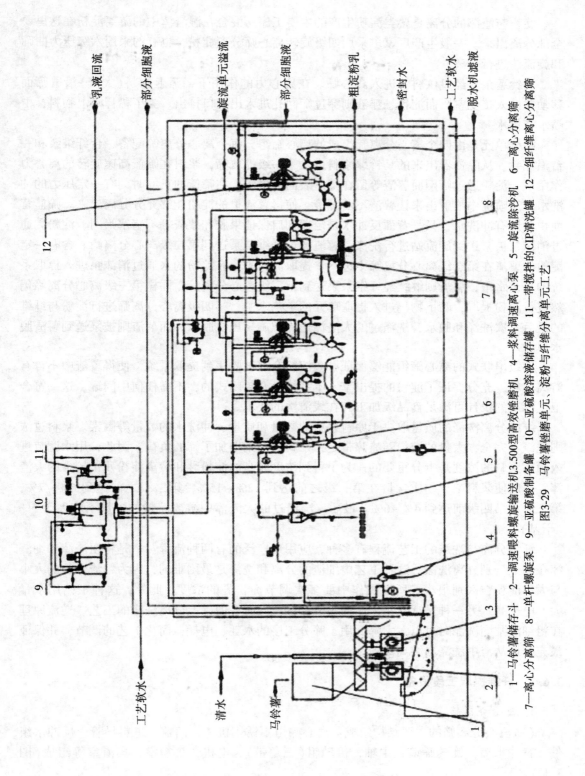

乳液回流
部分细胞液
旋流单元溢流
部分细胞液
粗淀粉乳
密封水
工艺软水
脱水机滤液

工艺软水
清水
马铃薯

图3-29 马铃薯锉磨单元、淀粉与纤维分离单元工艺

1—马铃薯储存斗 2—调速喂料螺旋输送机3.500型高效锉磨机 4—浆料调速离心泵 5—旋流除沙泵 6—离心分离筛
7—离心分离筒 8—单杆螺旋泵 9—亚硫酸制备罐 10—亚硫酸锉磨单元 11—带搅拌的CIP清洗罐 12—细纤维离心分离筒

95

淀粉与渣滓的分离是薯类淀粉生产的主要工序。混合在湿渣滓中的游离淀粉在这里要全部分离出来。一般生产厂家多采用四级旋转离心筛分离淀粉，也有的采用六级压力曲筛和旋流法进行分离。

马铃薯浆料经过供料管进入离心筛。在离心力的作用下，筛上物料(大渣)沿着筛面移动并抛入接受室，而淀粉悬浮液则穿过筛网孔进入出浆口排出。为了稀释筛上物料，由喷水管供水。

筛分单元是由四个离心分离筛组成的离心筛组，每个离心分离筛配备一台纤维泵和一台消沫泵。从除沙器出来的马铃薯浆料进入第一级提取筛，浆料在筛篮高速旋转的离心力作用下，淀粉通过筛网而薯渣等留在筛篮表面被甩出。在筛篮的正面时刻有一定压力的冲洗水，从喷嘴中喷射出来让薯渣不断翻滚，使得薯渣里的淀粉能够充分分离出来。筛篮背面也设计有冲洗水，只是背面反冲水是定期开启保证果胶和薯渣等不堵塞筛网。淀粉乳通过消沫泵被泵送到旋流站进行洗涤，薯渣通过纤维泵泵送到第二级离心分离筛。含有一定淀粉的薯渣在第二级离心分离筛中进一步提取淀粉，含有淀粉的水通过消沫泵进入提取系统的工艺水中，薯渣则继续经纤维泵泵送到第三级离心分离筛。同样第三级离心分离筛仍然进行淀粉提取，筛下物仍进入提取单元的工艺水中，第四级离心分离筛进行淀粉与纤维的最后一次洗涤和脱水，洗涤过的大渣滓送入螺旋挤压机脱水。而薯渣则被泵送到薯渣脱水单元。

四级串联式的离心筛组能够保证游离淀粉全部被收集到提取系统，使得薯渣中不含有游离淀粉，充分保证了淀粉的提出率。本系统是全封闭式的，不需任何中间罐。这一符合卫生标准的设计可满足食品级加工和在线清洗的要求。

纤维分离洗涤的质量取决于原料浆料的数量和质量、冲洗水的数量等因素。浆料过浓则洗涤不完全，大量的淀粉随渣滓带走；浆料过稀则增加了筛的负荷。因此，用水调节进入筛前浆料的浓度是十分重要的。为了得到浓度较高的淀粉乳和游离淀粉残留较少的大渣滓，一般使浆料中干物质含量在第一级之前达到 12% ~ 15%，第二级之前达到 6% ~ 7%，第三级和第四级前达到 4% ~ 6%。最后，洗涤过的大渣滓中游离淀粉的含量不应大于 5%（干基）。

纤维分离与洗涤的工艺流程有多种，应用最广泛的有两种流程：一是将粗渣滓和细渣滓在筛上分别分离洗涤。这种工艺中细渣的分离和洗涤是最困难的，因为细渣颗粒的大小与大的淀粉粒区别很小，所以操作中要多次调节淀粉乳的浓度。此外，这种工艺用水量大，电耗高。另一种是近几年采用的粗渣和细渣同时在曲筛上分离洗涤的工艺。逆流原理在粗细渣共同洗涤时可以大大降低用于筛分工序的水耗、电耗，简化工艺的调节，并保证最充分地从渣中洗涤出游离淀粉。

3.6.1　纤维提取工段设备

1. 离心分离筛

(1)离心分离筛的主要结构组成：离心筛由不锈钢机体，门盖，进料导管，反冲水组件，背冲水嘴，旋转筛篮，主轴，传动组(三角带)，电机，集粉室，集渣室等组成(图3-30)。

(2)离心分离筛的工作原理：离心筛运行工作时，薯类乳液由门盖上的进料导管进入旋转的锥形筛篮底部，在离心力的作用下，乳液均匀地沿着筛面分布，在锥形筛篮内，乳液表面受切线、法线两个方向力的共同作用，沿内锥面做较复杂的曲线运动，甚至翻滚，直至到达锥形篮外缘，被离心力作用而向四周溅射，落入集渣室。而淀粉颗粒直径小于筛网网眼或隙宽，在离心力和重力的作用下，透过网眼或缝隙，一部分直接落入集粉室；另一部分向机体背壳溅射并沿着背壳下滑，最后也落入集粉室(图 3-31)。离心分离筛主要技术参数见表 3-10。

图 3-30 离心分离筛

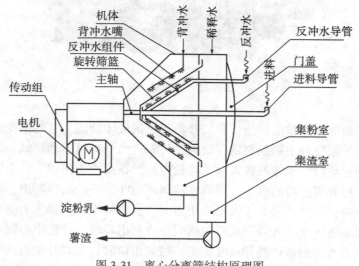

图 3-31 离心分离筛结构原理图

表3-10　　　　　　　　　　　　　　离心分离筛主要技术参数

型号 参数	TCS-650	TCS-850	TCS-1000
主轴转速 r/min	80~1500	800~1500	800~1500
筛篮直径 mm	650	850	1000
电机功率 kW	15	18.5~37	45
机器重量 kg	1300	1480	1800
外形尺寸 mm	2380×1580×2000	2580×1780×2200	2780×1980×2400

2. 消沫离心泵

（1）消沫离心泵的主要结构组成：消沫离心泵由泵壳、电机、联轴器、轴承箱、主轴、机械密封、带破泡板的筒式叶轮、开式叶轮、不锈钢底座等组件组成。液体流道均采用特种不锈钢制造，耐碱、耐酸。

（2）消沫离心泵工作原理：消沫离心泵是20世纪60年代末从荷兰、瑞典随马铃薯淀粉生产线配套引入我国。消沫离心泵与普通离心泵有很大的差别，消沫离心泵是在一个壳体内，由中间隔板分为两个蜗牛体。由同一根同轴驱动一个带破泡叶片的筒式叶轮和一个开式叶轮，输送两种不同性质的介质，消沫离心泵结构组成如图3-32和图3-33所示。

图3-32　消沫离心泵

筒式叶轮起破泡沫及输送功能，开式叶轮起输送液体功能。它的蜗壳体和两个不同结构的叶轮，一般采用特种不锈钢制造，耐酸、耐碱。当电动机驱动泵轴和两个不同结构的叶轮做高速圆周运动时，液体被吸入筒式叶轮中心，在离心力作用下，由筒式叶轮的破泡板将液体中气泡打碎甩向筒的内壁，形成气液圆环向叶轮一侧出口抛出。此时，筒式叶轮中心产生低压，与吸入液体面的压力形成压力差，从泵的出口获得压力能和速度能。当液体经中间隔板通道继续被吸入到开式叶轮蜗壳中心到出口时，叶轮中心同时产生低压，与筒内液体形成压力差，当液体经开式叶轮中心抛向出口时，开式叶轮内液体速度能又转化为压力能。两个叶轮同方向连续转动时，液体连续被吸入，使液体连续从泵的出口抛出，带有空气的液体从另外一个出口抛出，以达到输送液体及破碎泡沫的目的。

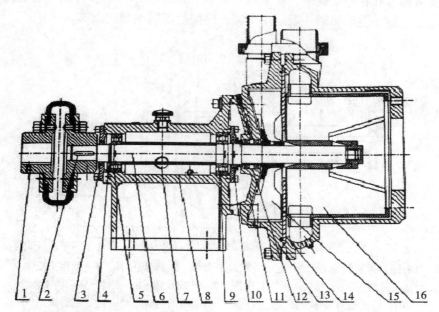

1—联轴器　2—键　3—轴承压盖　4—轴承固定螺母及锁片　5—沟形球轴承
6—主泵轴　7—机油箱视镜　8—轴承箱体　9—推力球轴承　10—前盖油封　11—后壳体
12—机械密封　13—后壳体　14—中间隔离板　15—开式叶轮　16—破泡筒式叶轮

图 3-33　消沫离心泵结构图

3. 纤维离心泵

（1）纤维泵结构组成：不锈钢支脚、电机及主轴、机械密封、轴承、开式叶轮、喂料小螺旋、电动机及防水罩、连体法兰、密封胶圈、泵壳体等组件组成（图 3-34）。液体流道均采用特种不锈钢制造，耐碱、耐酸。

图 3-34　国产 ZJB/40 型纤维泵

（2）纤维离心泵的工作原理：简称带喂料螺旋的渣浆泵，是从荷兰、瑞典随马铃薯淀粉生产线配套引入我国。它是离心筛作配套的专用纤维浆料输送泵，它在开式叶轮前段设计了一个小喂料螺旋固定在叶轮前，当叶轮转动时，小螺旋可将纤维浆料输入叶轮的蜗壳体，且不受气阻影响。纤维离心泵由一根不锈钢电动机同轴带动开式叶轮和喂料小螺旋同方向转动，喂料小螺旋可安装在离心分离筛下裙部的集料箱里，当电机驱动叶轮转动时，小螺旋将物料输入叶轮的蜗壳体，纤维离心泵如图 3-35 所示，再经开式叶轮输入泵体外。它的蜗壳体、叶轮、电动机轴一般采用耐碱、耐酸的不锈钢制造。

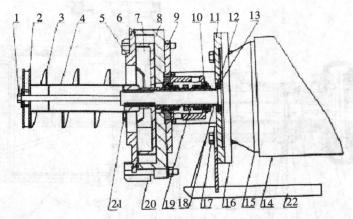

1—固定螺旋的穿心长螺栓　2—螺旋平衡盘　3—螺旋叶片　4—螺旋空心轴
5—前端盖　6，13—O 形密封胶圈　7—开式叶轮　8—壳体　9—中间盘
10—机械密封腔体及压盖　11—电动机连接法兰盘　12—固定密封圆盘
14—电动机罩　15—电动机　16—电动机连接法兰盘　17—支脚架调整螺栓
18—轴套　19—机械密封　20—法兰连接螺栓总成　21—主轴　22—可调整支脚

图 3-35　纤维离心泵结构图

在电动机的驱动下，由喂料小螺旋将纤维浆料输送进入泵体叶轮蜗壳室做圆周运动，在离心作用下，浓浆料从叶轮中心向外周抛出，从叶轮获得压力能和速度能。当物料进入叶轮蜗壳中心到物料出口时速度能又转化为压力能。当物料被叶轮抛出时，叶轮中心产生低压，与吸入浆料面的压力形成压力差，泵的叶轮连续转动，物料连续被小螺旋输入叶轮蜗壳体，物料按一定的压力被连续抛出，以达到输送浓浆料的目的。

4. 压力曲筛（图 3-36）

曲筛是一种依靠压力对湿料粉进行筛分的高效率筛，采取多级逆流洗涤工艺，能够有效地提高得粉率，提高淀粉质量，具有明显的经济效益，是淀粉加工中筛分工序的更新换代产品。曲筛分离纤维的特点是分离物质颗粒大小并不完全决定于筛缝的宽度。曲筛所分离物质的颗粒比筛缝宽度小，一般约为筛缝宽度的 1/2。因此，曲筛的筛缝不易堵塞。此外，曲筛筛面固定不动，不耗电，产量和筛分效率均较高。而平摇筛、六角筛的分离效果较差，渣中裹有淀粉，淀粉中细渣滓含量也较高。

曲筛由筛面、筛箱、进料装置及出口组成。筛面是压力曲筛的关键部件，它由不锈钢形筛条拼装而成。压力曲筛的筛片比较特别，是采用三角楔形不锈钢丝编织而成的，编织后进行适当的调质处理，使筛面的丝条变硬。其工作面经过用特殊的平面磨床磨制后，使丝条的侧边变得锋利，从而提高筛分效率，并防止筛缝夹滞纤维。筛片上丝条间的距离为 120μm，可以让马铃薯淀粉颗粒顺利地通过。压力曲筛的工作原理如图 3-37 所示。

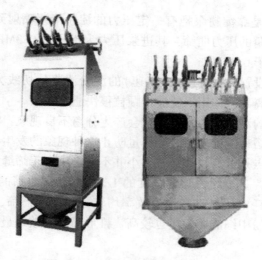

图 3-36 QS-585 型 120°压力曲筛

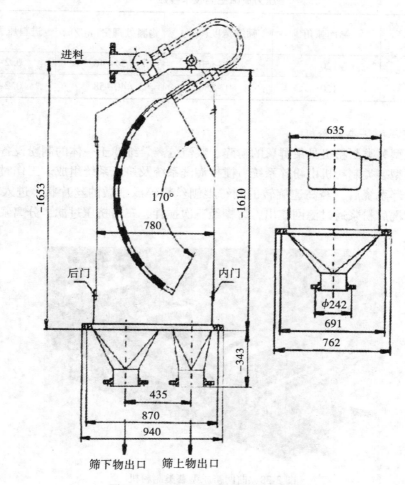

图 3-37 QS-585 型 120°压力曲筛结构图

压力曲筛工作时，是靠淀粉泵把有一定压力的淀粉清浆喷射到压力曲筛筛面的前端（一般为上端）。120°包角的压力曲筛，其进浆压力为不小于 0.3MPa；300°包角的压力曲筛，其进浆压力为不小于 0.45MPa。

由于筛面是成曲线设置的，有压力（流速）的淀粉清浆从切线方向射向筛面时，既不会产生溅射，还可以在离心力作用下使淀粉颗粒很快通过缝隙。

如果进入压力曲筛的清浆压力不足，就会产生分离不良现象，淀粉颗粒会沿着筛面表面流入筛下的集渣室，俗称跑稀现象。要尽量防止这种现象的发生。

曲筛分离纤维的特点是分离物质颗粒大小并不完全决定于筛缝的宽度。曲筛所分离物质的颗粒比筛缝宽度小，一般约为筛缝宽度的 1/2。因此，曲筛的筛缝不易堵塞。此外，曲筛筛面固定不动，不耗电，产量和筛分效率均较高。而平摇筛、六角筛的分离效果较差，渣中裹有淀粉，淀粉中细渣浑含量也较高。锥形筛分离效果最好。压力曲筛主要技术参数见表 3-11。

表 3-11　　　　　　　　　　　　**压力曲筛主要技术参数**

型号 \ 规格	筛面弧角	筛缝宽度（μm）	物料处理量（m³/h）	进料压力（MPa）
QS-585	120°	50~150	34~46	0.2~0.4
QS-710	120°	50~150	40~58	0.2~0.4

5. 曲网挤压型薯类制粉机

曲网挤压型薯类制粉机是集鲜薯的粉碎、浆渣分离、细滤于一体的制粉设备。

曲网挤压型薯类制粉机由粉碎系统、搅拌淘洗系统及挤压系统组成。工作时，薯类从入料口加入粉碎系统后，经高速旋转的刺钉辊刨丝粉碎成细微的丝片状，进入第 1 搅拌器，经充分淘洗后粉浆通过滤网流出，薯糊经三次搅拌，三道挤压过滤，分离浆渣。

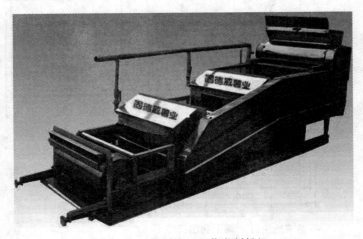

图 3-38　曲网挤压型薯类制粉机

粉碎系统采用 2~3 级粉碎，一级粉碎采用刺钉辊进行刨丝粉碎，通过高速旋转的刺钉辊表面锋利的钉刺将鲜薯破碎成不规则的丝片状，增加了同体积下的表面积，有利于淀粉的游离，且细渣较少，有利于淀粉的提取(刨丝机刨碎成的丝片状不破坏淀粉结构，不易堵塞过滤网孔，优于单纯锤片式或砂轮磨的颗粒状)。为进一步提高薯渣细度，提高淀粉提取率，在不增加多少动力的情况下，采用分拣式粉碎，对不符合要求的颗粒进行再次粉碎，从而节省了动力，提高了效率，保证物料的细而均匀。筛分和粉碎相结合，对初级锉磨后的物料，先进行筛分，去除大部分的淀粉和黏性物质，可以降低物料的黏度，减小物料进行二次粉碎时的阻滞性，从而降低了整体的能耗。

分离系统采用淘洗斗、过滤斗挤压工序，大大提高了淀粉提取率。粉碎和多级分离系统高效连续作业，缩短了淀粉与空气中氧气接触的时间，避免了淀粉提取中因氧化而褐变，使提取的淀粉色泽洁白、质量好，用其制作的粉丝等粉制品晶莹透明、韧性强。

挤干工艺的应用，将薯渣中的淀粉和水挤出，既提高了淀粉的滤净率，又将薯渣挤压成饼状，易于做副产品处理。

曲网挤压型薯类制粉机集鲜薯的粉碎、浆渣分离、细滤于一体，采用多级粉碎、多级淘洗、多级过滤、多级挤压依次循环的工艺，分离系统采用充分淘洗、分级过滤、多级挤压的原理，克服了仅一次过滤难以滤净、淘洗过滤不经挤干不能将淀粉彻底提取的缺陷，高效连续作业，自动化程度高，大大提高了淀粉加工效率、减轻了体力劳动。曲网挤压型制粉机主要技术参数见表 3-12。

表 3-12　　　　　　　　曲网挤压型制粉机主要技术参数

设备型号	生产效率(kg/h)	配用动力(kW)	主机质量(kg)	外形尺寸(cm)
GD-Q-900	5000	10	1000	304×110×140
GD-Q-660	3000	7.5	850	304×90×140
GD-Q-900	1500	5.5	630	304×70×130

3.6.2　安全生产操作

1. 检查

①检查筛网有无破损，根据需要及时修补更换筛网。②检查筛篮各处螺栓有无松动。③检查冲水管及喷嘴有无堵塞，要求确保水路畅通。④检查门体密封是否良好。⑤保证泵上机械密封冷却水路的畅通。⑥检查轴承是否缺油。⑦用手盘动皮带，检查传动机构是否运转灵活。⑧检查完毕后关闭筛门，压紧门体把手后连接好进料管和进水管，注意保持密封良好。

2. 启动

必须首先启动主电机，待其稳定运转约 1min 后，依次启动渣泵、消沫泵，打开冲洗水系统，一切正常后即可进料。

3. 巡检

①检查进料、洗水压力。②检查离心筛等设备的工作状况，如果离心筛组出现堵料或有异常振动、噪声，应及时停止进料，停机查找原因。③检查轴承温度，如果过热，应停机检查。

4. 停机

①首先停止进料，待物料筛分彻底后，再依次停止主电机、渣泵、消沫泵，1min 后停止冲洗水的供应。②停机后打开筛门，将筛篮及筛体内部清洗干净，认真检查筛面，为下次开车做好准备。

5. 记录

在操作时应做好原始记录和设备检修档案工作。

6. 检修

(1) 筛篮拆卸方法。

离心筛配有专用的压块和大螺母(内外丝)用于拆卸筛篮。筛篮拆卸步骤如下：①拆掉主轴中心的螺栓及端盖，露出筛篮底部的中心孔内螺纹。②将压块放置入轴头凹槽内，盖住主轴中心螺纹孔。③将大螺母(内外丝)旋入筛篮固定盘的连接螺母上。④将自备的 M20 螺栓旋入大螺母中，待顶住压块后用 T 形扳手加力，即可把筛篮整体从主轴的锥度头上拆卸下来。⑤将自备的撬杠插入筛篮的固定端内，抬起筛篮即可完成筛篮的拆卸。⑥注意在拆卸之前做好记号，并确保在装配时按已有记号装配。

(2) 长期不用时的维护。

离心筛长期不用时，应将设备内外各处清理干净，注意夹缝处不要有存料。然后打开渣泵及消沫泵的排空阀将清洗水排放干净，待设备内部水分晾干后关上筛门。另外，把皮带松开以有利于增加皮带的使用寿命，在轴承座位置加上适当牌号及适量的润滑油。

3.6.3　筛分工段控制参量

渣浆的流量，在筛分工段上十分重要。渣浆的含水量一般不可以太少。根据经验，渣浆含水量的正常值为 88%~92%。只有保持这样的含水量，才能使进入的渣浆在离心筛锥篮的筛面(底部)上比较均匀地散开，从而可以提高筛分的效率，也可以减少筛篮的震动。渣浆含水量偏低(低于 88%)时，可以通过向离心筛内加注喷淋水来解决。

喷淋水的加入量是有限制的，主要是根据筛下的混浆总量和混浆浓度来确定。筛下的混浆总量，应该等于下道工段(脱汁)的进浆量，混浆浓度最低不能小于 2°Bé。

当混浆总量大于下道工段的进浆量时，可采用如下方法来解决：

(1) 将最后一道筛的筛下混浆(浓度很低)返回解碎工段，使一部分回流也可以。

(2) 将最后一道筛的筛下混浆返回头道筛作喷淋水，使一部分回流也可以。

如果混浆总量比较合适，但浓度偏低(小于 2°Bé)，则说明生产线设计不合理。对此，可采用如下方法进行解决：

(1) 解决离心筛的筛分效果不好的现象，主要是增加孔隙率和适当提高筛篮的转数。

(2) 在离心筛正常的情况下，应该提高解碎工段的工作能力，并控制用水量。

(3) 在脱汁工段增加浓缩机器，如浓缩旋流器、碟片离心机和沉降离心机等。筛分工段所加入的喷淋水，也是由阀门来控制的。

◎ 观察与思考

    1. 熟悉马铃薯纤维提取工艺设备。

    2. 学会马铃薯纤维提取的安全生产操作方法。

    3. 了解马铃薯纤维提取筛分工段控制参量。

3.7　淀粉乳精制

3.7.1　生产工艺要点

    筛分加工后的马铃薯浆料，在外观上已经成为白色了，一般称为清浆。在淀粉清浆中，除含97%~98%淀粉外，仍然含有少量的可溶性物质蛋白质、细小纤维（细小渣滓）、可溶性糖、色素和细小沙粒等，所以它是几种物质的混合悬浮液。这些物质的颗粒虽然很小，但相对比重不同（淀粉的相对比重为1.6，蛋白质为1.2，细渣滓为1.3，泥沙为2.0以上），它们在悬浮液中的沉降速度也不同，可依次进行分离。这个过程就是马铃薯淀粉乳的精制。淀粉的精制工段主要靠先进的工艺和设备及操作技术来实现。

    淀粉的精制是淀粉生产工艺的最主要操作之一，对淀粉最终的纯度、理化指标、卫生指标、感官指标等有很大的影响。精制原理基于日常洗衣时最后的清除肥皂水，将衣物在干净水中一遍一遍地揉搓，一遍一遍地浸泡，揉搓的力量越大，需要浸泡的次数越少；直到清洗水非常清澈了，说明衣物洗干净了。同样道理，淀粉也是这样经过一遍又一遍的稀释浓缩，直到非常纯净为止。为了节约用水，冲洗是逆流进行的，也就是说，外来新鲜水是加在最后一级的，用过的清洗水从顶流循环回用作上一级稀释水，一级一级都如此。

    1. 水力旋流器分离蛋白及细胞液汁水

    20世纪90年代初，我国从欧洲先后引进三种不同的多级水力旋流器洗涤分离蛋白、纤维及可溶性物质技术及工艺装备。从而实现了逆流全线封闭式分离粗淀粉乳液中的蛋白、细纤维、细胞液汁及其他可溶性物质。取代了我国80年代半开式工艺所采用的卧式沉降离心机分离细胞液汁水设备及技术。

    第一种工艺是从马铃薯浆料中洗涤分离出的粗淀粉乳液，进入5级水力旋流器洗涤、浓缩，分离细纤维、蛋白、细胞液汁。这种旋流器属于盘式水力旋流器，分别安装有15mm和10mm旋流管，设计物料进口压力0.55~0.6MPa。使浓缩后淀粉乳液依靠压力进入中间粗淀粉乳液缓冲罐。加入工艺水稀释到在7.5~8.0°Bé时进行除沙，使除沙后的淀粉乳液，进入15级旋流器进行逐级洗涤、浓缩、分离细纤维、蛋白和细胞液汁，且回收小颗粒淀粉，中间再配套两级细纤维离心分离筛提去细纤维，纯净的淀粉乳送去脱水。这15级旋流器属夹板式水力旋流器，前3级属回收系统，配装10mm旋流管，工艺设计物料进口压力0.55~0.60MPa，后12级属提纯系统，配装15mm旋流管，工艺设计物料进口压力0.55~0.6MPa。这种工艺共设计了20级水力旋流器，工艺选用了两种不同结构的旋流器，且选用了两种不同型号的旋流管，操作和控制比较稳定，适应于各种淀粉含量不同马铃薯加工。并且对马铃薯发芽、腐烂、绿皮等加工影响不是很大，工艺操作和控制比较稳定。

第二种工艺是从马铃薯浆料中洗涤分离出粗淀粉乳液进入旋流除沙器，采用碟片离心机浓缩、洗涤蛋白及细胞液汁。使浓缩后淀粉乳液再加入工艺软水稀释，再采用 15 级水力旋流器进行洗涤、浓缩、分离细胞液汁水和细纤维。前 6 级旋流器属于对小颗粒淀粉洗涤、浓缩、分离纤维、蛋白、细胞液汁水（称 B 线）。中间配套一级细纤维离心分离筛，分离细纤维。配装 10mm 和 15mm 旋流管，设计物料进口压力 0.55～0.60MPa。后 9 级旋流器属提纯（精制）、浓缩、洗涤、分离纤维、蛋白和细胞液汁（称 A 线）。纯净的淀粉乳送去脱水。工艺配置全部采用夹板式水力旋流器，配装 15mm 旋流管，工艺设计物料进口压力 0.55～0.6MPa，这种工艺适应于加工新鲜马铃薯，对于储存期较长、发芽、受冻、腐烂、绿皮等操作控制难度较大，工艺不平稳。因为这些原料中储存了大量的"龙葵苷"产生了泡沫，造成碟片离心机工作不稳定。

第三种工艺是从马铃薯浆料中洗涤分离出粗淀粉乳液，已经在浆料中出去了铁屑和沙粒，然后直接进入 16 级或 17 级水力旋流器进行逐级浓缩、洗涤、提纯、分离蛋白、细胞液汁水、细纤维。中间配套一级或两级细纤维离心分离筛。这种工艺前 2～3 级旋流器作为回收小颗粒淀粉，称回收系统；配装 10mm 旋流管，工艺设计物料进口压力不得低于 0.65～0.70MPa。后 14 级旋流器作为浓缩、洗涤、提纯、分离蛋白、细胞液汁和纤维，称提纯系统；提纯后的纯净淀粉乳送去脱水。后 14 级旋流器全部装配 15mm 旋流管，设计物料进口压力不得低于 0.55～0.60MPa。设备及工艺管道占地面积小，软水消耗较小，对于分离蛋白、细纤维、细胞液汁效果较好，同时缩短了粗淀粉乳洗涤分离细胞液汁水的时间，适用于各种淀粉含量不同的马铃薯原料加工。到目前为止还属于近年来最新马铃薯原淀粉生产旋流洗涤工艺。被旋流洗涤单元分离的细胞液水，采用卧式螺旋沉降离心机浓缩提取蛋白、细纤维、不溶性物质，排放在加工区以外的沉淀池进行酸化，以降低氨氮含量，再送到废水处站进行处理。

每小时加工 30t 马铃薯淀粉生产线，采用多级水力旋流器浓缩、洗涤、分离马铃薯粗淀粉乳液中的蛋白、细纤维和细胞液汁。设备供应商一般配置 17 级，其中前 3 级为回收系统，后 14 级为提纯系统，这两个系统称为旋流洗涤单元。中间加一级或两级 850 型细纤维离心分离筛，分离细纤维。工艺设计配装 200～250 目不锈钢筛板式或编织筛网（相当于 75～63μm）。回收系统安装 10mm 旋流管，工艺设计物料进口压力不得低于 0.65MPa。对于后 14 级提纯系统一般安装 15mm 旋流管。工艺设计物料进口压力不得低于 0.55MPa。这种工艺的旋流洗涤单元、脱水单元、淀粉与纤维分离单元、锉磨单元的工艺用水都是在整个系统中串联相互使用，工艺参数和自动控制有连贯性和互补性。

旋流分离法中旋流分离器是此法使用的设备，它具有结构简单、造价低、使用方便、分离效率较高等优点。由于马铃薯淀粉原料中蛋白质含量较低，而且淀粉颗粒也比玉米、小麦淀粉粒要大一些，因此可有效地使用旋流分离器分离淀粉乳中蛋白质和其他杂质。旋流分离器是由旋流分离管组合而成。旋流分离管的基本工作原理类似刹克龙（旋风分离器），只不过刹克龙是用来净化气体，旋流分离器是用来分离悬浮液。淀粉乳在高压下（0.45～0.6MPa），以正切方向进入分离管，形成一种回旋运动。比重较大的淀粉，因受离心力的作用，被甩向分离器内壁，然后在离心惯性力的作用下沿壁流到底部，从出料口排出，称为底流。比重较小的蛋白质水液，流向分离管的中心部分，以涡流状态经上部中央管溢流排出。这样，淀粉和蛋白质便分离开了。

　　由于单个旋流分离管的处理量很少，因此在生产中把许多个旋流分离管并联组合起来使用，由许多支(从十几支到 100 多支)旋流管以及夹板和壳体，共同组成旋流器。

　　2. 18 级旋流洗涤单元回收系统

　　被第一级离心分离筛分离出的粗淀粉乳液经中间容积泵或淀粉乳液离心泵输送到旋流除沙机再次除去细小沙粒，而沙粒依靠两级自动控制碟阀按设定程序定时自动排放到收集罐或车间排水地沟，进入输送水处理系统。经过除沙的粗淀粉乳液依靠旋流除沙机的压力进入 18 级旋流洗涤单元提纯系统的第 1 级旋流器进行洗涤与浓缩。

　　如果把马铃薯淀粉含量平均估算为 15.0%~16.0%，淀粉乳液浓度在 3.5~4.0°Bé 之间。被提纯系统第 1 级旋流器洗涤与浓缩的清液(顶流)控制在 3~4°Bé，依靠压力进入到回收系统的第 1 级旋流器进行洗涤与浓缩。回收系统第 1 级旋流器洗涤与浓缩后(底流)浓缩淀粉乳液在 13~14°Bé 之间，依靠压力进入提纯系统的第 1 级旋流器与除沙后的粗淀粉乳液汇集在一起。清液(顶流)进入回收系统第 2 级旋流器进行洗涤与浓缩。经回收系统第 2 级旋流器洗涤浓缩后(底流)浓缩乳液在 7~8°Bé，再进入提纯系统的第 1 级旋流器与经过除沙的粗淀粉乳再次汇集在一起。清液(顶流)进入回收系统第 3 级旋流器进行洗涤与浓缩。回收系统第 3 级旋流器洗涤与浓缩后的(底流)浓缩液淀粉已经很少，按体积算不到 4%，再进入回收系统的第 1 级旋流器再次洗涤与浓缩。经回收系统第 3 级旋流器洗涤与浓缩后的(顶流)清液淀粉含量几乎为"0"，简称为"细胞液水"。

　　每小时加工 30t 马铃薯原料的淀粉生产线，排除 48~58m³/h 被稀释的细胞液水，每小时加工 69t 马铃薯生产线排除 96~116m³/h 被稀释的细胞液水。从旋流洗涤单元回收系统排出的这些被稀释的细胞液水中，固体干物质含量为 0.10%~0.12%(干基)。其中，细纤维占 40%~45%(纤维粒径在 125μm 以下)，粗蛋白质占 35%~45%(干基)，果胶占 8%~12%(干基)，小颗粒淀粉占 17%~18%(不含可溶性物质)。细胞液水属有机物质，COD 为 25000~35000mg/L(取决于马铃薯新鲜与季节变化)，SS 为 5000mg/L，BOD 为 17000mg/L。这些细胞液水一部分返回到淀粉与纤维分离单元、细纤维提取单元做工艺洗涤用水(也可做第四台离心筛工艺洗涤用水)，另外一部分被稀释的细胞液水经泵输送到车间外蛋白提取车间，分离粗蛋白和其他不溶性固体物质。结果提取蛋白的细胞废水再输送到污水处理厂酸化池(事故池)，在进入到废水处理站处理。

　　3. 18 级旋流洗涤单元提纯系统

　　回收系统的第 1 级和第 2 级浓缩淀粉乳液(底流)，一同进入到除沙后的粗淀粉乳液中汇集，汇集后的粗淀粉乳液进入 18 级旋流洗涤单元提纯系统的第 1 级旋流器。经第 2 级旋流器返回清液(顶流)40%~50% 的流量经自动控制阀门或手动阀门调整后进入除沙后的粗淀粉乳液中汇集，进入 18 级旋流洗涤单元的提纯系统第 1 级旋流器。而第 2 级旋流器另外一部分清液(顶流)50%~60% 进入细纤维离心分离筛，分离细纤维。被分离的细纤维，经纤维泵输送到淀粉与纤维分离单元第 4 级离心分离筛(废浆脱水机)进行最后的淀粉与纤维分离。细纤维离心分离筛分离出淀粉乳液，经消沫泵输送到淀粉乳液中间容积泵或消沫淀粉乳泵，与第一台离心分离筛分离出的粗淀粉乳液汇集。汇集后的粗淀粉乳液浓度控制在 5.0~7.0°Bé 之间，全部进入 18 级旋流洗涤单元提纯系统第 1 级旋流器洗涤与浓缩。提纯系统第 1 级旋流器洗涤浓缩后淀粉乳液(底流)在 19~20°Bé 之间，经过第 3 级旋流器返回清液(顶流)，稀释第 1 级旋流器浓缩淀粉乳液，被稀释淀粉乳液需控制在

7.0~8.0°Bé 之间，进入第 2 级旋流器，进行淀粉乳液的洗涤与浓缩。使浓缩后淀粉乳液（底流）在 22~23°Bé 之间，经第 4 级旋流器的返回清液（顶流），稀释第 2 级旋流器浓缩后的淀粉乳液，稀释淀粉乳液控制在 8.0~9.0°Bé 之间，进入第 3 级旋流器进行淀粉乳液的洗涤与浓缩。使浓缩后的淀粉乳液（底流）在 23~24°Bé 之间，经第 5 级旋流器的返回清液（顶流），稀释第 3 级旋流器浓缩淀粉乳液，被稀释淀粉乳液控制在 8.0~9.0°Bé 之间，进入第 4 级旋流器进行淀粉乳液的洗涤与浓缩。使浓缩后的淀粉乳液（底流）控制在 23~24°Bé 之间，经第 6 级旋流器的返回清液（顶流），稀释第 4 级旋流器浓缩后淀粉乳液，被稀释的淀粉乳液控制在 8.0~9.0°Bé 之间，进入第 5 级旋流器进行淀粉乳液的洗涤与浓缩。使浓缩后的淀粉乳液（底流）控制在 23~24°Bé 之间，经第 7 级旋流器的返回清液（顶流），稀释第 5 级旋流器浓缩后淀粉乳液，稀释后淀粉乳液控制在 8.0~9.0°Bé 之间，进入第 6 级旋流器进行淀粉乳液的洗涤与浓缩。使浓缩后的淀粉乳液（底流）控制在 23~24°Bé 之间，经第 8 级旋流器的返回清液（顶流），稀释第 6 级旋流器浓缩后淀粉乳液，被稀释淀粉乳液控制在 8.0~9.0°Bé 之间，进入第 7 级旋流器进行淀粉乳液的洗涤与浓缩。使浓缩后的淀粉乳液（底流）控制在 23~24°Bé 之间，经第 9 级旋流器的返回清液（顶流），稀释第 7 级旋流器浓缩后淀粉乳液，被稀释淀粉乳液控制在 8.0~9.0°Bé 之间，进入第 8 级旋流器进行淀粉乳液的洗涤与浓缩。使浓缩后的淀粉乳液（底流）控制在 23~24°Bé 之间，经第 10 级旋流器的返回清液（顶流），稀释第 8 级旋流器浓缩后淀粉乳液，被稀释的淀粉乳液控制在 8.0~9.0°Bé 之间，进入第 9 级旋流器进行淀粉乳液的洗涤与浓缩。浓缩后的淀粉乳液（底流）控制在 23~24°Bé 之间，经第 12 级旋流器的返回清液（顶流），稀释第 10 级旋流器浓缩后淀粉乳液，被稀释淀粉乳液控制在 8.0~9.0°Bé 之间，进入第 11 级旋流器进行淀粉乳液的洗涤与浓缩。使浓缩后的淀粉乳液（底流）控制在 23~24°Bé 之间，经第 13 级旋流器的返回清液（顶流），稀释第 11 级旋流器浓缩后淀粉乳液，稀释淀粉乳液控制在 8.0~9.0°Bé 之间，进入第 12 级旋流器进行淀粉乳液的洗涤与浓缩。使浓缩后的淀粉乳液（底流）控制在 23~24°Bé 之间，经第 14 级旋流器的返回清液（顶流），稀释第 12 级旋流器浓缩后淀粉乳液，被稀释的淀粉乳液控制在 8.0~9.0°Bé 之间，进入第 13 级旋流器进行淀粉乳液的洗涤与浓缩。使浓缩后的淀粉乳液（底流）控制在 23~24°Bé 之间，经第 15 级旋流器的返回清液（顶流），稀释第 13 级旋流器浓缩后淀粉乳液，被稀释的淀粉乳液控制在 8.5~9.5°Bé 之间，进入第 14 级旋流器进行淀粉乳液的洗涤与浓缩。使浓缩后的淀粉乳液（底流）控制在 24~25°Bé 之间，然后由车间工艺软水罐离心泵送来的软水经阀门和流量计控制在 12~12.4m³/h 之间，稀释第 14 级旋流器浓缩后的淀粉乳，进入 15 级旋流器洗涤与浓缩。而被最后 15 级旋流器洗涤、浓缩后的纯净淀粉乳液控制在 24~26°Bé 之间，依靠旋流器压力和自动控制阀门调整进入到一个带搅拌的淀粉乳液罐，经过软水稀释送到下一个单元进行脱水。

4. 上述旋流洗涤单元描述中的具体参数

把马铃薯淀粉含量按 15.0%~16.0% 来计算，在实际生产过程中马铃薯淀粉含量会出现很大变化，需要根据每个季节和不同地区的马铃薯品种，马铃薯淀粉含量、锉磨洗涤、薯渣结合淀粉来增加和减少旋流管，以盲管调整。在实际操作中依靠自动控制阀门、手动阀门、管道中限制流量和压力的孔板调整淀粉乳液浓度。对于 15mm 旋流管进料浓度控制在 8.0~9.0°Bé 较适宜，10mm 旋流管进料浓度控制在 4~4.5°Bé 较适宜，在多级别旋流管洗涤操作和控制过程中，要求进料浓度和压力要稳定，对于最后一到两个级别进料浓度相对提高 0.5~1.0°Bé，才能达到最佳洗涤与浓缩效果。

  30t/h 马铃薯原料的淀粉生产线，旋流洗涤单元配置的 18 级旋流工艺流程如图 3-39 所示。

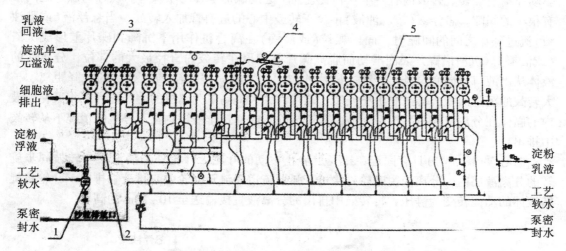

1—二级旋流除沙器 2—旋流单元淀粉乳液泵 1×18 台 3—三级淀粉乳回收系统旋流器
4—密度控制仪 5—提纯系统(精制)旋流器 1×15 台
图 3-39 18 级旋流器单元工艺流程

  由于单个旋流分离管的处理量很少，因此在生产中把许多个旋流分离管并联组合起来使用，有的多到 400~500 个。一般是将这些旋流分离管固定在两个架板上，分隔成 3 个不相通连的小室。将各分离管的进料孔都集中于中间的进料室内，各分离管的溢流位于溢流室内，各分离管的底流都位于底流室内。将需精制的淀粉乳泵入进料口引入进料室后，即分流进入各旋流分离管，分离出来的溢流物(蛋白质水)从各旋流分离管顶孔排出，进入溢流室，分出的淀粉乳由各旋流分离管底流孔进入底流室，从总底流孔排出。

  经过分离步骤后，淀粉仍含有少量的蛋白质和其他无机盐类。一部分蛋白质可溶解于水，大部分无机盐类也是溶解于水的。洗涤的目的是把这些水溶性物质除去，得到高质量的淀粉。由于淀粉不溶解于水，所以能用水洗的方法洗掉杂质，提高纯度。为了彻底从淀粉中清除可溶性物质及轻杂质，设置了淀粉的洗涤工序。淀粉的洗涤通常采用旋流分离器、沉降式离心机及真空过滤机。最有效及现代化的淀粉洗涤设备是旋流分离器。

  淀粉洗涤的质量取决于清水供给量、原料淀粉乳的数量和质量、泵压力的稳定性及微旋液分离器组装的质量。在良好的操作条件下，进入洗涤的淀粉乳应含有 10%~12% 的干物质，这样洗涤后得到的浓稠物料含 34%~40% 干物质，此时蛋白质含量在 0.3% 以下。这样的淀粉乳经真空转鼓吸滤机或离心机脱水后送入干燥车间，或直接用于生产变性淀粉，或用于糖浆生产。

3.7.2　生产设备

1. 碟片式离心机

碟片式离心机(图 3-40)是立式离心机,转鼓装在立轴上端,通过传动装置由电动机驱动而高速旋转。转鼓内有一组互相套叠在一起的碟形零件——碟片。碟片与碟片之间留有很小的间隙。悬浮液(或乳浊液)由位于转鼓中心的进料管加入转鼓。当悬浮液(或乳浊液)流过碟片之间的间隙时,固体颗粒(或液滴)在离心机作用下沉降到碟片上形成沉渣(或液层)。沉渣沿碟片表面滑动而脱离碟片并积聚在转鼓内直径最大的部位,分离后的液体从出液口或向心泵排出转鼓。碟片的作用是缩短固体颗粒(或液滴)的沉降距离、扩大转鼓的沉降面积,转鼓中由于安装了碟片而大大提高了分离机的生产能力。积聚在转鼓内的固体在分离机停机后拆开转鼓由人工清除,或通过排渣机构在不停机的情况下从转鼓中排出。

向心泵(图 3-41)具有固定在机壳上静止不动的叶轮,叶轮外缘浸没在与转鼓同步旋转的分离液层内,分离液由叶轮外缘进入弧形流道,流至叶轮中心排液管排出。叶轮将旋转液体的动能转变为静压,将转鼓中排出的分离液直接输送至 10~20m 的高度。

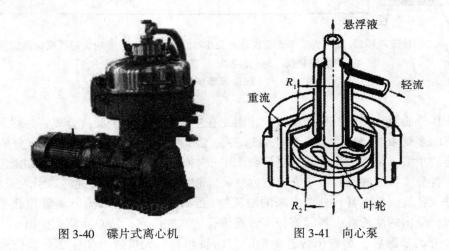

图 3-40　碟片式离心机　　　　图 3-41　向心泵

碟片式离心机由机座、传动装置、转鼓和机壳等组成(图 3-42)。整机为立式,转鼓为下支撑式。靠近转鼓的主轴承外有 6 个辐射状布置的弹簧(或橡胶垫)组成的减震装置。转鼓的传动装置通常采取螺旋齿轮增速传动,有的采取皮带传动。转鼓盖与转鼓体由螺纹锁紧圈固紧,并有密封圈防漏。碟片为圆锥形,其半锥角大于固体颗粒与碟片表面的摩擦角,一般为 30°~45°,碟片数为 50~180;碟片间隙为 0.5~2mm。分离机工作一段时间后,转鼓内壁上沉渣增多,分离液澄清度下降,当分离液澄清度不合要求时,停机拆开转鼓,人工清除转鼓内沉渣。这种分离机的处理量可达 45m³/h,适于处理颗粒直径为 0.001~0.1mm、固相浓度小于 1% 的悬浮液和乳浊液。

碟片式离心机是连续运转的。整体结构与人工排渣碟式分离机相似,但转鼓(图 3-43)内腔呈双锥形,可对沉渣起压缩作用,提高沉渣浓度。转鼓内直径最大 900mm。转鼓周缘有喷出浆状沉渣的喷嘴 2~24 个,喷嘴孔径为 0.5~3.2mm。喷嘴的数目和孔径根据

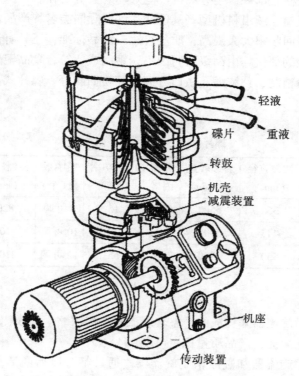

图 3-42 碟片式离心机结构图

悬浮液性质、浓缩程度和处理量确定。通过喷嘴的沉渣流速很大，喷嘴用耐磨材料如硬质合金、刚玉和碳化硼等制成。为提高排渣浓度，这种分离机还有将排出的沉渣部分送回转鼓内再循环的结构。沉渣的固相浓度可比进料的固相浓度提高 5~20 倍。这种分离机的处理量最大达 300m³/h，适于处理固相颗粒直径为 0.1~100μm、固相浓度通常小于 10%（最大可至 25%）的悬浮液。

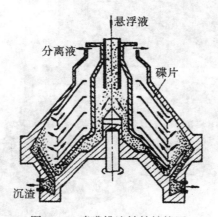

图 3-43 喷嘴排渣转鼓结构图

碟片是分离机的核心部件，是分离机性能好坏的关键所在。

淀粉分离机属喷嘴连续出料机型。其性能达到国际同类名牌产品水平。具有高效率的分离效果，可使淀粉回收率大大提高，质量可达一级品标准，还具有运转平稳，安全可靠等特性，工作液流经的部位均由高级耐腐蚀不锈钢制成，符合食品卫生法要求；它主要用于淀粉工业中的淀粉精制、预浓缩、蛋白分离及淀粉回收等。碟片式离心机的主要技术参数见表 3-13。

表 3-13　　　　　　　　　　　　　碟片式离心机的主要技术参数

基本 型号	通过量 （t/h）	转鼓直径 （mm）	转鼓转速 （r/min）	分离 因素	电机功率 （kW）	喷嘴数 量(个)	机器净重 （kg）	外形尺寸 （mm×mm×mm）
DFLDP355	8~12	355	5500	6880	15	8 可调	820	1200×1000×1400
DFLDP445	15~30	445	5000	6480	30	10 可调	1100	1500×1100×1550
DFLDP550	40~75	550	4700	7090	55	12 可调	2100	2100×1200×2250

2. 旋流器

精制是依靠淀粉旋流器来完成的，整套旋流器组集浓缩、回收、洗涤和细渣分离等多种功能于一体，工艺简捷，产品质量稳定(图 3-44)；

旋流器分为浓缩旋流器和洗涤精制旋流器。通过筛分以后的淀粉浆先经过浓缩旋流器，底流进入洗涤精制旋流器，最后达到产品质量要求。设备配有全套自控系统，采用优质旋流管及最优化的排管方案，可以使最后一级旋流器排除的淀粉乳浓度达到 23°Bé，是淀粉洗涤设备的理想选择。

图 3-44　旋流器

旋流管是利用流体力学的原理制作的。当有一定压力的浆料从进浆口的切线方向进入旋流管后，浆料以及浆料中的淀粉，开始沿旋流管内壁产生高速旋转流动。其中淀粉颗粒的运动速度大于水及其他轻杂质的运动速度。在变径旋流中，淀粉颗粒及一部分水形成环状浆料水柱贴着锥形内壁向直径逐渐减小的方向运动。单支旋流管的工作能力不大，一般情况下的工作能力，都小于 1000L/h。在实际应用中，需要把许多支旋流管并联组合到一起来共同工作。由许多支(从十几支到 100 多支)旋流管以及夹板和壳体，共同组成旋流器。旋流器和供给旋流器浆料的泵构成一级旋流站。把若干级旋流站科学地编织到一起，用以共同完成脱汁和其后的精制工作，这样的若干级旋流站就叫做多级旋流站。有多少级就叫多少级旋流站，如五级脱汁旋流站、九级精制旋流站和十二级旋流站等。

旋流器由旋流器缸体、门盖、密封调整螺栓、大隔板、小隔板、手轮、顶流口(溢流口)、进料口、底流口、O 型密封圈、旋流管(十几支到上百支)等组成，缸体内由隔板分离成进料，溢流和底流三个腔室，并由 O 型密封圈密闭。

多级旋流站的工作主要由旋流器总成内十几支到上百支旋流管来完成的；旋流器利用流体力学的原理制作。当有一定压力的浆料，从进浆口的切线方向进入旋流管后，浆料以及浆料中的淀粉，开始沿旋流管内壁产生高速旋转流动。其中淀粉颗粒的运动速度大于水及其他轻杂质的运动速度。在变径旋流中，淀粉颗粒及一部分水形成环状浆料水柱，贴着锥形内壁向直径逐减小的方向运动(图 3-45)。

图 3-45 卫生级板式旋流站(多级旋流站)

在旋流管中心轴线附近，也会产生一个同向旋转的芯状水柱，其旋转速度略低于外部的环状水柱。浆料中的轻物质(比重小于 1)会集中在芯状水柱中央。

由于底流孔面积较小，在环流水柱涌出底流孔时，所产生的反作用力，作用于中间的芯状水柱，使芯状水柱向溢流孔运动，并涌出溢流孔。

在多级旋流站里，淀粉乳采用逆流方式进行清洗，系统内每一级旋流器都有进料，溢流和底流连接口，各连接口必须连接牢固确保不滴不漏。

按工艺要求将多级旋流站安装于准确位置，该系统必须放置于水平地面，通过调节支撑脚上的螺栓来调整设备各方位水平。

设备表面经特殊工艺处理，耐油耐脏；旋流管由 FDA 认证的尼龙制成，高能、高效；装卸机体内旋流管不需任何工具；多级旋流站集浓缩、回收、洗涤和细渣分离等多种功能于一体，简洁合理，美观大方，产品质量稳定，设备主体全采用优质不锈钢制作，确保物料不受侵蚀。旋流器的主要技术参数见表 3-14。

表 3-14　　　　　　　　　　　　**旋流器的主要技术参数**

型号　　　　　　　　类别	直径(mm)	功率配置(kW)
THC350	350	7.5~11
THC400	400	11~15
THC450	450	15~18.5
THC500	500	15~22
THC550	550	18.5~37
THC600	600	22~45

3.7.3　安全生产操作

1. 检查

①检查水供应状况：软水罐是否加水，否则易造成泵机械密封的烧毁或设备的堵塞；软水装置，反冲水是否正常。②检查泵及减速机的加油情况。③检查设备状况：空分、空压是否正常；检查旋流器门是否压紧；各设备电机是否处于"计算机控制"状态；精乳三通阀是否置于循环状态。

2. 启动

①淀粉洗涤工段操作启动时须关闭原料淀粉乳阀门，启动软水泵，调整旋流器洗水量 10~12m³/h，使整个系统充满清水后，再打开原料淀粉乳阀门，投入正常工作。②依次启动旋流器泵，从后向前依次启动十一级洗涤旋流器，启动工艺水旋流器、浓缩旋流器、回收旋流器，打开排气阀，排除壳体内的空气。③启动工艺水泵，依次启动脱水筛、螺杆泵、消沫泵、提取筛从后向前的渣泵、消沫泵、提取筛电机。④检查无误后，启动马铃薯输送绞龙，调至合适速度。⑤精乳达到浓度后，三通阀置于走料状态，精乳送至精乳罐。

3. 巡检

①检查细胞液的淀粉含量，浓缩后的淀粉含量。②检查精制淀粉乳的质量，工艺水的淀粉含量。③检测脱水马铃薯渣的淀粉含量。④注意净马铃薯仓的料位，以及淀粉乳罐、软水的液位变化趋势。⑤检查旋流器中进料压力、底流压力和顶流压力，如果压力有异常指示应立即停机检查。旋流器组的正常工作压力为 0.3~0.8MPa。

4. 停机

①在停止洗涤操作时，须先关闭原料淀粉乳阀门，清水继续将过滤器、泵、多级旋流分离器及管路中的淀粉洗干净且各出料口都为清水后，再从前至后依次停止电机，停止洗涤水，最后关闭密封用水。②10min 后，停螺杆泵、离心筛组、旋流器组，按从前至后的顺序。③停机后打开淀粉泵下方的排放阀，排出淀粉泵中的淀粉乳，避免停机时的管路堵塞，为下一次的开车做准备。

5. 记录

在操作时应做好原始记录和设备检修档案工作。

6. 检修

①旋流器组是连续运转设备，认真地维护是连续生产的保障。②设备长期不用时，应将旋流器隔板总成清洗干净，注意夹缝处不要有存料，平放在阴凉干燥处。③启动前应严格按照上节的内容检查各处，使用过程中也要经常注意观察各处密封，一旦有不正常现象立即处理。④各仪表阀门在设备大修时要认真维护。

3.7.4 精制工段的参量控制

精制工段的参量控制与脱汁工段基本一样。在使用精制旋流站时，其工作用水量略低于脱汁工段，一般为淀粉量(绝干值)的8~12倍。

精制淀粉乳的浓度及质量：体积百分比≥80%，无细渣；工艺水淀粉含量：体积百分比≤2%

◎ 观察与思考

1. 了解马铃薯淀粉乳精制生产工艺流程。
2. 熟悉马铃薯淀粉乳精制工艺设备。
3. 学会马铃薯淀粉乳精制安全生产操作方法。

3.8 淀粉脱水

经过精制工段加工过的淀粉浆为洁白色，称淀粉精浆。淀粉精浆水分含量太大，不可以直接去干燥，因此需要先对淀粉精浆通过离心作用使其淀粉颗粒与水分离，使淀粉颗粒残留在筛网上，通过刮刀的作用使其脱落，成为白色粉末状物料。此时的淀粉水分含量为38%~42%，然后进入干燥工段。

3.8.1 生产工艺要点

在农村作坊生产常用挂包脱水法，即把装有淀粉精浆的滤布包挂在架上，让水自然下漏。也有利用这个原理而设计的挂包脱水机，该机每分钟可得脱水淀粉500kg左右。小型淀粉厂常使用普通卧式离心机。将浓度为20°Bé的淀粉乳加入离心机，其量约为容积的一半，开始转动离心机，由低速提到高速，受离心力的作用，水分分离，湿淀粉饼生成于滤布面上，含水分为38%~40%。停止离心机转动，把湿淀粉饼表面脏污的淀粉薄层用刮刀小心地除去，然后取下洁净的淀粉饼。

大型淀粉厂用于脱水工段的主要有真空脱水机、三足式离心机和自卸料刮刀离心机等。

由旋流器第十八级的底流或淀粉乳罐出来的淀粉乳进入真空转鼓吸滤机。在真空泵产生的负压作用下，淀粉乳吸附在转鼓滤网表面，逐渐沉积起来。达到一定厚度时，由刮刀刮下，落到带式输送机上。滤液与空气进入滤液分离罐，切线进入后产生旋流，空气与滤液分离。空气由真空泵抽出，滤液由滤液泵送至工艺水罐，最后由工艺水泵回流至旋流器第七级进料。吸滤机的溢流及排入工艺水罐。吸滤机上配置喷淋系统，在吸滤机工作期间，可根据需要对转鼓表面进行清洗。由刮刀刮下的淀粉经带式输送机送至干燥系统的扬升机组的缓冲箱，至此淀粉脱水过程结束。

3.8.2 生产设备

1. 真空转鼓吸滤机(图 3-46)

真空转鼓吸滤机是我国在吸收国外先进技术的基础上，结合实际生产经验开发研制的新一代产品。该产品广泛应用于薯类淀粉加工行业，是对悬浮液连续过滤的专用设备。与同类产品相比，该产品具有以下特点：①采用预挂技术，淀粉下料干度大。②真空转鼓转速可调。③采用刮刀卸料，可调刮刀，刀片采用高硬度合金制造。④无轴式机械搅拌器，往复频率可调。⑤连续液位控制和滤网自动清洗等。

真空转鼓吸滤机采用预挂技术。预挂技术的应用可使过滤介质变为过滤网和淀粉预挂层。由于预挂层由淀粉颗粒构成，而淀粉颗粒的粒度为 $15\sim1001\text{xm}$，因而淀粉预挂层构成无数的微孔。正常工作时，由淀粉预挂层与网孔较稀的滤网一起共同完成过滤介质的工作。在较高真空作用下，可以得到较好的过滤效果。该设备在运行过程中刮刀只刮去滤饼的外表面部分，在较高真空作用下，外表面的滤饼水分远远低于内层的水分，提高可过滤效率，所以刮下的物料干度一般可达到60%以上。

图 3-46 真空转鼓吸滤机

XDL 系列真空转鼓吸滤机(图 3-47)主要由驱动装置、槽体、转鼓装置、搅拌装置和刮刀装置等部分组成。所有的部件均由不锈钢制成，设计精美，结构紧凑。

①驱动装置：该过滤机使用轴装式防转臂螺旋锥齿轮减速机；齿轮表面经淬硬处理后磨削加工。本机选用变频调速电动机；通过变频器可以实现减速机的无级变速。该减速机传动平稳，噪声低于国家标准。

②槽体：根据真空转鼓直径的大小，转鼓的 $10\%\sim15\%$ 浸没于槽体液面中，槽体边缘沿刮刀下面设有滤网冲洗管，它是在设备完成一个工作循环后用来冲洗滤网用的。槽体边缘在搅拌装置下设有进料管，进料管为一根不锈钢管，在其侧面开有长圆孔。工作时调节

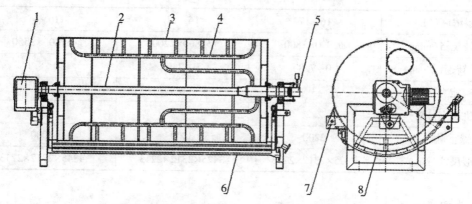

1—传动装置 2—空心轴 3—真空转鼓 4—吸液管
5—连接头 6—槽体 7—刮刀装置 8—搅拌装置
图 3-47 XDL20 型系列真空转鼓吸滤机结构图

进料管的角度和进料压力使浆液沿槽体均匀地流入，保证在槽体整个长度上布料均匀。槽体一侧设有排污口和溢流口，溢流口上设计有活动挡板，可根据要求来调整槽体内液位的高低。该槽体除了盛淀粉浆液外，还是整个设备的支撑，本机所有零部件重量全部落在槽体上。槽体的支撑板设有地脚螺栓，与设备基础相连。

③转鼓装置：该机为无格室真空转鼓吸滤机，在整个转鼓圆周方向上不分区。转鼓内部均匀分布着若干个吸液管，滤液经吸液管后直接流入出料端。真空系统的压力损失小，单位面积的过滤能力大。转鼓表面的滤面采用特殊机构的不锈钢网作垫层。整个转鼓采用了焊接结构，结构紧凑，重量较轻。

④搅拌装置：该设备的搅拌装置采用压缩空气作动力，由自动往复气缸，通过摇臂、推杆等驱动搅拌器以 10～15 次/min 的速度做往复动作。该结构的搅拌装置运行平稳，不至于使进入槽体的浆液沉淀。

⑤刮刀装置：整个刮刀装置两侧采用轴承支撑，阻力小，摆动平稳。以压缩空气为动力，由自动往复气缸，通过推杆、连杆等驱动刮刀运动。当气缸通电时，刮刀偏离转鼓，断电时靠近转鼓。刮刀刀片与真空转鼓间的距离通过轴承室内的调节螺栓来调整实现。刮刀装置的刮刀刀架采用不锈钢制成。刀架的上沿用螺钉固定着数片高硬度合金刀片，刀片的后角(刀片与转鼓切线的夹角)不小于 11°，以保证刮刀工作时有锋利的切削刃，避免把预挂层的微孔抹死。XDL 型真空转鼓吸滤机技术参数见表 3-15。

表 3-15　　　　　　　　　　　XDL 型真空转鼓吸滤机技术参数

类　　别	XDL6.0 型	XDL12 型	XDL20 型
过滤面积(m²)	6	12	20
真空度(MPa)	0.04～0.07	0.04～0.07	0.04～0.07
下料干度(%)	≥60	≥60	≥60

续表

进料浓度(°Bé)	16~17	16~17	16~17
转鼓规格(mm)	φ1800×1800	φ1800×2200	φ1800×3550
转鼓转速(r/min)	0~7.8	0~7.9	0~8.1
生产能力(t/h)	3	6	6
电机功率(kW)	2.2	4	4
机器重量(kg)	2200	3000	4000
外形尺寸(mm)	3025×2312×2213	3425×2312×2213	4845×2312×2213

2. 真空脱水机

真空脱水机由机架、主轴、电机、减速器、进料连接口、滤槽、溢流口、回收连接口、搅拌器、冲洗水进口、气动刮刀、真空管连接口、检修入孔、旋转滚筒、搅拌器电机、滤布等组成(图 3-48 和图 3-39)。

图 3-48　真空脱水机

水平旋转滚筒的多孔表面覆有一层一定目数的滤布，在滤布与多孔筒壳间装有支撑网，旋流滚筒穿过滤槽，滤槽内装有一定液面高度的须脱水的淀粉乳液。通过真空泵与脱水机真空管的连接，使之滚筒内压降至最高 100MPa，滚筒内部与外部(大气)之间的压差作用，液体穿过滤布并到达滚筒内部，通过滤液泵与回收连接口的连接管泵出。淀粉乳液中的固体(淀粉)不能穿过滤布并停留滚筒表面，在滚筒面再次侵入淀粉乳液之前，气动刮刀装置连续不断地将固体(淀粉)从旋转滚筒表面刮下，并落入皮带输送机进入下道工序。

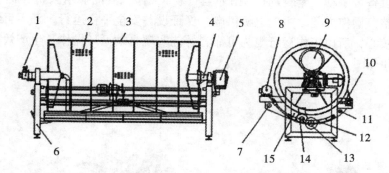

1—真空管连接口　2—滤布　3—旋转滚筒　4—主轴　5—减速器
6—机架　7—进料连接口　8—搅拌器电机　9—检修入孔　10—气动刮刀
11—冲洗水进口　12—搅拌器　13—回收连接口　14—溢流口　15—滤槽
图 3-49　真空脱水机结构图

　　淀粉精浆用淀粉泵从淀粉乳暂存罐中打到真空脱水机槽中，在淀粉精浆的管道上接一根水管，用工艺水将淀粉精浆重新进行适当的稀释，这样，能进一步提高淀粉的品质。真空泵使真空转鼓内形成负压，当淀粉精浆液位接触真空转鼓时，淀粉精浆被吸在鼓面上，滤液被吸到滤液分离罐中并被滤液泵抽走，滤饼通过刮刀刮下，用食品级的输送皮带输送进气流干燥机的喂料斗中。

　　真空脱水机运转平稳，能耗低，无噪音，占地面积小，操作维修方便，脱水后淀粉的水分含量很低，大大减少了后续气流干燥的能耗。该机旋转滚筒转速可变频调速；滚筒的清洗采用间歇式全自动冲洗；滤槽内配有桨式搅拌器，以防淀粉沉积，并配备连续调节式液面控制；脱水机采用刮刀卸料、气动调节，刮刀刃由高硬度合金制造；不需地脚固定螺栓，安装方便。真空脱水机的技术参数见表 3-16。

表 3-16　　　　　　　　　　　　　真空脱水机的技术参数

项目 \ 型号	TVF-06	TVF-12	TVF-16	TVF-20
过滤面积(m^2)	6	12	16	20
真空度(MPa)	0.04~0.07	0.04~0.07	0.04~0.07	0.04~0.07
生产能力(t/h)	2	4	6	6~8
电机功率(kW)	3+0.75	3+1.1	3+1.1	3+1.1
滚筒转速(r/min)	11	11	11	11
机器重量(kg)	1500	2800	3100	3300
外形尺寸(mm)	2610×1598×1832	3685×2080×2178	4422×2080×2178	5527×2080×2178

3. 三足式全自动离心机

SGZ 型三足式刮刀下卸料全自动离心机用液压系统驱动刮刀卸料和制动，PLC 控制变频调速，使得设备可手动、半自动（单循环全自动）工作，液晶显示人机界面，使得工作参数可随意调整，操作方便。主副电机供电，保证设备安全平稳运行。采用可编程控制器作为自动控制核心，所以工作运行更为可靠，并能实现自动循环操作，生产效率高，洗涤效果好（图 3-50 和图 3-51）。

图 3-50　三足式全自动刮刀下卸料离心机

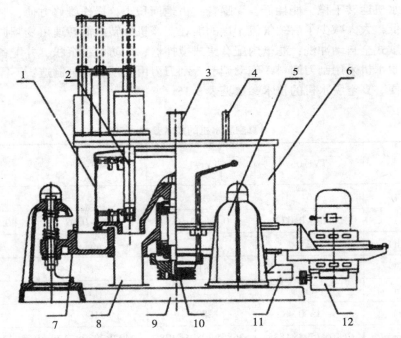

1—转鼓总成　2—刮刀装置　3—进料管　4—洗涤管　5—机脚装置　6—外壳
7—大盘　8—出料管　9—三角底盘　10—主轴装配　11—出液管　12—动力系统
图 3-51　三足式刮刀下卸料全自动离心机结构图

三足式刮刀下卸料全自动离心机,由于出料口在机械的下方,因此应该把它安装在1m以上的钢结构或钢筋混凝土结构的支架上,支架下设输料绞龙。当输料绞龙需直接向气流干燥机供料时,三足离心机的安装高度更要高一些(有斜升能力的绞龙除外)。当一台三足离心机工作能力不足时,可将多台并联使用。SGZ系列技术参数见表3-17。

表 3-17   **SGZ 系列技术参数**

项目型号	转鼓		转速 rpm	主电动机功率 kW	减速副电机功率 kW	工作容量	分离因数	整机重量 kg	外形尺寸 长宽高 mm
	直径 mm	高度							
SGZ800	800	400	1200	7.5	1.1	102	645	2500	1900×1400×1800
SGZ1000	1000	420	1000	11	2.2	140	560	3500	2276×1730×1810
SGZ1200	1200	500	960	15	3	248	619	5000	2600×2000×2050
SGZ1250	1250	500	900	18.5	3	281	565	5000	2600×2000×2050

3.8.3 脱水工段的参量控制

在正规设计的生产线上,脱水设备的能力是参照精制工段所产生的清浆流量设计的。原则上,脱水设备的脱水能力,要绝对大于清浆的流量;设有高位回流管的真空脱水机也只能适应不连续的偶然过流量现象。

使用性能良好的真空脱水机时,若清浆流量偏大,则可以考虑增加副泵工作能力的办法予以解决。

进入脱水工段的精浆的浓度也十分重要,一般控制在8°Bé左右最合适。如果浓度过高(大于10°Bé),则可能产生滤饼太厚的现象,虽然可以增加产量,但会使湿淀粉的含水率升高(处于外圆周的滤饼所受的负压不足,小于0.065kPa)。

若精浆浓度过低,也会影响脱水工段的工作性能,特别是采用单泵型的简易真空脱水机时更应该注意。一般情况下,当流量不变,精浆浓度低于5°Bé时,会增加水环真空泵的工作负担,造成湿淀粉含水率偏大。

在采用双泵型真空脱水机时,要认真计算副泵与精浆流量、精浆浓度和湿淀粉含水率之间的关系,使副泵的排水量与脱除水量相匹配。

脱水淀粉水分含量:≤40%

吸滤机进料浓度:16~18°Bé

提取筛洗水压力:0.06~0.08MPa

脱水筛洗水压力:0.06~0.08MPa

◎ 观察与思考

1. 了解马铃薯淀粉脱水生产工艺流程。

2. 熟悉马铃薯淀粉脱水工艺设备。

3. 学会马铃薯淀粉脱水安全生产操作方法。

3.9　淀粉干燥

湿淀粉的干燥方法很多，农村手工艺生产一般利用太阳晒干，这种方法简单易行，不需要能源。缺点是占地面积大，干燥时间长，易混入灰尘、沙土，而且受天气限制。中、小型淀粉厂使用较广泛的带式干燥机，用不锈钢或铜网制成输送带，带有许多小孔，孔径约 0.6mm，输送带安装在细长烘室内，湿淀粉从输送带一端进入，以很低的速度前进，在烘室内被热空气干燥，达到规定水分含量后，从烘室尾端卸出。烘室被分成许多间隔，用风扇将热风透过传送带和淀粉，各间隔的热风温度不同，从进口一端起温度逐渐升高，在最后一段通入冷风，冷却淀粉。大型淀粉厂普遍使用气流干燥工艺，干燥设备是气流干燥机。

3.9.1　生产工艺要点

经真空吸滤机脱水后的湿淀粉经过皮带机落入喂料斗中，喂料绞龙将湿淀粉均匀地送入扬料器。根据生产情况可实现无级变速，以决定湿淀粉的干燥效果。湿淀粉进入扬料器，被高速的叶轮打碎和抛扬，进入干燥管。在风机的作用下，空气通过过滤器、散热器加热成干净的热空气，与打碎的湿淀粉一起进入干燥管、脉冲管中，在此发生热量的传递和水分的转移。然后混合进入旋风卸料器组中，干燥后的淀粉在旋风分离器中与空气分离，湿空气离开旋风分离器后经引风机排出，实现物料、空气和水蒸气的分离。干燥后的物料经关风器进入下道工序。

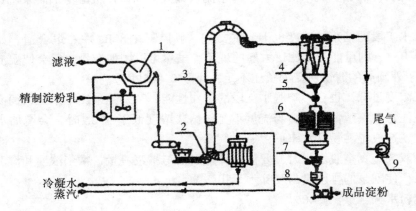

1—真空吸滤机　2—扬料器　3—干燥管　4—沙克龙　5—闭风器
6—高效淀粉筛　7—振动卸料器　8—自动包装秤　9—尾气风机
图 3-52　干燥工段工艺流程

3.9.2　生产设备

1. 气流干燥机

气流干燥机是利用高速流动的热气流使湿淀粉悬浮在其中，在气流流动过程中进行干燥。气流干燥法虽是高温干燥，但由于传热系数高，传热面积大，干燥处理只需 1s 左右完成，因此淀粉不易焦化，质量较好，干燥效率也较高。且严格控制各环节的工艺配置和技术参数，确保了干燥后物料的品质。

该干燥系统通过水分控制仪，能自动测量尾气的温度，可将该参数的信号反馈到调速电机，再由调速电机的转速变化，来控制湿料的加料量，以达到保证被干燥后物料的含水率的要求。

图 3-53   气流干燥机

气流干燥机由热交换器、扬升机、干燥风管、旋风分离器（沙克龙）、闭风器、引风机、风机主管、尾气排放管等组成。

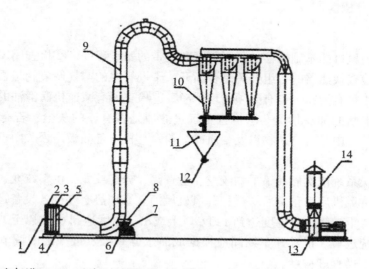

1—空气进口   2—空气过滤器   3—蒸汽进口   4—冷凝水出口   5—散热器片
6—扬升机   7—喂料绞龙   8—湿淀粉进口   9—干燥风管   10—旋风分离器
11—集料斗   12—闭风器（干淀粉出口）   13—风机   14—尾气管
图 3-54   2.6t/h 气流干燥机的组成

为使该干燥系统达到预定的产量和工艺效果，要满足下列使用要求：

（1）进机物料要求：进机物料水分≤40%，进料稳定，均匀，防止绳子、铁、石等杂质混入其中。

（2）设备检查：检查扬升机、风机、闭风绞龙等运转方向是否正确，是否有卡死现象；检查各单机传动部件是否按照各台设备的要求上好润滑油；检查各单机传动带张紧程度是否适当，安全罩是否放置好。

（3）操作顺序：开车时先关闭风机风门，启动风机，待其运转正常后打开风门，开启闭风绞龙。然后按照该干燥系统的工艺流程，依次开启蒸汽管阀门、扬升机、喂料绞龙，机器投入正常使用。停车时必须先停喂料绞龙、扬升机、闭风绞龙、蒸汽管阀门，最后关闭风机。

气流干燥机技术参数见表 3-18。

表 3-18   气流干燥机技术参数

项目 \ 型号	TFD-2	TFD-4	TFD-6	TFD-8
产量　t/h	2	4	6	8
装机容量　kW	15+75	18.5+90	18.5+132	18.5+160
进机物料含水量	≤40	≤40	≤40	≤40
成品物料含水量	12~18	12~18	12~18	12~18

3.9.3 安全生产操作

1. 检查

①扬升机、风机的基础螺栓的紧固程度和皮带的张紧程度。②检查闭风器的转子是否粘有物料。③检查换热器的各组开关是否断开、干燥管内的空气调节阀是否关闭。④检查干燥管进口是否粘有淀粉，若有必须清理干净。⑤检查所有减速机润滑油的加注情况。⑥检查各轴承润滑脂的加注情况。⑦检查空气过滤器是否有厚的灰尘，若有必须更换、清洗。⑧检查成品仓内是否有杂物以及变质的淀粉。⑨检查各插板是否关闭。

2. 启动

①启动干燥系统依次启动筛下物绞龙、检查筛、分配绞龙、供料绞龙、闭风绞龙、扬升机、风机，待风机启动正常后缓慢打开风机风门。②加热空气待各设备运转正常后打开蒸汽阀开关。待干燥管进口温度达到 120℃ 以上或出口温度达到 60℃ 以上就可以启动喂料绞龙向干燥系统进料。正常开车期间应根据成品水分高低及进气温度调节喂料绞龙的转速，用来调节干燥管进料量。

3. 巡检

①当进气温度低于 120℃ 时，绝不允许干燥器进料。②干燥系统稳定时，干燥器尾气的温度会随着湿淀粉水分含量的增加或进料量的增加而降低，但绝不能低于 41℃，定时检查干淀粉的水分含量。③当设备中任意一台停止运转时，应立即停止喂料绞龙。当绞龙

出现异常响声或振动时，应停车检查，否则会造成螺旋叶片的损坏或烧毁电机。④注意检查每台电机及轴承的温度。⑤定时检查淀粉的干湿度。水分超标的淀粉将无法通过检查筛。⑥定时巡检每台设备的运行情况，并注意维护和保养。

4. 停车

①当喂料斗中的湿淀粉完全走空时，停止喂料绞龙，切断蒸汽的开关。②干燥管逐渐冷却后(约5min)停止干燥风机。③待物料走空之后依次停止闭风绞龙、供料绞龙、分配绞龙、检查筛(注意各设备的排空)。④当成品仓排空时，依次停止振动卸料器、自动打包秤、缝口输送机。⑤紧急停车：i. 停车如遇停气时，应首先断开蒸汽开关，注意干燥器内温度变化。供汽以后，在不进料的情况下，马上启动干燥风机，降低干燥管内的温度，检查各级设备确属正常后，参照开车程序，重新开车。由于是带料停车，开车时应注意淀粉的堆积。ii. 停车如遇淀粉着火时，干燥管内及尾气温度会急剧升高。此时，应马上停止各级设备，断开蒸汽开关，同时疏散非本岗位人员。重新开车时检查各级设备以及防爆口是否正常，进料时先用次品淀粉反复清理干燥管以及绞龙。否则，会造成此后几天内淀粉白度下降或斑点增加。

5. 检修

淀粉干燥工段工艺故障的原因及其处理方法见表3-19。

表 3-19　　　　　　　　　　　工艺故障的原因及处理方法

故　　障	原　　因	处 理 方 法
进气温度低	蒸汽不够	通知供气系统调节
	漏气	检查维修或更换
成品淀粉的水分大于20%	湿淀粉的水分含量过高	调整吸滤机的进料浓度、转鼓进度以及真空系统
	进料量过大	调至正常速度
	干燥管风门未开至所规定的位置	调至正确位置
细度不够	检查筛筛面破损	修补或更换
筛上物过多	筛面堵塞	清理或更换
	水分超标	调整干燥系统
	筛面错误	检查更换
卸料器跑粉	卸料器堵塞	停车清理
	闭风绞龙、闭风器密封不严	停车检查闭风绞龙的转速及绞龙

6. 干燥工段的参量控制

在干燥过程中，湿淀粉喂料量应该是均匀和基本恒定的。其控制方法是使用可调速的输料螺旋机，以便调整其转速。

此外，对供给换热器片的蒸汽，也要加以控制和调整，在可以保证成品淀粉水分正常的前提下，尽量减少供给蒸汽流量或降低蒸汽压力(减少蒸汽热焓)。适当控制和调整蒸汽流量或蒸汽压力，还可以防止气流干燥机内温度过高，避免淀粉颗粒局部糊化、结块，外形失去光泽，黏度降低。淀粉在气流管道中运行的速度一般为 $18 \sim 24 m/s$；淀粉在管道中停留的时间为 $22 \sim 26 s$；进气温度 $150 \sim 180 ℃$；干燥温度 $56 \sim 58 ℃$；尾气温度 $41 \sim 42 ℃$；电压：$380 V$。

◎ 观察与思考
1. 了解马铃薯淀粉干燥工艺流程。
2. 熟悉马铃薯淀粉干燥工艺设备。
3. 学会马铃薯淀粉干燥安全生产操作方法。

3.10　淀粉整理

干燥淀粉往往粒度很不整齐，需要经过磨碎、过筛等操作，进行成品整理，然后才能作为商品淀粉供应市场。

3.10.1　淀粉均容

马铃薯在储存期腐烂以及每次开机和停机时，生产淀粉的白度、水分、纤维含量与正常生产时有一定的差异，为了稳定产品质量，设计了均容仓。被干燥后的淀粉沿着旋风分离器出口进入密封螺旋输送机，然后再进入闭风螺旋输送机，经自流管进入均容仓，精加工车间进行均容工艺调整，这个过程是全封闭流程，需 $20 \sim 30 min$。均容仓采用回流方式调整商品淀粉水分、白度和其他理化指标，使均容后的产品各项指标达到规定要求再进行筛理。

3.10.2　淀粉筛理

淀粉经干燥后，温度较高，为保证淀粉的黏度，需要在干燥后将淀粉迅速降温。经均容后达到要求的干淀粉，要经过高效冷却淀粉筛进行冷却筛理，得到商品淀粉的细度在 100 目过筛时，通过率达到 99.90% 为合格商品淀粉。

高效冷却淀粉筛由筛体、传动装置、筛格、筛格压紧、筛架、吊挂等组成(图 3-55)。

图 3-55　高效冷却淀粉筛

高效冷却淀粉筛采用无立轴自衡转动装置，自带电机，安装在筛体的中下部，电机带动三角带轮使偏重块旋转，筛体产生平面回转。

高效冷却淀粉筛是淀粉筛理的理想设备，具有筛格长、筛理面积大、占地面积小、效率高、噪声低、能耗低、运转平稳、维护简单等优点。筛格由多层筛格组成，各层之间以子口形式相互搭配，拆装方便并保证了良好的密封性能；各层内加装特殊设计的筛面、推料机构，避免筛面堵塞；吊杆采用新型增强玻璃纤维材质、经久耐用。高效冷却淀粉筛的技术参数见表3-20。

表3-20 　　　　　　　　　　　高效冷却淀粉筛技术参数

品牌	JINGHUA	型号	GDS
外形尺寸	2310×2200×2400（mm）	重量	600～1520（kg）
电源电压	380（V）	配用动力	0.75～2.2kW
加工能力	2500～10000（kg/h）	类型	薯类淀粉机

3.10.3 淀粉除铁

将商品淀粉经过输送提升后进入磁选机，将商品淀粉在输送过程中可能掉落的金属构件除去，然后淀粉被输送到包装前集料斗，这个流程必须是全封闭的。

3.10.4 金属检测

集料斗内的淀粉自流进入自动称重包装机，进行称重、缝包后自动落入平皮带输送机输送进入自动报警金属检测仪进行检测。每次开车前，应对自动秤进行校正，偏差超过0.3%时应停车进行调整。

在包装完成进入库房之前使用金属探测器进行最后一次检测。在淀粉中不得含有金属异物，作为关键限值。如果检测出包装好的淀粉中有金属异物时，则应找出金属异物，重新返工已包装的产品。检测合格的包装商品淀粉通过平皮带输送机输送到成品库码垛堆放、出售。

3.10.5 质量检测

马铃薯淀粉检测指标如下：

水分含量：优级品18%～20%，一级品、合格品≤20%。

灰分含量：优级品≤0.30%，一级品≤0.40%，合格品≤0.45%。

白度：优级品≥92%，一级品≥90%，合格品≥88%。

斑点：优级品≤3个/cm²，一级品≤5个/cm²，合格品≤9个/cm²。

细度：优级品≥99.90%，一级品≥99.50%，合格品≥99.00%。

二氧化硫：优级品≤10mg/kg，一级品≤15mg/kg，合格品≤20mg/kg。

砷：≤0.3%。

铅：≤0.5%。

pH 值：6.0~8.0。

◎ 观察与思考

1. 了解马铃薯淀粉整理工艺设备。
2. 掌握马铃薯淀粉的均容、除铁、金属检测、质量检测等操作方法。

3.11　马铃薯淀粉的传统加工

用鲜马铃薯生产淀粉，农户及小型简陋淀粉厂多采用酸浆沉淀的传统方法，可加速分离，保证淀粉的质量。

3.11.1　工艺流程

马铃薯淀粉传统生产线如图 3-56 所示。

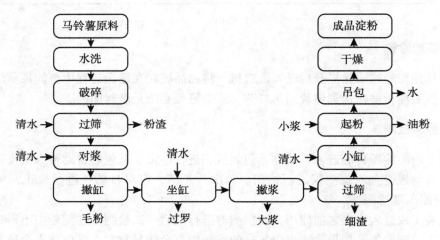

图 3-56　马铃薯淀粉传统生产线

3.11.2　操作要点

（1）原料洗涤：将鲜马铃薯放在盛有清水的木桶、木槽或缸内，人工清洗。洗好后，在喷水龙头下冲洗，再沥去水。

（2）破碎：将洗净的鲜薯用人工或破碎机破碎成 2cm 见方的碎块。

（3）磨浆：将鲜薯块用石磨或金刚砂磨，加水或小浆磨成薯糊[鲜薯的质量和加水量之比为 1：（3~3.5）]。为了使淀粉乳容易沉淀，可在磨浆时加入少量的饱和石灰乳（100mL 水加石灰 0.35kg），磨碎细度以每毫升淀粉乳中含有直径超过 2mm 以上的大颗粒不超过 5~8 粒为合格。

（4）过筛：将薯糊倒入孔径为 60 目的铜丝罗和马尾罗的手筛中，然后分数次倒入小浆和大浆，不断搅拌；罗底剩下的粉渣加水淋洗，待浆水滤净后，粉渣集中可用做饲料和用于酿酒。

(5)对浆：将过筛得到的淀粉乳倒入沉淀缸中，随即按比例加入大浆和水调整淀粉乳的酸度和浓度，用木棒充分搅拌后，使其静置沉淀。沉淀过程中淀粉乳的酸度和浓度与淀粉和蛋白质的分离有着密切的关系。因为马铃薯中的水溶性糖在淀粉乳沉淀过程中发酵产酸，使淀粉乳 pH 降低。当 pH 降低到蛋白质的等电点时，蛋白质附着于淀粉粒子的表面，使淀粉与蛋白质分离不清，从而降低成品质量；但若淀粉乳酸度过低，淀粉沉淀不好，呈乳浊状态，也无法分离。故应控制缸中淀粉乳的浓度为 3.5%~4.0%，加入大浆的量为淀粉乳量的 1/50，此时淀粉乳的 pH 在 5.0 以上。

(6)撤缸：对浆静置沉淀完成后，即可进行撤缸。将上层汁液用瓢取出或从缸的开口处放出，留在缸底层的为淀粉，取出或放出的汁液中含有蛋白质、纤维和少量淀粉。将取出或放出的汁液过筛回收淀粉，并入大缸中，粉渣可作为饲料。

(7)坐缸：撤缸后，底层的淀粉中仍含有一定量的杂质，因此必须进一步通过水洗的方法除去杂质。注入清水时不停地搅拌使再成淀粉乳，然后静置沉淀。沉淀过程起酸浆发酵作用，这称坐缸。坐缸时应控制温度和时间。坐缸温度为 20℃ 左右，在冬季必须保温或加热水混合。坐缸发酵必须发透。在发酵过程中应适当地搅拌，促使发酵完成。一般坐缸时间为 24h 左右，夏季时相应缩短时间。发酵完毕淀粉沉淀。

(8)撤浆：坐缸所生成的酸浆称为大浆。撤浆即是将上层酸浆撤出以用于对浆。发酵正常的酸浆有清香味，色洁白如牛奶；发酵不足或发酵过头的大浆，色泽和香味均差，对浆用效果差。

(9)过筛：撤浆后的粗淀粉中仍含有较多的杂质，必须再过一筛。将粗淀粉置于 120 目的细筛上，加水 1∶1 进行过筛。筛上物为细渣，可作为饲料；筛下物为淀粉，转入小缸。

(10)小缸：过筛后的淀粉中仍含有少量的杂质，注入清水洗涤，然后静置沉淀，约需 24h，此时应防止发酸现象。

(11)起粉：沉淀完毕后，上层液体称为小浆，取出后可与大浆配合使用，或作为磨碎用水。撤出小浆后，淀粉凝块表面有一层灰白色的油粉，系含有蛋白质的不纯淀粉，可用小刀刮去或用水洗去。用铁铲将缸内淀粉取出，在淀粉底层有一层细小沙土，可用铲子或小刀刮去。

(12)吊包：铲出的淀粉一般含水量为 50%~60%。干燥前先置于洁净的白布中，悬挂起来脱水(约需 6h)，滤水可收集为养浆用。待淀粉干固、表面没有水、含水量在 40%~45%时即可进行干燥处理。

(13)干燥：脱水后的淀粉从布包中取出，切成小片或小块放在盘中，置于日光下晾晒，并随时翻动，不断捣碎，晒干后在槽内碾碎，过筛后即可包装。湿淀粉也可置于烘房内烘干到含水量 14%以下，然后粉碎、过筛、包装。

3.11.3 工艺特点

传统的简易型马铃薯淀粉生产线主要是完成马铃薯淀粉加工中的清洗、粉碎、过滤、除沙净化工段，淀粉靠沉淀池或流槽沉淀收取，然后把沉淀后的淀粉取出来吊滤，使淀粉成为粉砣，湿粉砣可以用干燥机干燥，也可以用人工进行晒干，或是用湿淀粉直接加工粉制品。加工所用设备相当简单，主要是一台处理鲜薯 500kg/h 的破碎机及自制的淀粉沉淀池、淀粉沉淀桶、过滤用的纱布，干燥靠日晒。

机器制造行业也根据实际生产要求，设计制造了种类繁多的高速度和高精度的现代机器设备，使生产工序更加精细复杂。简易的淀粉生产线具有投资小、风险低的特点，如果采用合适的工艺，控制好关键环节，同样可以做出质量较好的淀粉。这种投资适合于以农户为主的小规模淀粉加工，也适合于大型淀粉厂设立分厂，制取粗淀粉然后进行精加工的模式。其不足之处是加工周期长，劳动强度大，卫生条件差，淀粉质量不易控制。

◎ 观察与思考

　　1. 学会马铃薯淀粉传统的加工工艺流程。

　　2. 掌握马铃薯淀粉传统的加工操作方法。

　　3. 知道传统马铃薯淀粉加工的优缺点。

3.12　马铃薯淀粉的实验室提取

淀粉在植物体中是和蛋白质、脂肪、纤维素、无机盐及其他物质连在一起的，要研究淀粉细微结构的物理化学性质，必须在实验室中小心地制备没有经受任何偶然改性（如干磨、酶解）的纯净淀粉进行研究，而不能用已经遭受化学改性的工业淀粉。下面介绍一种实验室提取马铃薯淀粉的方法。

3.12.1　工艺流程

实验室提取马铃薯淀粉的工艺流程如图 3-57 所示。

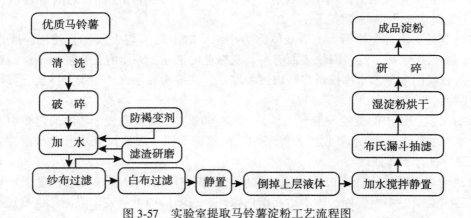

图 3-57　实验室提取马铃薯淀粉工艺流程图

3.12.2　操作要点

选用优质马铃薯，用水洗去泥沙，切成小块，放入研钵用木棒捣碎，加水（含防褐变剂，防止在处理过程中淀粉褐变），用纱布过滤，用水洗涤，滤渣继续用木棒研磨重复处理，加水用白布过滤。把过滤出的淀粉乳液放在水桶中静置数小时，倒掉上层液体，加水搅拌继续静置数小时。用布氏漏斗减压抽滤，得到湿淀粉，把湿淀粉放入60℃烘箱烘干即得淀粉成品。

3.12.3 影响因素

1. 影响马铃薯淀粉实验室提取工艺的几个关键因素

通过单因素实验发现影响马铃薯淀粉实验室提取工艺的关键因素有以下4个：是否采取削皮工艺、薯水比、洗涤次数和静置时间。其中产率是指干燥后提取出的淀粉质量与原料马铃薯质量的百分比；薯水比是指马铃薯的质量和提取时所用水的质量的比值；洗涤次数是指首先根据薯水比确定水的用量，然后把水分成若干等份，洗涤捣碎的马铃薯的次数；静置时间是指过滤后得到的淀粉乳液在水桶中放置的时间。不采取削皮工艺提取淀粉的平均产率比采取削皮工艺提取淀粉的平均产率高，但采取削皮工艺提取的淀粉品质较好；薯水比增加，提取产率也随之增高，当薯水比大于1∶4以后，淀粉产率的上升幅度很小；洗涤次数越多，则淀粉产率越高，洗涤次数在4次以后，淀粉产率随洗涤次数的增加很小；淀粉提取产率随着静置时间的增长显著增加，当静置时间大于7h后，淀粉提取产率增加很少。

2. 马铃薯淀粉的实验室提取的工艺条件

采取不削皮工艺，在破碎程度相同的条件下，参考单因素实验中的数据，针对薯水比、静置时间、洗涤次数这3个因素，各选3个水平，采用正交表3-18进行实验，以确定实验室提取淀粉的工艺条件。由表3-21可知，洗涤次数对淀粉产率有较大影响，静置时间和薯水比的影响较小，5号实验中得到的产率最高，故5号实验的数据是适宜的马铃薯淀粉的实验室提取的工艺条件。但考虑到提取时的工作量、耗水量和时间等问题，建议也可采用的马铃薯淀粉实验室淀粉提取的工艺条件为：不削皮、薯水比为1∶3、洗涤次数3次、静置时间7h，在此条件下的淀粉提取产率为6.32%。

表3-21 马铃薯正交实验表

序号	静置时间(h)	薯水比(g/g)	洗涤次数(次)	产率(%)
1	3	1∶2	2	5.41
2	3	1∶3	3	6.09
3	3	1∶4	4	6.38
4	5	1∶2	3	6.14
5	5	1∶3	4	6.56
6	5	1∶4	2	6.28
7	7	1∶2	4	6.33
8	7	1∶3	2	5.95
9	7	1∶4	3	6.2

3.12.4 淀粉品质

对在5号实验工艺条件下提取的淀粉进行了淀粉含量、酸度(中和100g干淀粉消耗

0.1mol/L 氢氧化钠的体积)、斑点、水分、细度的测定,结果见表 3-22。

表 3-22　　　　　　　　　　　最佳实验室工艺条件下提取的淀粉理化指标

含量/%	斑点/(个/cm^2)	细度/%	酸度/mL	水分/%
80.65	0.8	99.76	0.30	11.26

从表 3-19 中可以看出在 5 号实验工艺条件下提取马铃薯淀粉的品质达到了工业马铃薯淀粉的优级标准,斑点、酸度指标还优于工业马铃薯淀粉的优级标准。

实验室提取淀粉的工艺中存在的主要问题是淀粉产率偏低,原因是由于破碎马铃薯采取的是手工操作,破碎程度不够理想,马铃薯中的淀粉不能被充分提取出来,实验还存在有待提高的方面。

◎ 观察与思考

1. 熟悉马铃薯淀粉实验室提取的工艺流程。
2. 学会马铃薯淀粉实验室提取的操作要点。
3. 知道马铃薯淀粉实验室提取的影响因素。

◎ 资讯平台

★有关马铃薯淀粉生产的发明专利:

1. 车载式马铃薯淀粉加工系统

【申请号】	CN200720169531.9	【申请日】	2007-07-03
【公开号】	CN201085030	【公开日】	2008-07-16
【申请人】	北京瑞德华机电设备有限公司	【地址】	102600 北京市大兴区榆垡镇工业区榆昌路 10 号
【发明人】	胡东;刘山红;董桥梁;许先亚		
【专利代理机构】	北京三聚阳光知识产权代理有限公司	【代理人】	陈红
【国省代码】	11		
【摘要】	一种车载式马铃薯淀粉加工系统,加工系统包括依次相互连接且安装于至少一辆车辆上的如下装置:锉磨装置、分离杂质装置、脱水装置、还包括回流式清洗机,设置于所述锉磨装置前,与所述锉磨装置之间通过输送装置进行连接;所述回流式清洗机依次包括:对所述马铃薯进行干法去泥的干洗滚筒、对所述马铃薯进行比重去石的去石槽和对所述马铃薯进行逆流清洗的逆流清洗鼠笼;还包括一个带动所述干洗滚筒和所述逆流清洗鼠笼转动的转动轴。本实用新型的加工系统及方法可在田间地头加工淀粉,解决了现有马铃薯加工中存在的储藏运输高成本的弊端,实现了马铃薯从拣选到清洗的自动化,大大提高了生产效率		

【主权项】	一种车载式马铃薯淀粉加工系统，至少包括依次相互连接且安装于至少一辆车辆上的如下装置：将马铃薯锉磨成浆液的锉磨装置；将所述浆液中的杂质从淀粉中分离出去并形成淀粉溶液的分离杂质装置，所述杂质包括蛋白质、和/或纤维；将所述淀粉溶液脱水处理而形成淀粉半成品的脱水装置；其特征在于：该系统还包括对马铃薯进行清洗的回流式清洗机，设置于所述锉磨装置前，与所述锉磨装置之间通过输送装置进行连接；所述回流式清洗机依次包括：对所述马铃薯进行干法去泥的干洗滚筒、对所述马铃薯进行比重去石的去石槽和对所述马铃薯进行逆流清洗的逆流清洗鼠笼；还包括一个带动所述干洗滚筒和所述逆流清洗鼠笼转动的转动轴
【页数】	19
【主分类号】	A23L1/2165
【专利分类号】	A23L1/2165

2. 马铃薯淀粉生产工艺

【申请号】	CN02116231. X	【申请日】	2002-03-22
【公开号】	CN1446826	【公开日】	2003-10-08
【申请人】	张万学	【地址】	122400 辽宁省建平县农业中心办公室
【发明人】	张万学		
【专利代理机构】	承德市文津专利事务所	【代理人】	陈秀文
【国省代码】	21		
【摘要】	本发明公开了一种马铃薯淀粉生产工艺，它是为解决现有的马铃薯淀粉及其制品多表现为发黑，暗淡无光等缺陷而发明的。该工艺过程包括马铃薯清洗、打浆、磨细、沉淀、除杂、吊包步骤，其特征是在马铃薯浆液中一次或者两次加入马铃薯重量5‰~15‰的柠檬酸和亚硫酸钠搅动均匀、沉淀达1~24h后再吊包。其工艺特点是通过在加工过程中控制酪氨酸酶的氧化过程和加快沉淀速度，从而不仅使淀粉保留住更多的营养成分，而且使淀粉洁白、透明、光滑。采用本工艺生产出来的马铃薯淀粉纯度高、杂质少、酸性小、品质好，是生产粉条、粉丝、粉片等的上好原料。本工艺方法并可用于甘薯、木薯等薯类的淀粉加工		
【主权项】	一种马铃薯淀粉生产工艺，包括马铃薯清洗、打浆、磨细、沉淀、除杂、吊包步骤，其特征是：在马铃薯浆液中加入马铃薯重量5‰~15‰的柠檬酸或者草酸或者苹果酸搅动均匀、沉淀达1~24h后再吊包		
【页数】	4		
【主分类号】	C08B30/00		
【专利分类号】	C08B30/00		

3. 车载式马铃薯淀粉加工系统及方法

【申请号】	CN200710118232.7	【申请日】	2007-07-03
【公开号】	CN101077890	【公开日】	2007-11-28
【申请人】	北京瑞德华机电设备有限公司	【地址】	102600 北京市大兴区榆垡镇工业区榆昌路 10 号
【发明人】	胡东；刘山红；董桥梁；许先亚		
【专利代理机构】	北京三聚阳光知识产权代理有限公司	【代理人】	陈红
【国省代码】	11		
【摘要】	一种车载式马铃薯淀粉加工系统和方法，加工系统包括依次相互连接且安装于至少一辆车辆上的如下装置：锉磨装置、分离杂质装置、脱水装置、还包括回流式清洗机，设置于所述锉磨装置前，与所述锉磨装置之间通过输送装置进行连接；所述回流式清洗机依次包括：对所述马铃薯进行干法去泥的干洗滚筒、对所述马铃薯进行比重去石的去石槽和对所述马铃薯进行逆流清洗的逆流清洗鼠笼；还包括一个带动所述干洗滚筒和所述逆流清洗鼠笼转动的转动轴。本发明的加工系统及方法可在田间地头加工淀粉，解决了现有马铃薯加工中存在的储藏运输高成本的弊端，实现了马铃薯从拣选到清洗的自动化，大大提高了生产效率		
【主权项】	权利要求书：一种车载式马铃薯淀粉加工系统，至少包括依次相互连接且安装于至少一辆车辆上的如下装置：将马铃薯锉磨成浆液的锉磨装置；将所述浆液中的杂质从淀粉中分离出去并形成淀粉溶液的分离杂质装置，所述杂质包括蛋白质、和/或纤维；将所述淀粉溶液脱水处理而形成淀粉半成品的脱水装置；其特征在于：该系统还包括对马铃薯进行清洗的回流式清洗机，设置于所述锉磨装置前，与所述锉磨装置之间通过输送装置进行连接；所述回流式清洗机依次包括：对所述马铃薯进行干法去泥的干洗滚筒、对所述马铃薯进行比重去石的去石槽和对所述马铃薯进行逆流清洗的逆流清洗鼠笼；还包括一个带动所述干洗滚筒和所述逆流清洗鼠笼转动的转动轴		
【页数】	20		
【主分类号】	C08B30/00		
【专利分类号】	C08B30/00		

4. 马铃薯淀粉厂缓冲料池闸门的设置

【申请号】	CN200920276337.X	【申请日】	2009-12-05
【公开号】	CN201694978U	【公开日】	2011-01-05
【申请人】	康克归	【地址】	730515 甘肃省定西市临洮县辛店镇康家崖

【发明人】	康克归
【国省代码】	62
【摘要】	一种马铃薯淀粉厂缓冲料池闸门的设置,它是在缓冲料池的底部设置有倾斜坡度,缓冲料池的一端设置了自来水,另一端设置了出口闸门。打开自来水,由于缓冲料池底部的倾斜坡度,能够方便地冲洗堆放在缓冲料池中的马铃薯中的泥土、泥沙
【主权项】	一种马铃薯淀粉厂缓冲料池闸门的设置它由缓冲料池、水泥保险埂、平台、自来水管、闸门组成,其特征是:缓冲料池(1)一端设置有自来水管(10)、另一端设置有方便关闭或开启的闸门(4)
【页数】	9
【主分类号】	C08B30/02
【专利分类号】	C08B30/02

5. 马铃薯淀粉厂洗涤槽闸门的切换与自来水管冲洗的设置

【申请号】	CN200920276336.5	【申请日】	2009-12-05
【公开号】	CN201694977U	【公开日】	2011-01-05
【申请人】	康克归	【地址】	730515 甘肃省定西市临洮县辛店镇康家崖
【发明人】	康克归		
【国省代码】	62		
【摘要】	一种马铃薯淀粉厂洗涤槽闸门的切换与自来水冲洗的设置。它是在主洗涤槽的一侧设置了备用洗涤槽。洗涤槽某处有可切换的闸门。洗涤槽底部设计了倾斜坡度,从缓冲料池的闸门冲洗出来的马铃薯流进洗涤槽后,打开自来水予以二次冲洗		
【主权项】	一种马铃薯淀粉厂洗涤槽闸门的切换与自来水管冲洗的设置,它是由主洗涤槽、备用洗涤槽、闸板、自来水管、阀门组成,其特征是:主洗涤槽(1)的一侧设置了备用洗涤槽(2)		
【页数】	7		
【主分类号】	C08B30/02		
【专利分类号】	C08B30/02		

6. 马铃薯淀粉厂洗涤槽挂钩除蔓的设备

【申请号】	CN200920276339.9	【申请日】	2009-12-05
【公开号】	CN201842790U	【公开日】	2011-05-25

【申请人】	康克归	【地址】	730515 甘肃省定西市临洮县辛店镇康家崖
【发明人】	康克归		
【国省代码】	62		
【摘要】	一种马铃薯淀粉厂洗涤槽挂钩除蔓的设备，它是在中轴上均匀分布多根挂钩，用插销定位，中轴两端固定在洗涤槽口凹形固定块上，多根挂钩在洗涤槽内可前后独自摆动		
【主权项】	一种马铃薯淀粉厂洗涤槽挂钩除蔓的设备，它是由挂钩(1)、中轴(2)、凹形固定块(3)、插销(4)组成，其特征是：多根挂钩设置在洗涤槽内		
【页数】	8		
【主分类号】	C08B30/02		
【专利分类号】	C08B30/02		

7. 永久磁铁在马铃薯淀粉厂洗涤槽内的设置

【申请号】	CN200920276335.0	【申请日】	2009-12-05
【公开号】	CN201809300U	【公开日】	2011-04-27
【申请人】	康克归	【地址】	730515 甘肃省定西市临洮县辛店镇康家崖
【发明人】	康克归		
【国省代码】	62		
【摘要】	一种永久磁铁在马铃薯淀粉厂洗涤槽内的设置，它是将多块永久磁铁设置在洗涤槽内底部，予以固定。马铃薯在洗涤槽内冲洗时，可将混在其内的铁丝等金属物吸附在永久磁铁上，然后予以处理		
【主权项】	一种永久磁铁在马铃薯淀粉厂洗涤槽内的设置，它是由永久磁铁(1)固定螺栓(2)组成，其特征是：固定螺栓(2)将永久磁铁(1)固定在洗涤槽(21)内底部		
【页数】	7		
【主分类号】	C08B30/02		
【专利分类号】	C08B30/02		

8. 马铃薯淀粉加工半成品皮带输送布料器

【申请号】	CN201220071876.1	【申请日】	2012-02-22
【公开号】	CN202464833U	【公开日】	2012-10-03

续表

【申请人】	呼和浩特华欧淀粉制品有限公司	【地址】	011500 内蒙古自治区和林县呼清路98号
【发明人】	王向华；高瑞；皇润全；孙国柱；赵志强		
【专利代理机构】	呼和浩特北方科力专利代理有限公司 15100	【代理人】	王社
【国省代码】	15		
【摘要】	本实用新型公开了一种马铃薯淀粉加工过程半成品皮带输送布料器，由固定架固定安装在皮带上方，主要结构是固定架上梁中间装一只高度调节螺杆，高度调节螺杆的下端由角度调节螺丝将其与导向板连接，导向板的横向板固定连接着一排调节螺杆，每只调节螺杆下半部都固定一只分料板。本布料器占地小、无能耗、易拆装、无需外加动力，能有效利用分料板全方位调节功能，对不同皮带表面上的物料进行合理的布料		
【主权项】	马铃薯淀粉加工过程半成品皮带输送布料器，由固定架固定安装在皮带上方，其特征在于：所述固定架上梁中间装一只高度调节螺杆，高度调节螺杆的下端由角度调节螺丝将其与导向板连接，所述导向板的横向板固定连接着一排调节螺杆，所述每只调节螺杆下半部都固定一只分料板		
【页数】	6		
【主分类号】	B65G69/04		
【专利分类号】	B65G69/04		

9. 马铃薯淀粉厂洗涤槽排水沉淀口的设置

【申请号】	CN201120189575.4	【申请日】	2011-05-27
【公开号】	CN202197803U	【公开日】	2012-04-25
【申请人】	康克归	【地址】	730500 甘肃省临洮县辛店镇康家崖
【发明人】	康克归		
【国省代码】	62		
【摘要】	一种马铃薯淀粉厂洗涤槽排水沉淀口的设置，它是在主洗涤槽，备用洗涤槽下方底部沉淀池上方洗涤槽某处设置了排水沉淀口，沉淀口得钢筋框由钢丝的连接，可由摇把的转动，使其上下浮动，能方便地将混杂在马铃薯中的石块等杂物排掉		
【主权项】	一种马铃薯淀粉厂洗涤槽排水沉淀口的设置，它是由钢筋框（1）、转轴（2）、摇把（3）、插销口（4）、吊环（5）、钢丝绳（6）、沉淀口（8）、固定套（9）组成，其特征是：钢筋框（1）设置在沉淀池（22）上方的主洗涤槽（18）备用洗涤槽（19）内下方沉淀口（8）		
【页数】	9		

【主分类号】	A23N12/02
【专利分类号】	A23N12/02

10. 一种马铃薯淀粉的加工工艺

【申请号】	CN201310432596.8	【申请日】	2013-09-23
【公开号】	CN103504183A	【公开日】	2014-01-15
【申请人】	李学友	【地址】	161322 黑龙江省齐齐哈尔市讷河市讷南镇鲁民村
【发明人】	李学友		
【专利代理机构】	大庆知文知识产权代理有限公司 23115	【代理人】	梁超
【国省代码】	23		
【摘要】	一种马铃薯淀粉的加工工艺。属于食品加工领域。它解决了目前尚缺少一种能够加工出安全、高品质的马铃薯淀粉的加工工艺的问题。该加工工艺的具体步骤如下：(1)洗涤和磨碎；(2)筛分；(3)流槽分离和清洗；(4)发酵处理：将淀粉液和次淀粉液导入到池缸内，再加入淀粉液总量的1/4的70℃热水发酵20h；将发酵后的淀粉液取出，待淀粉液呈固体状态后加入清水，沉淀15h，再加入清水稀释，调整淀粉液的浓度为50%~60%；(5)脱水干燥：得到平衡水分为20%的干淀粉。本发明具有加工出的淀粉品质高、绿色安全以及适于工业化生产的优点		
【主权项】	一种马铃薯淀粉的加工工艺，其特征在于，该加工工艺的具体步骤如下：(1)洗涤和磨碎：将精选的马铃薯用筛选机清除泥、石块、茎叶和黏附在马铃薯表面的泥沙，经过洗涤后，送至磨碎机进行磨碎处理，得到马铃薯糊；(2)筛分：将马铃薯糊送至平摇筛进行筛分，其间加水洗涤，筛下物为淀粉乳；(3)流槽分离和清洗：将筛分出的淀粉乳导入到流槽内进行蛋白质分离，将分离出的淀粉液导入到清洗槽内进行清洗，得到淀粉液；将从流槽中分离出带有剩余淀粉的黄浆水导回到流槽进行再次分离，再经清洗槽清洗后得到次淀粉液；(4)发酵处理：将淀粉液和次淀粉液导入到池缸内，再加入淀粉液总量的1/4的70℃热水，然后发酵20h；将发酵后的淀粉液取出，待淀粉液呈固体状态后加入清水，沉淀15h，再加入清水稀释，调整淀粉液的浓度为50%~60%；(5)脱水干燥：将步骤(4)中得到的淀粉液进行离心机脱水，得到含水量为45%的湿淀粉，最后经气流干燥机干燥，得到平衡水分为20%的干淀粉		
【页数】	4		
【主分类号】	A23L1/0522		
【专利分类号】	A23L1/0522；C08B30/04；C08B30/02		

11. 一种马铃薯精淀粉生产线自动控制系统

【申请号】	CN201320467150.4	【申请日】	2013-08-01
【公开号】	CN203366172U	【公开日】	2013-12-25
【申请人】	庄浪县鑫喜淀粉加工有限责任公司	【地址】	744600 甘肃省平凉市庄浪县工业集中区马铃薯产业园一号
【发明人】	康怀；吴丽奇；张晓春		
【国省代码】	62		
【摘要】	本实用新型涉及马铃薯精淀粉生产自动控制系统，具体是一种马铃薯精淀粉生产线自动控制系统，包括存储器(1)、打印机(2)、报警器(3)、料位开关(4)、阀(5)、泵(6)、电机(7)、监控探头(8)、控制器(9)、A/D转换模块(10)、传感器组、下位机(17)、上位机(18)；其特征在于：所述下位机(17)与上位机(18)相连。上位机(18)与存储器(1)和打印机(2)相连；所述的下位机(17)与控制器(9)相连，控制器(9)与料位开关(4)、阀(5)、泵(6)、电机(7)、监控探头(8)相连；所述的下位机(17)与A/D转换模块(10)相连，A/D转换模块(10)与传感器组相连		
【主权项】	一种马铃薯精淀粉生产线自动控制系统，包括存储器(1)、打印机(2)、报警器(3)、料位开关(4)、阀(5)、泵(6)、电机(7)、监控探头(8)、控制器(9)、A/D转换模块(10)、传感器组、下位机(17)、上位机(18)；其特征在于：所述下位机(17)与上位机(18)相连，上位机(18)与存储器(1)和打印机(2)相连；所述的下位机(17)与控制器(9)相连，控制器(9)与料位开关(4)、阀(5)、泵(6)、电机(7)、监控探头(8)相连；所述的下位机(17)与A/D转换模块(10)相连，A/D转换模块(10)与传感器组相连		
【页数】	6		
【主分类号】	G05D27/02		
【专利分类号】	G05D27/02；G05B19/418		

12. 马铃薯淀粉的生产工艺

【申请号】	CN201310375656.7	【申请日】	2013-08-27
【公开号】	CN103450362A	【公开日】	2013-12-18
【申请人】	赵贵喜	【地址】	036200 山西省忻州市五寨县阳苛东路双喜粉皮厂
【发明人】	赵贵喜		
【专利代理机构】	太原晋科知识产权代理事务所（特殊普通合伙）14110	【代理人】	郑晋周
【国省代码】	14		

【摘要】	本发明涉及一种淀粉加工技术，具体为一种马铃薯淀粉的生产工艺。一种马铃薯加工技术，原料马铃薯，清洗，破碎，淀粉提取，浓缩，淀粉洗涤，经浓缩的淀粉乳，被泵送至 12 级淀粉洗涤系统，在这里淀粉和细小的纤维分离，淀粉脱水，干燥，成品淀粉用螺旋输送机和斗提机送至成品仓，进行包装。本发明所述的淀粉生产技术，生产效率高，质量优良，可以广泛应用于：（1）食品加工业（2）饲料工业；纺织业等
【主权项】	一种马铃薯淀粉加工技术，其特征在于：原料马铃薯，干物质占总重量的比例最小应为 22.5%；淀粉含量占总重量的比例最小应为 16%；蛋白含量占总重量的比例最大应为 2.7%；粗纤维占总重量的比例最大应为 1.9%；灰分占总重量的比例最大应为 1.2%；马铃薯应在收获后一个月内加工；清洗：马铃薯送到除石机，以除去石块及其他重杂质，在输送到鼠笼式清洗机，对马铃薯进行初清洗；再由水输送到桨式清洗机，进行彻底清洗；破碎：清洗后的马铃薯由带有可调速驱动电机的给料螺旋送机输送至锉磨破碎机，锉磨机转子装有锯条状刀片用来破碎马铃薯；淀粉提取：破碎的马铃薯自行落入地坑中，用螺杆泵打入三级离心筛，将淀粉乳与纤维分离，分离后的纤维脱水后由螺杆泵送到储渣池；浓缩：筛分后的马铃薯粗淀粉泵送到旋流除沙站除去泥沙，淀粉乳由经除沙后打入浓缩旋流器，然后泵输送至淀粉清洗工段；淀粉洗涤：经浓缩的淀粉乳，被泵送至 12 级淀粉洗涤系统；在这里，淀粉和细小的纤维分离；淀粉脱水：精制的淀粉由"残留滤饼"式真空脱水机脱水，脱水后的淀粉由螺旋输送机输送或皮带输送机输送至淀粉干燥工段；干燥：经过脱水后的湿淀粉含水率≤40%，由给料机经扬料器送入气流干燥机组进行干燥；经脱水至 40% 的湿淀粉由给料机和扬料器送入气流干燥机的立管中，由换热后温度在 145~160℃ 的热风吹向上走，在脉冲管中湍动进行热交换，干燥完的淀粉被风带走进入旋风分离器进行废气与物料的分离，成品淀粉用螺旋输送机和斗提机送至成品仓，进行包装；包装：进入成品仓的含水率为≤18% 的干淀粉经杠杆给料机进入自动装袋称，打包后由成品皮带输送机送入成品库储存
【页数】	5
【主分类号】	C08B30/00
【专利分类号】	C08B30/00；C08B30/02；C08B30/04

13. 一种马铃薯淀粉提取工艺

【申请号】	CN201310300910.7	【申请日】	2013-07-18
【公开号】	CN103319613A	【公开日】	2013-09-25
【申请人】	苏州市天灵中药饮片有限公司	【地址】	215000 江苏省苏州市高新区嵩山路 218 号
【发明人】	李建华		
【专利代理机构】	南京经纬专利商标代理有限公司 32200	【代理人】	李纪昌

【国省代码】	32
【摘要】	一种马铃薯淀粉提取工艺,其制备过程为,马铃薯清洗去皮,破碎物粒度为40~60目,密闭、隔绝空气保存备用。将处理好的马铃薯置于反应罐中,加入一定量的水,料液比为1:5~20,加入一定量的磷酸氢二钠-柠檬酸缓冲液调节pH4.1~4.4,加入质量比0.2~0.3%的纤维素酶,在30~35℃温度下提取30~120min,提取液离心过滤,取沉淀物为湿淀粉,干燥得产品。本发明减少工艺废水排放,为马铃薯资源环境友好型高值化利用提供重要的商业化工艺,能够使马铃薯淀粉工业快速良性地发展,创造更高的农业经济价值,给社会带来良好的社会效益和经济效益
【主权项】	一种马铃薯淀粉提取工艺,其技术特征在于步骤如下:(1)马铃薯清洗去皮,破碎物粒度为40~60目,密闭、隔绝空气保存备用;(2)将处理好的马铃薯置于反应罐中,加入水,料液比为1:5~20,加入磷酸氢二钠-柠檬酸缓冲液调节pH4.1~4.4,加入质量比0.2%~0.3%的纤维素酶,在30~35℃温度下提取30~120min,提取液离心过滤,取沉淀物为湿淀粉,干燥得产品
【页数】	5
【主分类号】	C08B30/04
【专利分类号】	C08B30/04

14. 一种马铃薯淀粉生产工艺

【申请号】	CN201310278822.1	【申请日】	2013-07-04
【公开号】	CN103319612A	【公开日】	2013-09-25
【申请人】	晋城市古陵山食品有限公司	【地址】	048306 山西省晋城市陵川县平城镇下川村
【发明人】	常建强		
【专利代理机构】	太原高欣科创专利代理事务所(普通合伙) 14109	【代理人】	崔雪
【国省代码】	14		
【摘要】	本发明涉及一种马铃薯淀粉生产工艺,属于淀粉生产技术领域;克服了现有技术存在的不足,提供了一种能利用废物薯渣做饲料、将废水净化后灌溉农业的马铃薯淀粉生产工艺;解决该技术问题采用的技术方案为:对原料依次进行冲洗、除草、除石、清洗机清洗、提升处理,得到干净的马铃薯块,再将干净马铃薯块缓存到一定量后,进行破碎,然后再进行渣浆分离,得到马铃薯薯渣和马铃薯浆液,对所述的马铃薯薯渣进行洗涤后,得到干净的薯渣,再将薯渣加工后,得到饲料,对所述的马铃薯浆液进行淀粉浓缩,得到马铃薯细胞液和湿淀粉;将所述马铃薯细胞液处理后,得到的净化水能直接用于农田灌溉;本发明可广泛应用于马铃薯淀粉生产领域		

【主权项】	一种马铃薯淀粉生产工艺，其特征在于，按以下步骤进行：第一步：清洗；对原料依次进行冲洗、除草、除石、清洗机清洗、提升处理，得到干净的马铃薯块；第二步：加工；将所述第一步中得到的干净马铃薯块缓存到一定量后，进行破碎，然后再进行渣浆分离，得到马铃薯薯渣和马铃薯薯浆液；a. 对所述的马铃薯薯渣进行洗涤后，得到干净的薯渣，再将所述薯渣依次通过挤压机和干燥机加工后，得到饲料；b. 对所述的马铃薯浆液进行淀粉浓缩，得到马铃薯细胞液和湿淀粉；将所述马铃薯细胞液依次进行细胞液分离、细胞液排出、沉淀和过滤处理后，得到净化水，所述的净化水能直接用于农田灌溉；第三步：干燥；将所述第二步中得到的湿淀粉依次进行脱水、干燥、筛理加工后，得到成品淀粉；第四步：包装；将所述第三步中得到的成品淀粉按重量份数进行包装
【页数】	4
【主分类号】	C08B30/02
【专利分类号】	C08B30/02；C08B30/04；C08B30/06；A23K1/14；A01G25/00

15. 马铃薯淀粉提取旋流管

【申请号】	CN201220694644.1	【申请日】	2012-12-14
【公开号】	CN202983914U	【公开日】	2013-06-12
【申请人】	贾仓	【地址】	744300 甘肃省定西市安定区交通路 74 号
【发明人】	王海；贾仓		
【国省代码】	62		
【摘要】	马铃薯淀粉提取旋流管，涉及淀粉提取设备领域，特别涉及马铃薯淀粉提取旋流管，包括蜗形管(1)、蜗形封盖(2)、溢流管(3)、进口(4)、出口(5)、锥形管(6)、圆柱管(7)、小锥形管(8)、给料口(9)，其特征在于，锥形管(6)一端设置蜗形管(1)，另一端设置圆柱管(7)，圆柱管(7)另一端设置小锥形管(8)，蜗形管(1)一侧设置给料口(9)，蜗形封盖(2)与蜗形管(1)内侧配合安装，溢流管(3)一端设置进口(4)，另一端设置出口(5)，溢流管(3)的进口(4)一端，贯穿于蜗形封盖(2)一侧，本实用新型结构简单，设计新颖，根据离心沉降原理，将马铃薯中的淀粉，进行分离、提取		
【主权项】	马铃薯淀粉提取旋流管，包括蜗形管(1)、蜗形封盖(2)、溢流管(3)、进口(4)、出口(5)、锥形管(6)、圆柱管(7)、小锥形管(8)、给料口(9)，其特征在于，锥形管(6)一端设置蜗形管(1)，另一端设置圆柱管(7)，圆柱管(7)另一端设置小锥形管(8)，蜗形管(1)一侧设置给料口(9)，蜗形封盖(2)与蜗形管(1)内侧配合安装，溢流管(3)一端设置进口(4)，另一端设置出口(5)，溢流管(3)的进口(4)一端，贯穿于蜗形封盖(2)一侧		
【页数】	7		

【主分类号】	B04C5/00
【专利分类号】	B04C5/00；B04C5/08

16. 马铃薯淀粉制备工艺

【申请号】	CN201110356945.3	【申请日】	2011-11-11
【公开号】	CN103102420A	【公开日】	2013-05-15
【申请人】	汤继刚	【地址】	610091 四川省成都市青羊区苏坡乡清波村5组
【发明人】	汤继刚		
【专利代理机构】	成都虹桥专利事务所（普通合伙）51124	【代理人】	梁鑫
【国省代码】	51		
【摘要】	本发明属于农产品加工领域，涉及新的马铃薯淀粉制备工艺。本发明要解决的技术问题是提供一种简便高效的马铃薯淀粉制备工艺。本发明方案为一种马铃薯淀粉制备工艺，包括薯块洗涤、破碎筛理、淀粉乳沉淀、洗浆和漂白、脱水、干燥、筛理包装等步骤，制备得马铃薯淀粉。该方法简便，易行，环境污染小，设备投入低，产量高，适合在各种条件和设备的情况下进行马铃薯淀粉的生产，具有很好的推广应用前景		
【主权项】	马铃薯淀粉制备工艺，包括：薯块洗涤、破碎筛理、淀粉乳淀沉、洗浆和漂白、脱水、干燥、筛理包装等步骤制备得马铃薯淀粉		
【页数】	6		
【主分类号】	C08B30/00		
【专利分类号】	C08B30/00		

17. 超声波提取马铃薯淀粉的方法

【申请号】	CN201210577385.9	【申请日】	2012-12-27
【公开号】	CN102993318A	【公开日】	2013-03-27
【申请人】	吉林农业大学	【地址】	130118 吉林省长春市净月区新城大街2888号
【发明人】	王大为；刘婷婷；张艳荣		
【专利代理机构】	吉林长春新纪元专利代理有限责任公司 22100	【代理人】	魏征骥
【国省代码】	22		

【摘要】	本发明涉及一种超声波提取马铃薯淀粉的方法，属于淀粉生产技术。将新鲜马铃薯清洗、去皮、粉碎处理后，调成一定料水比的悬浮液，置于超声处理环境中提取马铃薯淀粉。在超声波处理环境中，调整鲜马铃薯具有适当的粒度、加水量及处理时间进行马铃薯淀粉的萃取，经分离、洗涤、精制获得高纯度马铃薯淀粉。本发明可提高马铃薯淀粉的提取率及纯度。提取过程中反应条件温和，无废渣、废气及有害物质产生；节约资源，且对环境友好
【主权项】	一种超声波提取马铃薯淀粉的方法，其特征在于包括下列步骤：（1）马铃薯前处理马铃薯挑选剔除腐败、霉烂的变质部分，清洗去皮，破碎物粒度为 40~60 目，密闭、隔绝空气保存备用；（2）马铃薯淀粉提取与精制将上述处理好的马铃薯加水，调成料水比 1 : (1~3)g/mL 的悬浮液，置于超声处理环境中提取马铃薯淀粉，超声波功率 300~1500W/kg 马铃薯、超声时间 4~7min、超声间隔时间 10~20s，超声波处理次数 1~3 次，物料温度 25~45℃；过 80~100 目筛分离除渣，残渣加入 1~2 倍水洗涤 2~3 次，过 80~100 目筛分离除渣，合并滤液，离心沉降 8~10min，转速 3000~4000r/min，取沉淀物为湿淀粉，干燥
【页数】	7
【主分类号】	C08B30/04
【专利分类号】	C08B30/04

18. 超高频电磁波提取马铃薯淀粉的方法

【申请号】	CN201210576969.4	【申请日】	2012-12-27
【公开号】	CN102993317A	【公开日】	2013-03-27
【申请人】	吉林农业大学	【地址】	130118 吉林省长春市净月区新城大街 2888 号
【发明人】	刘婷婷；王大为；张艳荣		
【专利代理机构】	吉林长春新纪元专利代理有限责任公司 22100	【代理人】	魏征骥
【国省代码】	22		
【摘要】	本发明涉及一种超高频电磁波提取马铃薯淀粉的方法，属于淀粉生产技术。将新鲜马铃薯清洗、去皮、粉碎处理后，调成一定料水比的悬浮液，置于超高频电磁波振荡环境中提取马铃薯淀粉。在超高频电场中，调整鲜马铃薯具有适当的粒度、加水量、处理温度及处理时间进行马铃薯淀粉的萃取，经分离、洗涤、精制获得高纯度马铃薯淀粉。本发明萃取物及萃余物都无有机溶剂残留，提高原料的综合利用价值，无废渣、废气及有害物质产生；节约资源，且对环境友好		

续表

【主权项】	一种超高频电磁波提取马铃薯淀粉的方法,其特征在于包括下列步骤:(1)马铃薯前处理马铃薯挑选剔除腐败、霉烂等变质部分,清洗去皮,破碎物粒度为40~60目,密闭、隔绝空气,保存备用;(2)马铃薯淀粉提取与精制将上述处理好的马铃薯加水,调成料水比1:(1~2)g/mL的悬浮液,置于超高频电磁波振荡环境中提取马铃薯淀粉,电磁波频率为2450±50MHz,功率300~1500W/kg马铃薯,电磁波振动间歇时间20~30s,电磁波振动处理时间3~6min,物料温度35~45℃;过80~100目筛分离除渣,残渣加入1~2倍水洗涤2~3次,过80~100目筛分离除渣,合并滤液;离心沉降8~10min,转速3000~4000r/min,取沉淀物为湿淀粉,干燥
【页数】	7
【主分类号】	C08B30/04
【专利分类号】	C08B30/04

19. 一种马铃薯淀粉的生产工艺

【申请号】	CN201110240788.X	【申请日】	2011-08-22
【公开号】	CN102952197A	【公开日】	2013-03-06
【申请人】	五寨县润泽粉业有限责任公司	【地址】	036200 山西省忻州市五寨县迎宾西大街
【发明人】	徐建权		
【专利代理机构】	太原科卫专利事务所(普通合伙)14100	【代理人】	朱源
【国省代码】	14		
【摘要】	本发明公开了一种马铃薯淀粉的生产工艺,属于马铃薯加工技术领域。马铃薯淀粉的生产工艺,包括以下步骤:(1)将新鲜马铃薯经过干筛筛分,去除杂质,然后存放到储料池,然后在水流的作用下输送到除石机,然后经绞笼提升到洗薯机彻底清洗;(2)将经彻底清洗的马铃薯经绞笼提升或者螺旋输送到锉磨机,将制得的浆糊与水混合后经离心分离机分离后,输入精制旋流站;(3)将从精制旋流站输出的物料脱水后,经空气干燥后,经筛分,即得成品。本发明方法工艺简单,成本低,且不添加任何添加剂,品质更好,有极大的市场价值
【主权项】	一种马铃薯淀粉的生产工艺,其特征是包括以下步骤:(1)将新鲜马铃薯经过干筛筛分,去除杂质,然后存放到储料池,然后在水流的作用下输送到除石机,然后经绞笼提升到洗薯机彻底清洗;(2)将经彻底清洗的马铃薯经绞笼提升或者螺旋输送到锉磨机,将制得的浆糊与水混合后经离心分离机分离后,输入精制旋流站;(3)将从精制旋流站输出的物料脱水后,经空气干燥后,经筛分,即得成品
【页数】	4
【主分类号】	C08B30/02
【专利分类号】	C08B30/02;C08B30/04

20. 马铃薯大颗粒淀粉加工系统

【申请号】	CN201220140252.0	【申请日】	2012-04-06
【公开号】	CN202610139U	【公开日】	2012-12-19
【申请人】	吴明华	【地址】	164131 黑龙江省北大荒二龙山马铃薯产业有限公司
【发明人】	吴明华		
【国省代码】	23		
【摘要】	本实用新型是一种马铃薯大颗粒淀粉加工系统，包括第一旋流器机组和第二旋流器机组，该第一旋流器机组包括两个或者两个以上大颗粒旋流器，在离心力的作用下，比重大的淀粉由管道输入到大颗粒淀粉乳罐，在离心力的作用下，比重小的淀粉由管道输入到第二旋流器机组，由第二旋流器输入到小颗粒淀粉浆罐，在第二旋流器机组的淀粉浆输出管道上设置一个节点，形成两条淀粉浆输出管道，在每条淀粉浆输出管道上分别安装控制该条淀粉浆输出管道流通的阀门。其中一条淀粉浆输出管道连接大颗粒淀粉乳罐，另一条淀粉浆输出管道连接小颗粒淀粉乳罐，通过控制淀粉浆输出管道上的阀门，经过旋流管反复分离，实现将大颗粒淀粉和小颗粒淀粉分离提取的技术效果		
【主权项】	一种马铃薯大颗粒淀粉加工系统，包括马铃薯储斗、锉磨机、浆池、过滤系统、第一旋流器机组和第二旋流器机组，淀粉干燥系统，该第一旋流器机组包括两个或者两个以上大颗粒旋流器，且其下管连接大颗粒淀粉乳罐，上管连接第二旋流器机组，该第二旋流器机组包括两个或者两个以上小颗粒旋流器，其特征在于，该第二旋流器机组的淀粉浆输出管道上设置一个节点，将该淀粉浆输出管道分成两条淀粉浆输出管道，上述两条淀粉浆输出管道上分别安装有控制该条淀粉浆输出管道流通的阀门		
【页数】	7		
【主分类号】	C08B30/00		
【专利分类号】	C08B30/00		

第4章 马铃薯淀粉生产线设计

◎ **内容提示**

本章主要介绍马铃薯淀粉生产线设计所遵循的原则；我国马铃薯淀粉生产线的类型、我国马铃薯淀粉生产工艺的发展概况，离心筛法、曲筛法、全旋流器法等马铃薯淀粉生产典型生产工艺分析；大型精制马铃薯淀粉生产线的工艺流程、工艺特点和设备配置；中型精制马铃薯淀粉生产线的工艺流程、工艺特点和设备配置；小型马铃薯淀粉生产线的工艺流程、工艺特点和设备配置；马铃薯淀粉的传统加工工艺流程、工艺特点和设备配置。

马铃薯淀粉加工工艺呈现出多样化的趋势，但不论怎样变化，基础工艺的发展主要在于设备效率的改进提高，以及为了减少水耗和废水排放，从细胞液中回收蛋白的技术得到了应用。

4.1 设计马铃薯淀粉生产线应遵循的原则

4.1.1 厂址选择方便化

马铃薯淀粉生产厂地的选择，必须考虑厂地的地理位置、原料和水的来源等条件。厂地位置要有利于原料来源和产品的输送，工厂应建在原料产地或集散地，当地主要加工用马铃薯的淀粉含量要高，这样可减少原料的输送环节等，节约生产成本；另外由于马铃薯淀粉生产耗水量大，因此工厂附近水源要充足。

4.1.2 资金预算超前化

资金情况是非常重要的设计依据。在资金充足的情况下，应该尽量选择工艺完整、设备先进的生产线，以期生产出优质的淀粉产品。如果资金相对较少，则可选择和设计较为简单的生产线。但是，应该留有发展和改造的空间。

生产线所需要的车间厂房情况。如果是旧厂房改造，则要注意厂房的高度，特别是干燥车间的厂房，一定要有足够的高度。

4.1.3 生产工艺成熟化

现行马铃薯类淀粉生产工艺有先脱汁工艺、后脱汁工艺、全旋流工艺、中小型简易工艺和小型简陋工艺。实际运行表明，先脱汁工艺产品质量略高，但工艺复杂，且对机械设备要求也高。后脱汁工艺产品质量可以，工艺也较简单成熟，机械设备品种较多，故选择范围大；全旋流工艺产品质量略差，但工艺简单，机械设备较单一，生产管理容易。

了解和掌握了有关情况与数据，又从实际情况出发，选择确定了理想实用的生产工艺，这就为合理设计马铃薯淀粉生产线打下了良好的基础。

4.1.4 设备配置合理化

在选择了生产工艺和生产线规模后，则需要选择生产线上各种机器设备。

1. 选择淀粉加工设备的原则

(1) 要合理配置生产线的所有设备，使之达到所要求的各项设计指标；

(2) 要选取性能卓越、工艺先进、短期内不淘汰的设备；

(3) 在加工能力和指标效果相近的情况下，要选择能耗低的机械设备；

(4) 在能耗相近的情况下，要选择价格低、易于维护和保养的设备；

(5) 在其他条件相近的情况下，要选择专业化加工机械企业的设备；

(6) 在所有条件都差不多的情况下，要选择服务优良的制造商生产的设备。

2. 确定淀粉的用途，选择合适配置

对马铃薯淀粉加工厂来说，确定淀粉的用途对于设备的选型和投资是至关重要的。大型马铃薯淀粉厂，产品用于化工、医药行业的较多，产品精度高，要求基本去除蛋白质等，投资较大。对于食用淀粉，精度要求不高，一般只要达到无掺杂、洁白、黏度高即可，投资不宜过大。农户分散加工粗淀粉，市场价格也低，加工成本低，如果选用设备的配置过高，会导致加工成本过高，使利润率下降，甚至亏损。

马铃薯淀粉生产线上的机器设备种类繁多，应该通过参阅资料和实际操作观察，正确地认识和了解这些机器设备，以便在设计马铃薯淀粉生产线时，能根据企业的实际情况从五花八门的机器设备中，找出最适合的应用到实际生产中。

◎ 观察与思考

1. 理解马铃薯淀粉生产线设计厂址选择方便性。

2. 熟知马铃薯淀粉生产线设计资金预算超前性。

3. 知道马铃薯淀粉生产线设计生产工艺成熟性。

4. 理解马铃薯淀粉生产线设计设备配置合理性。

4.2 马铃薯淀粉生产工艺分析

4.2.1 马铃薯淀粉生产工艺及特点

马铃薯淀粉生产的基本原理是在水的参与下，借助淀粉不溶于冷水以及在相对密度上同其他化学成分有一定差异的特性，用物理方法进行分离，在一定机械设备中使淀粉、薯渣及可溶性物质相互分开，获得马铃薯淀粉。工业淀粉允许含有少量的蛋白质、纤维素和矿物质等。但如果需要高纯度淀粉，则必须进一步精制处理。

马铃薯淀粉生产工艺是多种多样的，选择工艺的依据是投资的规模、选择设备的档次和自动化程度的高低，选择工艺过程的依据是：生产过程连续迅速进行；主要原材料、燃料动力、辅助材料消耗指数最低；设备操作维修方便、占地面积小、生产效率高、投资费用低等。先进的生产工艺必然有较好的生产效果。目前生产工艺流程有封闭式和开放式工艺两种，形成规模化生产的大型淀粉厂，都采用封闭式工艺，利用先进的工艺与设备，由电子技术进行流程控制和生产过程计算的完全自动化，实行循环用水。这样的工厂，生产效率高，仅二三十人操作，24h 可处理 1000t 左右马铃薯；淀粉回收率高，可达 90% 左右；节约用水和能源，而且可以回收废水中的蛋白质等有用物质。薯类淀粉在我国大规模机械化的生产企业不多，多数小工厂都是采用落后开放式生产工艺，手工操作或部分机械化密闭生产工艺。

马铃薯淀粉厂的工业生产主要流程由以下几部分组成：原料的输送与清洗、马铃薯的磨碎、细胞液的分离、从浆料中洗涤淀粉、细胞液水的分离、淀粉乳的精制、细渣的洗涤、淀粉的洗涤、淀粉乳的脱水干燥、成品冷却与分级包装等。生产工艺可根据所选用设备的不同而有所不同，但其主要工艺流程如图 4-1 所示。

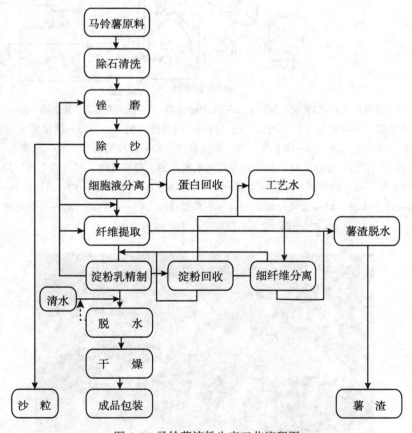

图 4-1 马铃薯淀粉生产工艺流程图

4.2.2　马铃薯淀粉生产线模拟图

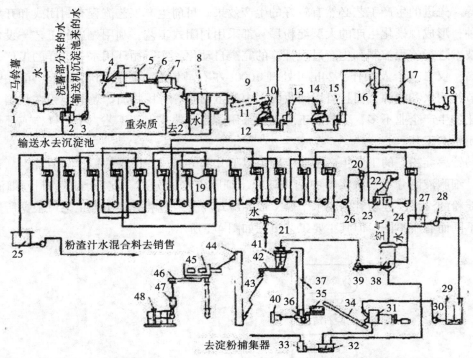

1—周转库　2—进料斗　3—马铃薯水泵　4、6—水力输送器　5—除石器　7—分水器　8—马铃薯清洗机
9、42—螺旋输送器　10—流管　11—阀门　12、14—马铃薯锉磨机　13、15—活塞泵　16—自清过滤器
17—储存器　18、26、28、30—离心泵　19—旋流装置　20—除沙旋流器　21—除沙器　22—曲筛
23—集渣桶　24、27　淀粉乳收集箱　25—渣汁水箱　29—淀粉乳罐　31—离心机　32—收集器
33—垂直活塞泵　34、43、46—螺旋输送器　35—喂料泵　36—松散器　37—管路　38—湿除尘器
39—风机　40—热交换器　41—旋风分离器　44—斗式提升机　45—旋转筛　47—半自动秤　48—缝包机

图 4-2　马铃薯淀粉生产线示意图

图 4-3　马铃薯淀粉生产线模拟图

4.2.3　典型的马铃薯淀粉生产工艺及方法

世界上第一家工业化的马铃薯淀粉加工厂是在19世纪初出现的，发展到今天，马铃薯淀粉的加工工艺呈现出多样化的趋势，但不论怎样变化，选择工艺过程时都必须考虑以下条件：使全过程能够连续迅速地进行，保证是在最低的原料、电力、水、蒸汽及辅助材料消耗条件下完成；同时还要考虑设备的操作和维修是否方便、工厂占地面积的大小、总投资的多少、生产规模以及生产过程中水的排放等诸多因素。以下是一些典型的马铃薯淀粉生产工艺和加工方法。

1. 离心筛法马铃薯淀粉生产工艺

离心筛法马铃薯淀粉生产工艺是一种具有代表性的传统生产工艺，具体流程见图4-4。首先进行马铃薯的清理与洗涤，由清理筛去除原料中的杂草、石块、泥沙等杂质，然后用洗涤机水洗薯块，经过两道磨碎机将薯块破碎后，经沉降离心机去除细胞液，所得淀粉乳经四级离心筛逆流洗涤，分离出纤维；再经沉降离心机分离细胞液水、过滤器滤出粗杂、除沙器除沙、离心筛分离未破碎的细胞；最后经过三级旋流器进行淀粉洗涤，获得的精制淀粉乳用真空吸滤机脱水并经气流干燥处理后，制得马铃薯淀粉成品。

此流程中纤维分离先经孔宽 $125\sim250\mu m$ 的粗渣分离筛，筛下含细渣的淀粉乳送至孔宽 $60\sim80\mu m$ 的细渣分离筛。这种粗、细渣分开分离的方法，可以减少粗、细渣上附着的淀粉和改善浆料的过滤速度。

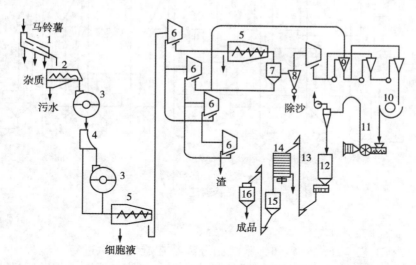

1—清理筛　2—洗涤机　3—磨碎机　4—曲筛　5—离心机　6—离心筛　7—过滤器　8—除沙器
9—旋流器　10—吸滤机　11—气流干燥　12—均匀仓　13—提升机
14—成品筛　15—成品仓　16—自动秤
图 4-4　离心筛法马铃薯淀粉生产工艺流程

2. 曲筛法马铃薯淀粉生产工艺

此工艺适合大规模生产企业，工艺流程见图 4-5。洗净的薯块在锤片式粉碎机上破碎，得到的浆料在卧螺离心机上分离出细胞液，再进入储罐用过程水稀释后泵入纤维分离洗涤系统。纤维分离洗涤共有 8 道曲筛。头 2 道曲筛用于分离出淀粉乳，剩下的筛上物是纤维和没有破碎的根块细胞，需经锉磨机再次磨碎，头 2 道曲筛用 46#卡普隆网。锉磨机磨下的物料被其他回流稀释后，进入第 3 道曲筛进行分级，筛下的淀粉乳回流到前道工序，筛上的纤维送到最后 5 道纤维洗涤曲筛；最后 5 道曲筛用 43# 卡普隆网，纤维经 5 道曲筛逆流洗涤后送往脱水工序，洗涤出来的淀粉乳送到前道工序。头 2 道曲筛分离出来的淀粉乳，经三足式离心机分离出细胞液水，再经筛孔更密的曲筛（64# 卡普隆网）筛选出细皮渣后，淀粉乳液进一步过滤，在除沙器里将残留在乳液中的微小沙粒除去，送往淀粉洗涤工序。淀粉洗涤由 3 级旋流器完成，洗涤得的精制淀粉乳，含杂质在 0.5% 以下（干基），干物质浓度为 34%~40%。精制淀粉乳经脱水干燥后获得成品。这种粗渣和细渣同时在曲筛上分离洗涤的工艺，可以大大降低用于筛分工序的水耗、电耗，简化工艺的调节，减少操作难度和设备维修量，改进淀粉质量，提高淀粉得率。

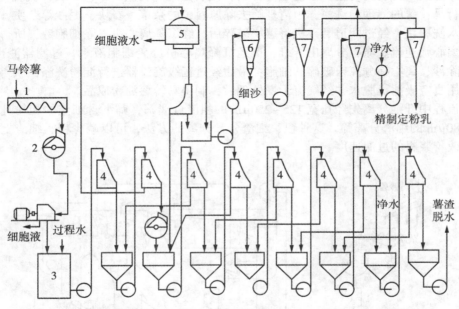

1—锤片式粉碎机　2—卧式沉降螺旋离心机　3—储罐　4—曲筛
5—螺旋离心机　6—脱沙旋流分离器　7—旋液分离器
图 4-5　曲筛法马铃薯淀粉生产工艺流程

3. 全旋流器法生产工艺

这是一种新工艺，纤维分离和细胞液的分离都在旋流器中进行，流程中一般安排有 13~19 级旋流器。图 4-6 为 13 级旋流器的工艺流程。薯块经清洗、称重后进入第一道粉碎机磨碎，没有充分磨碎的块茎经曲筛分离出稀浆后进入第二道粉碎机磨碎。磨碎的浆料经除沙器、过滤器处理后，输送到旋流器组进行纤维和细胞液分离。浆料进入旋流器组前，先用回流和清水调节到适宜的浓度。浆料是从第 4 级旋流器进入旋流器组的。第 4 级为分级旋流器，它将浆料分成溢流的浆渣和细胞液、底流的淀粉。底流淀粉进入后面的 9 级旋流器进行洗涤，逆流洗涤出来的浆料（淀粉、纤维、细胞液混合物）从第 5 级溢流出来，与第 4 级溢流汇合送到 1~3 级旋流器，以回收其中的淀粉。1~3 级旋流器回收的淀粉浆从第 3 级底流流入收集槽，纤维渣和细胞液的混合物从第 1 级旋流器的溢流口排出。此溢流物中干物质的含量约为 9%，一般将其浓缩干燥成饲料，或经发酵后制作蛋白饲料。为了加强重杂质的清除率，对第 12 级旋流器底流的淀粉乳用清水稀释后，用曲筛分离出残留的没有破碎的细胞，再经除沙器除沙后送入最后一级旋流器洗涤，获得的精制淀粉乳经脱水干燥后即为成品。

这一生产工艺特点是利用旋流器全部代替了曲筛、离心机和离心筛等设备，工艺设备种类少、体积小，节省车间占地面积，有利于自动化控制。采用这一新工艺只需要传统工艺用水量的5%，淀粉回收率可达99%。

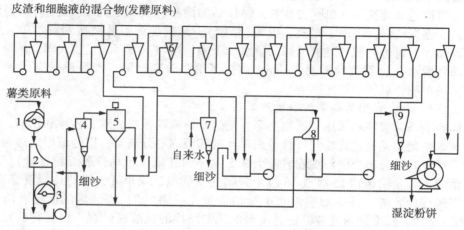

1，3—磨碎机　2，8—曲筛　4，7，9—脱沙旋流分离器
5—旋转过滤器　6—旋液分离器　10—脱水离心机
图4-6　全旋流器法马铃薯淀粉生产工艺流程

4.2.4　我国马铃薯淀粉生产工艺发展概况

1. 20世纪80年代初，我国马铃薯淀粉生产工艺

我国马铃薯淀粉工业起步较晚，20世纪70年代后期，设备仍停留在发达国家50年代水平，淀粉企业仍以生产粗淀粉为主。

20世纪80年代初，我国马铃薯淀粉生产设备主要依靠350型和600型卧式沉降离心机，再配套三级旋流站，分离淀粉乳和细胞液汁水，且采用开放式顺流生产工艺。例如：被粉碎的马铃薯浆料，经单杆螺旋泵输送到350型卧式沉降离心机分离细胞液汁水。被分离细胞液水排到车间外的沉降池。而浆料经带搅拌的叶片式螺旋输送机在输送过程中加入软水稀释，被稀释浆料送到单杆螺旋泵的泵前池子，再经单杆螺旋泵输送到二层楼面的四级离心筛逐级进行淀粉与纤维分离。被分离的渣浆垂直自流到一层楼面的四室池，每个池子装有单杆螺旋泵，分别向第二、第三、第四和废浆脱水筛输送渣浆。被这四级离心筛分离的粗淀粉乳液，分别自流到一层楼高位置分配器汇集，粗淀粉乳液浓度为1.5～2.0°Bé。汇集后的粗淀粉乳液经分配器阀门调整后，自流进入600型卧式沉降离心机分离可溶性物质。被分离细胞液水也排到车间外的沉降池。经卧式沉降离心机浓缩后的淀粉乳为22～25°Bé，自流到地下可以容纳5m³的带搅拌机池子，再加入旋流站送来的清液进行稀释，而被稀释淀粉乳为7～8°Bé，经离心泵输送到二层楼的细纤维离心筛，再次分离细纤维。被分离的淀粉乳液自流进入到3级旋流器配套的五室池的第一个池子（简称五室池）。经三级旋流站逐级洗涤、浓缩、提纯淀粉乳液。浓缩后的纯净淀粉乳浓度为18～20°Bé，再经离心泵输送到脱水单元脱水、干燥、均匀、筛理、包装入库。

2. 20 世纪 90 年代初，我国马铃薯淀粉生产工艺

磨碎后的马铃薯浆料，采用单杆螺旋泵输送到淀粉与纤维分离单元四级离心筛，进行逐级分离淀粉与纤维，该单元属于全封闭、逆流式淀粉与纤维分离工艺。分离出的淀粉乳为 3.5~4.5°Bé（取决于马铃薯淀粉含量）。粗淀粉乳液经消沫离心泵输送到 5 级旋流单元，进行逐级洗涤、浓缩、分离固体蛋白质和可溶性物质（细胞液汁水）。经旋流洗涤、浓缩排放的细胞液水中，淀粉含量几乎为"0"。使浓缩后的淀粉乳液浓度为 24~25°Bé，再经离心泵输送到旋流除沙机除去沙粒，除沙后的淀粉乳液被送到 15 级全封闭逆流旋流洗涤单元，逐级洗涤、浓缩、回收、提纯（精制）。经提纯淀粉乳被送到脱水单元带搅拌的乳液罐储存，再进行淀粉乳液稀释、脱水、干燥、均匀、筛理、包装入库。从马铃薯破碎到淀粉乳脱水全过程大约需要 35min，缩短了洗涤分离时间，产品质量有了一定的提高，工艺易控制，且质量稳定。

3. 21 世纪初，我国马铃薯淀粉生产工艺

被锉磨的马铃薯浆料采用调压离心泵，输送到旋流除沙机，除去沙粒和铁屑，浆料依靠压力进入全封闭逆流式淀粉与纤维分离单元的四级离心分离筛，以逆流形式逐级洗涤分离淀粉与纤维。被分离出的粗淀粉乳液为 3.5~4.5°Bé（取决于马铃薯淀粉含量）。粗淀粉乳液经消沫离心泵输送到 15 级或 16 级全封闭逆流旋流洗涤单元，进行逐级洗涤、浓缩、回收、提纯淀粉乳液。外排细胞液水中淀粉含量几乎为"0"。提纯后的淀粉乳液浓度为 24~25°Bé 之间，纯净淀粉乳被输送到脱水单元带搅拌的乳液罐储存。再进行淀粉乳液稀释、脱水、干燥、均匀、筛理、包装入库。从马铃薯破碎到淀粉乳脱水全过程大约需要 30min，这种工艺缩短了分离时间，产品质量有了进一步的提高。

4.2.5　马铃薯淀粉生产线规模的划分

马铃薯淀粉生产线规模大小，是按照每小时处理鲜马铃薯的数量来划分的。根据我国的实际情况，马铃薯淀粉生产线的规模划分，大致分为以下六个档次：

（1）小小型马铃薯淀粉生产线，每小时处理马铃薯鲜薯的数量小于 2t。

（2）小型马铃薯淀粉生产线，每小时处理马铃薯鲜薯 2~5t。

（3）中型马铃薯淀粉生产线，每小时处理马铃薯鲜薯 5~15t。

（4）大型马铃薯淀粉生产线，每小时处理马铃薯鲜薯 15~30t。

（5）超大型马铃薯淀粉生产线，每小时处理马铃薯鲜薯 30~50t。

（6）特大型马铃薯淀粉生产线，每小时处理马铃薯鲜薯 50t 以上。

上述各生产线规模的马铃薯处理情况如表 4-1 所示。

表 4-1　　　　　　　　　　　　**马铃薯淀粉生产线规模分类表**

序号	类型	每小时处理量（t）	每日（20h）处理量（t）	每生产期（100d）处理量（万吨）	每生产期（100d）淀粉产量（t）
1	小小	≤2	≤40	<0.4	<500
2	小	2~5	40~100	0.4~1	500~1200
3	中	5~15	100~300	1~3	1200~4000
4	大	15~30	300~600	3~6	4000~7000
5	超大	30~50	600~1000	6~10	7000~12000
6	特大	>50	>1000	>10	>1200

◎ 观察与思考

1. 了解我国马铃薯淀粉生产线的主要类型。
2. 了解马铃薯淀粉生产工艺的发展概况。
3. 了解马铃薯淀粉生产离心筛法、曲筛法、全旋流器法等典型生产工艺流程及设备。
4. 了解马铃薯淀粉生产离心筛法、曲筛法、全旋流器法等典型生产工艺特点。

4.3 大型精制马铃薯淀粉生产线的设计

4.3.1 工艺流程

大型精制马铃薯淀粉生产线示意图如图4-7所示。

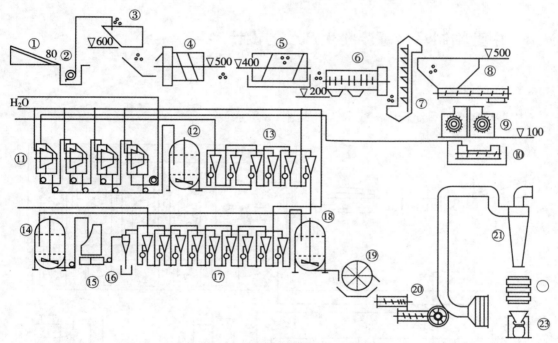

1—上料平台　2—马铃薯泵　3—储料仓　4—除石机　5—提升清洗机　6—滚筒清洗机
7—斗式提升机　8—匀料贮仓　9—锉磨机　10—螺旋泵　11—4级离心筛组　12，14，18—储浆罐
13—6级脱汁旋流站　15—压力曲筛　16—除沙器　17—9级精制旋流站　19—真空脱水机
20—扬料系统　21—气流干燥机　22—平摇成品筛　23—阀口式包装机

图4-7　大型精制马铃薯淀粉生产线示意图

4.3.2 工艺特点

适用于以马铃薯为原料加工高品质淀粉。

（1）封闭的生产系统：所有设备和储罐均为封闭形式，相互间靠管道连接，没有敞开的装置，这样可以确保生产线有良好的性能和清洁卫生的环境；

（2）全自动化设计：产品生产周期短，原料从清洗到出产品只要十多分钟，省时省力。产品的品质也更有保证，如其中的在线清洗功能，能使整个生产系统（包括全部管道）被迅速彻底地清洗，节省人力，而且确保了淀粉的品质；

（3）先进的设备及工艺：设备以优质钢材为主，设计先进，单条生产线处理能力达每小时 35t 马铃薯以上；

（4）耗水量低：生产每吨淀粉消耗水 2~3t，相比传统设备每吨淀粉耗水 15~25t 要节约大量水耗；

（5）工艺提取率高：16 级旋流器组逐级逆流洗涤，合理的工艺设计使淀粉的提取率高达 95% 以上，成品淀粉符合淀粉质量优级标准。

◎ 观察与思考
1. 了解大型精制马铃薯淀粉生产线的工艺流程。
2. 了解大型精制马铃薯淀粉生产线的工艺特点。

4.4　中型精制马铃薯淀粉生产线的设计

4.4.1　工艺流程

中型精制马铃薯淀粉生产线示意图如图 4-8 所示。

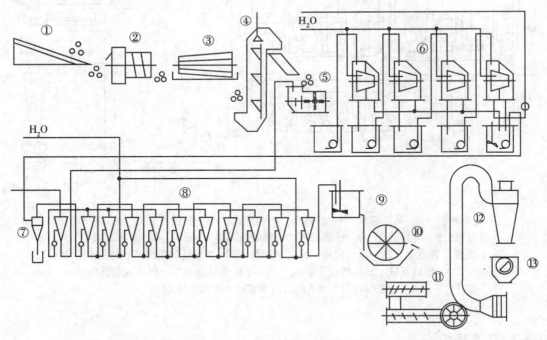

1—上料平台　2—除石机　3—清洗机　4—提升机　5—联合解碎机　6—4 级离心筛组　7—除沙器
8—11 级旋流站　9—高位储浆桶　10—真空脱水机　11—扬料系统　12—气流干燥机　13—成品筛

图 4-8　中型精制马铃薯淀粉生产线示意图

4.4.2 工艺特点

流程的基本原理是将马铃薯块粉碎，洗涤粉碎的淀粉糊浆和清洗淀粉颗粒以除去可溶性和不溶性物质，得到纯净的淀粉。

配置相对较低，可以完成从原料清洗到成品包装整个生产过程，淀粉质量较稳定，设备以普通钢材为主。

◎ 观察与思考

1. 了解中型马铃薯淀粉生产线的工艺流程。
2. 了解中型马铃薯淀粉生产线的工艺特点。

4.5 小型马铃薯淀粉生产线的设计

4.5.1 小规模生产的必要性

每小时处理 5t 以下的小小型和小型马铃薯淀粉生产线，统称为小型马铃薯淀粉生产线。

在我国北方的一些地区，由于其地理、气候条件特别适合种植马铃薯，所以许多农户都种植了大面积的马铃薯。有的地方，仅一个村(屯)的马铃薯种植面积，就在 $133.3hm^2$ (2000 亩)以上，总产量达 4000t 左右。这么多的马铃薯，如果全部外运售给较大的马铃薯淀粉生产企业，则需要大量的劳动力和运输力，这对农户来说无疑是一项相当大的浪费。如果能在马铃薯种植较集中的村(屯)，建设适当规模的小型马铃薯淀粉生产线，则不仅可以节省农户的马铃薯运费，还可以实现大宗农副产品的就地加工增值。

鉴于以往农村自发的马铃薯淀粉生产作坊，缺乏正规和系统的指导，常常造成产品粗放、质量低下与售价不高，以及收益偏低等现象。因此，必须把马铃薯淀粉的小规模生产摆在应有的位置，对它加强技术指导和帮助，积极改善其机械设备条件，提高生产技术水平，创造良好的经济效益，使它在社会主义经济生产的百花园中，发出绚丽的光彩。

4.5.2 工艺流程

马铃薯淀粉小型生产线的基本工艺，与马铃薯淀粉的一般生产线大致相同。它的工艺流程如图 4-9 所示。

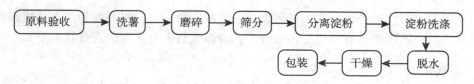

图 4-9 小型马铃薯淀粉生产线流程图

(1)洗涤和磨碎：马铃薯的洗涤工序是在洗涤机内进行。清除夹杂的泥、石块、茎叶和黏附在马铃薯表面的泥沙等杂质，用水量大约为原料的 5 倍，经过洗涤后，送至磨碎机处理。使用的磨碎机有齿板型和锤击型两种。

（2）筛分：经过磨碎后的马铃薯糊要进行筛分。传统的方法是使用平摇筛，现代马铃薯淀粉厂都采用离心筛。在筛分过程中要加水洗涤，筛下物为淀粉乳，筛上渣子进行第二次筛分，回收部分淀粉，清洗后的淀粉渣子可作为饲料。

（3）流槽分离和清洗：从筛分工段来的淀粉乳先在流槽内分离蛋白质等杂质，再在清洗槽内进行清洗。从流槽中分出带有淀粉的黄浆水送入流槽回收淀粉，再经清洗槽得到次淀粉。

（4）脱水干燥：淀粉清洗后，含水分很高，必须用离心机脱水，得到含水分为 45% 的湿淀粉，并经气流干燥机干燥到平衡水分为 20% 的干淀粉。

4.5.3　工艺特点

适用于以马铃薯为原料的小规模淀粉加工，实用型淀粉生产线。该工艺投资小，淀粉质量较高，工艺简单，不用酸浆法。

1. 设备小型，工艺简化

用于小型马铃薯淀粉生产线的机器和设备，其规格尺寸大多已经被压缩到了最小型的程度。因而更能适合小型生产的特点，满足小型生产的需要。但是，如果规格尺寸低于一定的程度，其生产加工能力将会明显地下降，并会造成能量消耗与产品产量间的不佳性——产耗比偏低，以及资金投入和产品产量、产值与利润间的比值下降——投入产出比偏低。所以，生产线设备的缩小与简化，必须掌握在一定的范围之内。

小型马铃薯淀粉生产线，不仅在机器和设备的规格上有所缩小，而且其工艺也简化多了。马铃薯淀粉小型生产线，一般都不设置水处理、亚硫酸制备、废水回收和小颗粒淀粉的机械捕收工作。

2. 产品总体品质要求有所放宽

马铃薯淀粉小型生产线产品的市场对象，主要是广大城乡的商业用户，大多用于零散的食品加工和餐饮等行业。因此，马铃薯淀粉的个别质量指标有所降低。其主要降低的指标为白度，一般可以低到 90% 以下。其他指标如灰分、细度和斑点等方面的要求也可有一些降低。这就使小型马铃薯淀粉生产自行产生松弛，一般一级品率可以降到 75% 以下。

3. 主要工序被压缩或合并

由于放宽了对淀粉产品的品质要求，所以小型马铃薯淀粉生产线的工序可以被压缩或合并。有的干脆被取消。

4. 要求操作人员一专多能

由于整个生产线简化，操作人员可以适当酌减，由一人一机制改为一人两机制或多机制。操作人员已经不再是有专门工种的分工，可以实行一专多能的人员技术形式。

4.5.4　设备配置

小型淀粉初加工厂的全套设备是综合国内外马铃薯加工先进设备，取其精华，通过设计、制造和不断地试用、改进，最终定型了一系列小型马铃薯淀粉初加工设备，其特点是出粉率高、好操作。整套设备包括：洗薯机、螺旋输送机、分料机、锉磨机、浆渣分离机、搅拌机等一套生产线。

与马铃薯淀粉的一般规模生产线相比，马铃薯淀粉小型生产线的机械设备，其配置情况有许多不同之处，变得更加简化和实用。主要表现在以下多个方面：

①取消了捞草机械；

②将除石和洗涤合并在一台机械上进行，洗涤时间可能适当缩短；

③个别工艺将解碎与初筛分予以合并；

④将脱汁和精制合到一起，并把精制洗涤的强度予以减弱；

⑤在采用小型全旋流工艺时，将除渣、脱汁和精制合为一体，并适当减少旋流站的级数；

⑥取消气流干燥系统的回收器；

⑦改蒸汽锅炉为明火热风炉或其他热源；

⑧实行人工称量和包装；

⑨没有或少有质检化验设备。

◎ 观察与思考

1. 了解小型马铃薯淀粉生产线的工艺流程。

2. 了解小型马铃薯淀粉生产线的工艺特点。

3. 了解小型马铃薯淀粉生产线的设备配置。

第5章　马铃薯淀粉品质的检验与分析

◎ **内容提示**

本章主要介绍马铃薯淀粉样品的采集及处理、样品的扦取及处理、淀粉检验程序和检验用量、检验内容、方法、检验结果计算及记录等淀粉品质检验与分析的基础知识；滴定分析法、溶液浓度选择、溶液浓度的换算及混合稀释方法等马铃薯淀粉品质检验与分析的基本方法；学会电子天平、数字式白度仪、蛋白质测定仪(凯氏定氮仪)、黏度计、圆盘旋光仪、波美度计、箱式电阻炉等马铃薯淀粉检验常用仪器；学会马铃薯淀粉等级分析、马铃薯淀粉含量的检验、马铃薯淀粉清洗后的损伤率分析、马铃薯淀粉蛋白质的测定、马铃薯淀粉脂肪的测定、马铃薯淀粉二氧化硫的测定、马铃薯淀粉微生物的检验、马铃薯淀粉感官检验等马铃薯淀粉品质检验与生产质量的控制方法。

淀粉品质检验，是生产中的重要环节，起着指导生产和促进生产的作用，是及时消除生产故障、提高产品收率、降低单位消耗、保证产品质量的重要手段。

淀粉品质检验分析的要求是准确、及时。准确是指按照国家规定的淀粉质量标准和检验方法，正确操作，准确运算，严格控制，保证产品质量；对各种原料、材料、半成品也要按检验项目认真进行，保证结果的准确可靠。及时是指对原材料、半成品、成品的检验分析应尽快完成，以保证生产中及时改进，促进生产技术水平的不断提高。

5.1　淀粉品质检验与分析的基础知识

淀粉品质检验与分析是集感官检验、仪器检验和分析技术为一体的一门科学，要求检验人员具备多学科理论知识、技术技能及生产经验。工作中要求做到严肃认真、耐心细致、实事求是、快速准确。

5.1.1　样品的采集及处理

1. 样品的采集

（1）采样。

由于产品数量较大，故不能对全部产品进行检验，必须从整批产品中抽取一定比例的样品进行检验。在大量产品中抽取一部分有一定代表性的样品，供分析化验用，这项工作称为采样。

（2）正确采样的意义。

产品的组成是复杂多样，且组成及其分布有时不均匀。采集的样品是决定整批产品质量的主要依据，因此，样品的正确采集是淀粉品质检验与分析的一个非常重要的环节。如果采样方法不正确,试样不具有代表性,则一系列检验工作无论操作如何细心,结果如何精密,检验分析结果都将毫无意义,甚至可能导致得出错误的结论,造成重大经济损失以至危及消费者健康和生命。采样时必须注意样品的均匀性,以确保所采样品具有代表性。

(3)正确采样遵循的原则。

①采集的样品要均匀、有代表性,能反映全部被检食品的组成、质量和卫生状况。

②采样过程要设法保持原有的理化指标,防止成分(如水分、气味、挥发性酸等)的逸散或带入杂质,防止待测成分发生化学变化或丢失及被污染。

(4)采样步骤。

样品通常可分为检样、原始样品和平均样品。采集样品的步骤一般分五步,依次如下:

①获得检样:从整批原料或产品的各个部分最初抽取的样品称为检样。检样的量按产品标准的规定。

②形成原始样品:把许多份检样综合在一起称为原始样品。原始样品的数量是根据满足质量检验的要求而定的。

③得到平均样品:将原始样品按照规定方法经混合平均,均匀地分出的一部分供分析检验用的样品称为平均样品。

④平均样品三等分:将平均样品平分为三份,分别作为检验样品(供分析检测)、复验样品(作复检用)和保留样品(需封存保留一段时间,通常一个月),以备对检验结果有争议或分歧时再作验证。每份样品数量一般不少于0.5kg。

⑤填写采样记录:采样记录要求详细填写采样的单位、地址、日期,样品的名称、批号、编号,采样的条件、数量、方法、包装情况以及检验目的、项目、采样人。

2. 样品的扦取及处理

(1)扦样工具。

扦样工具有扦样器、取样铲、容器等。

(2)扦样方法。

①单位代表数量:扦样时,以同种类、同批次、同等级、同货位、同车船(舱)为一个检验单位。一个检验单位的代表数量规定:中、小粒粮食和油料一般不超过200t,特大粒粮食和油料一般不超过50t。

②散装扦样法:散装的粮食、油料,根据堆形和面积大小分区设点,按堆粮的高度分层扦样,步骤及方法如下:

a. 分区设点。每区面积不超过50m²,各区设中心、四角五点。区数在两个和两个以上的,两区界线上的两个点为共有点(两个区共8个点,3个区共11个点,以此类推)。粮堆边缘的点设在距边缘约50cm处。

b. 分层。堆高在2m以下的,分上、下2层;堆高在2~3m的,分上、中、下3层,上层在粮面下10~20cm处,中层在粮堆中间,下层在距底部30cm处;如遇堆高在3~5m时,应分4层;堆高在5m以上的酌情增加层数。

c. 扦样。按区按点,先上后下逐层扦样。各层扦样数量要一致。

d. 扒堆法。散装的特大粒粮食和油料(花生果、大蚕豆、甘薯片等),采取扒堆的方法,参照"分区设点"的原则在若干个点的粮面下10~20cm处,不加挑选地用取样铲取出具有代表性的样品。

③包装扦样法：

a. 中、小粮粒和油料取样。中、小粮粒和油料扦样包数不少于总包数的 5%，小麦粉扦样包数不少于总包数的 8%，扦样的包点要分布均匀。扦样时，用包装扦样器槽口向下，从包的一端斜对角插入包的另一端，然后槽口向上取出。每包扦样次数一致。

b. 特大粮粒和油料取样。特大粮粒和油料(如花生、果仁、葵花子、蓖麻子、大蚕豆、甘薯片等)取样包数：200 包以下的取样不少于 10 包，200 包以上的每增加 100 包增取 1 包。取样时，采取倒包和拆包相结合的方法。倒包按规定取样包数的 20%，拆包按规定取样包数的 80%。

c. 倒包。先将取样包放在洁净的塑料布或地面上，拆去包口缝线缓慢地放倒，双手紧握袋底两角，提起约 50cm 高。拖倒约 1.5m 全部倒出后，从相当于袋的中部和底部用取样铲取出样品。每包、每点取样数量一致。

d. 拆包。将袋口缝线拆开 3~5 针，用取样铲从上部取出所需样品，每包取样数量一致。

④流动粮食扦样法：机械输送粮食、油料的取样，先按受检粮食、油料数量和传送时间，定出取样次数和每次应取的数量，然后定时从粮流的中点横断扦取样品。

⑤零星收付粮食、油料取样法：零星收付(包括征购)粮食、油料的扦样，可参照以上方法，结合具体情况，灵活掌握，务必使扦取的样品具有代表性。

⑥特殊目的的取样：如粮情检查、害虫调查、加工机械效能的测定和出品率试验等，可根据需要扦样。

（3）分样方法。

将原始样品充分混合均匀，进而分取平均样品或试样的过程，称为分样。分样的方法有四分法和分样器法。

①四分法。将原始样品充分混合均匀后堆集在清洁光滑平坦的玻璃板上，用两块分样板将样品摊成圆形，然后从样品左右两边铲起样品约 10cm 高，对准中心同时倒落，再换一个方向同样操作(中心点不动)。如此反复混合四五次，将样品堆成等厚的圆形，压平成厚度在 3cm 以下，用分样板在样品上画"十"字线，分成 4 个三角形，取出其中两个对顶三角形的样品，剩下的样品再按上述方法反复分取，直至最后剩下的两个对顶三角形的样品接近所需试样重量为止。即得到平均样品(图 5-1)。

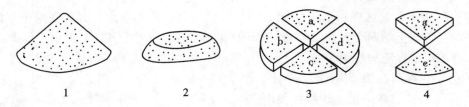

图 5-1　四分法示意图

②分样器法。分样器适用于中、小粒样品分样，分样器由漏斗、分样格和连接斗等部件组成，样品通过分样格被分成两部分。

分样时，将清洁的分样器放稳，关闭漏斗开关，放好接样斗；将样品从高于漏斗口约5cm 处倒入漏斗内，刮平样品，打开漏斗开关，待样品流尽后，轻拍分样器外壳，关闭漏斗开关；再将两个连接斗内的样品同时倒入漏斗内，继续照上法重复混合两次。以后每次用一个接样斗内的样品按上述方法继续分样，直至一个接样斗内的样品接近需要试样重量为止。

5.1.2 淀粉检验程序和检验用量

检验程序及用量见图 5-2。

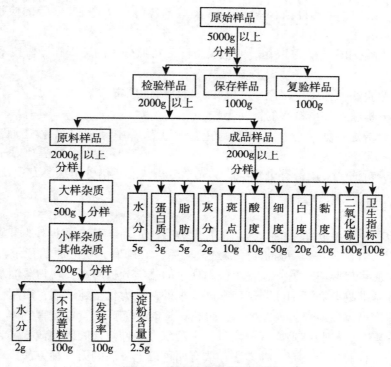

图 5-2　检验程序和检验用量

5.1.3 检验内容、方法

1. 检验内容

检验工作是淀粉厂控制产品质量的重要手段。检验对象包括原料检验、辅料检验、中间产品检验、主产品和辅产品质量检验。检验内容有质量检验、工艺品质检验和卫生检验。

（1）质量检验。

①物理性质如色泽、气味、口感、发芽率、纯粮率、白度、斑点、细度等。

②营养成分如水分、淀粉含量、蛋白质、脂肪、纤维等。

③加工质量如感官指标、灰分、二氧化硫、酸度、白度、细度、斑点、水分、蛋白

质、脂肪等。

④流变学特性如黏度等。

⑤异、杂物等如大样杂质、小样杂质、斑点等。

（2）工艺品质检验。

指对加工工艺和生产产品质量有直接影响的品质检验。如薯类淀粉含量、纯质率、水分、角质率、H_2SO_3 浓度、精淀粉乳浓度、湿淀粉含水量、副产品收率、副产品中淀粉含量、淀粉乳非淀粉成分检验、生产设备的工艺指标测定等。

（3）卫生检验。

卫生检验包括有害元素（如砷、铅）、农药残留、添加剂（如 SO_2）、残留溶剂、生物毒素（如霉菌、杂菌、大肠杆菌、致病菌）、熏蒸剂残留、放射性物质等的检验。

2. 检验方法

根据检验对象和内容，采取相应的检验方法。按照分析的原理和操作技术，可将检验方法分为 4 种。

（1）感官检验法：如斑点、色泽、气味、口感等的鉴定。

（2）物理分析法：如出粉率的检验等。

（3）化学分析法：如水分、灰分等为重量分析法，中和法、氧化-还原法、综合法、沉淀法为滴定分析法。

（4）仪器分析法：常用的有电化学法、光学分析法、色谱分析法、专项仪器法等。

5.1.4　检验结果计算及记录

各个检验项目中检验结果的计算，在有效数字确定后，其余数据按"四舍六入，逢五奇进偶舍"的规则进行取舍。每批样品经过检验后，必须有完整的原始记录，并按照检验结果准确填写质量检验单。另外，各个检验项目的化学分析用水，均为蒸馏水；化学分析所用试剂，除基准物质和特别注明试剂纯度要求外，均为化学纯试剂；所用仪器尽量采用定型产品，非定型仪器应符合误差要求。分析试样时，如产生有毒有害气体，要在通风橱内进行，确保安全。检验结果如有争议时，甲乙双方的仲裁检验以仲裁方法为准。仲裁检验原则是：一个检验项目只有一种方法，或有两种以上方法的第一种方法。

◎ 观察与思考

1. 了解淀粉品质检验中样品的采集及处理方法。

2. 了解淀粉品质检验中采样应遵循什么原则。

3. 了解淀粉品质检验内容。

5.2　淀粉检验与分析的基本方法

5.2.1　滴定分析法

滴定分析法（容量分析法）是根据化学反应进行分析的方法。例如，将一定体积的盐酸放入锥形瓶内，用滴定管把氢氧化钠标准溶液逐滴加入，这样的操作称为滴定。滴定过程中发生的反应为：

$$HCl+NaOH === NaCl+H_2O$$

根据等物质的量反应规则：

$$HCl\ 物质的量 === NaOH\ 物质的量$$

滴定分析就是运用这种滴定的方式，根据标准溶液的浓度和消耗的体积，计算被测物质的含量，这是定量分析的重要方法之一。这种方法的主要特点是加入滴定剂的量，与被测定物的量符合化学计量关系，反应进行得迅速，且不产生干扰反应。为判断反应终点的到达需加入指示剂，这种方法快速准确，操作方便。目前淀粉及其副产品各项理化指标的检验，主要采用滴定分析法。滴定分析法一般分为：酸碱滴定法（如蛋白质含量及酸度等的测定）、氧化还原滴定法（如二氧化硫含量的测定）、沉淀滴定法和络合滴定法。

5.2.2 溶液浓度选择

在一定量的溶液或溶剂中，所含溶质的量，叫做溶液的浓度。淀粉检验常用以下几种浓度的溶液。

1. 物质的量浓度

物质的量浓度是指 1L 溶液中所含溶质的物质的量，单位是 mol/L。

$$物质的量浓度\ C(mol/L) = \frac{溶质的物质的量\ n(mol)}{溶液的体积\ V(L)}$$

物质的量可用下式进行计算：

$$物质的量(mol) = \frac{物质的质量(g)}{摩尔质量(g/mol)}$$

物质的量的单位是摩尔。如果一个物质中所包含基本单元数目是 6.02×10^{23} 个时，这个数量叫做 1mol。

摩尔质量是 1mol 物质的质量，单位是 g/mol。摩尔质量在数值上等于元素的原子量或相对分子量质量。

2. 百分比浓度

用溶质占全部溶液的百分比表示的浓度，为百分比浓度。淀粉检验常用的百分比浓度有 3 种：

（1）质量与体积百分比浓度%(m/V) 如 4%磷钨酸溶液，是指 100mL 溶液中含纯净磷钨酸 4g。

（2）体积与体积百分比浓度%(V/V) 如 75%酒精溶液，是指 100mL 溶液中含有无水酒精 75mL。

（3）质量与质量百分比浓度%(m/m) 系指 100g 溶液中含溶质的克数。如 36%的浓盐酸，就是在 100g 盐酸溶液中，含氯化氢 36g 和水 64g。

3. 体积比浓度

将一种液体试剂进行稀释或将两种液体试剂相互混合，常用体积比浓度表示。如1∶1甲醛溶液，指 1 体积的原装甲醛与 1 体积水混合。在没有指明具体溶剂时，溶剂均指水。

5.2.3　溶液浓度的换算及混合稀释方法

1. 物质的量浓度与百分比浓度的换算

这两种浓度可通过密度进行换算，密度的单位是 g/mL。

$$溶液的密度(g/mL) = \frac{溶液的质量(g)}{溶液的体积(mL)}$$

溶液的质量(g)=溶液的体积(mL)×溶液的密度(g/mL)。而溶液的密度(或比重)在化学手册中是可以查到的。由下列公式便可进行两种溶液浓度的相互换算:

$$物质的量浓度 \ C = \frac{d \times 1000 \times 浓度\%}{M}$$

$$百分比浓度 \quad 浓度\% = \frac{C \times M}{d \times 1000}$$

式中:C——物质的量浓度(mol/L);

　　　d——溶液的密度或比重(g/L);

　　　M——摩尔质量(g/mol);

　　　浓度%——百分比浓度(%)。

2. 溶液的稀释和混合

根据溶质质量守恒规律得知:

$$稀释前溶质的质量 = 稀释后溶质的质量$$
$$混合前溶质总量 = 混合后溶质的量$$

(1)物质的量浓度按下式稀释或混合。

$$C_{浓} \times V_{浓} = C_{稀} \times V_{稀}$$
$$C_1 \times V_1 + C_2 \times V_2 = C_{混} \times V_{混}$$

式中:C——物质的量浓度(mol/L);

　　　V——溶液体积。

(2)百分比浓度按下式稀释或混合。

$$W_{浓} \times 浓度\%_{浓} = W_{稀} \times 浓度\%_{稀}$$
$$W_1 \times 浓度\%_1 + W_2 \times 浓度\%_2 = (W_1 + W_2) \times 浓度\%_{混}$$

式中:W——溶液质量(g)。

(3)如果溶液由另一种特定溶液稀释配制,应按照下列惯例表示。

①"稀释 $V_1 \rightarrow V_2$"表示将体积为 V_1 的特定溶液以某种方式稀释,最终混合物的总体积为 V_2。

②"稀释 $V_1 + V_2$"表示将体积为 V_1 的特定溶液加到体积为 V_2 的溶剂中(溶剂如不特指均为水)。

◎ 观察与思考

了解马铃薯淀粉品质检验分析中滴定分析法、溶液浓度类型选择、溶液浓度的换算及混合稀释等基本方法。

5.3 淀粉品质检验常用仪器

淀粉品质检验与分析的目的，不仅仅是得出检验结果，更重要的是将检验结果快捷反馈到生产车间，对生产工艺进行更有效的控制和调整，从而达到控制产品质量的目的。在检验工作中，除检验感官指标外，都离不开仪器装备。

马铃薯淀粉生产企业所应具备的主要检验设备，一般有分析天平、数字式白度仪、蛋白质测定仪、黏度计、圆盘旋光仪、波美度计、箱式电阻炉、电热干燥箱以及蒸馏水发生器、电炉、水浴锅、温度计与各种玻璃器皿等。

5.3.1 电子天平

电子天平是最新一代的天平，是根据电磁力平衡原理，直接称量，全量程不需砝码。放上称量物后，在几秒钟内即达到平衡，显示读数，称量速度快，精度高(图5-3)。

图5-3 电子天平

电子天平的使用方法。

(1)水平调节。观察水平仪，如水平仪水泡偏移，需调整水平调节脚，使水泡位于水平仪中心。

(2)预热。接通电源，预热至规定时间后，开启显示器进行操作。

(3)开启显示器。轻按 ON 键，显示器全亮，约 2s 后，显示天平的型号，然后是称量模式 0.0000g。读数时应关上天平门。

5.3.2 数字式白度仪

数字白度计可用于纸类、化学品、医药品、面粉淀粉、食盐、棉花化纤、日用化工、塑料原料等材料的 R457 白度、荧光白度、明度、透明度、不透明度、光散射系数、光吸收系数等光学性能的测定(图 5-4)。

图 5-4　数字白度计

1. 工作原理

白度测定仪利用测光积分球实现绝对光谱漫反射率的测量。其光电原理为由卤钨灯发出光线，经聚光镜和滤色片组成蓝紫色光线，进入积分球光线在积分球内壁漫反射后，照射在测试口的试样上，由试样反射的光线由硅光电池接收，转换成电信号。另有一路硅光电池接收球体内的基底信号，两路电信号分别放大，混合处理，得到测定结果。

2. 使用方法

(1)接通电源打开在仪器后面的电源开关，黑筒放在测量空上用仪器调零电位器调零，待仪器零位稳定后，取下黑筒，放上标准白度板用仪器校标电位器调整标准白度值。

(2)仪器校准后取下标准白度板，即可进行对所需要测量的样品进行测量，获得所需要的白度值。

3. 维修保养

(1)仪器使用完毕应及时关闭电源，使仪器保持清洁，干燥。请勿在潮湿，多尘的环境下使用。

(2)对于粉末或细小颗粒状样品，则应将样品盛放在粉末器中，用表面干净光洁的玻璃板将样品表面压平。由于不同的测试条件会带来不同的测试结果。所以，要想建立同类样品之间的白度值关系，则须统一规定测试样品的取样方法。包括重量、粒度及压紧方法，使样品之间有相近似的密度和表面平整度。

5.3.3　蛋白质测定仪(凯氏定氮仪)

蛋白质测定仪是根据蛋白质中氮的含量恒定的原理，通过测定样品中氮的含量从而计算蛋白质含量的仪器(图5-5)。主要用来检测粮食、食品、乳制品、饮料、饲料、土壤、水、药物、沉淀物和化学品等中的氨氮、蛋白质氮等含量。

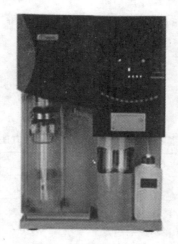

图5-5　蛋白质测定仪

1. 工作原理

蛋白质测定仪主机采用蒸气自动控制发生器,在液位稳压器的配合下,使蒸气在数十秒时间内平稳输出供蒸馏器使用。第一执行机关控制下的碱液流经蒸馏管进入定量消化管,使固定在酸液里的氨在碱性条件下挥发。第二执行机关控制下的蒸气对碱性条件的试样再进行蒸馏,使氨彻底挥发,挥发的氨被冷凝器冷凝下来,完全地被固定在硼酸之中,然后用标准酸对其滴定到终点,计算出氮的含量,再乘以换算蛋白质的系数得出蛋白质的含量。

2. 操作方法

(1)称取样品于消煮管内,加入硫酸、硫酸铜、硫酸钾,上消煮炉加热消煮,待消煮化解完全后取下冷却,而后消煮管内加入10mL蒸馏水稀释样品并释放热量冷却备用。

(2)按消煮样品时加入硫酸量计算出需加入氢氧化钠的量,根据计算量设定加碱时间(秒)。根据三角瓶内约加30mL吸收液,计算设定加硼酸时间。打开仪器电源开关。

(3)将空三角瓶放在三角瓶托盘上,此时托盘处在高位;把装有样品的消煮管放在消煮管托盘上,要与上端的橡胶塞装紧。

(4)按[启动]键,仪器开始自动向三角瓶中加硼酸,向消煮管内加碱。而后进入蒸馏状态,待三角瓶中冷凝液达到预定体积量时,三角瓶托盘落下,再蒸馏12s后蒸馏停止工作,发出提示声响。

(5)取下三角瓶,用酸滴定管滴定三角瓶中的液体至终点。按含氮量——粗蛋白质含量公式进行计算,取得测定结果。

3. 维护及保养

(1)仪器应安装在符合上述安装条件的地方使用,且通风良好。仪器内有热源,同时又有计算机工作,所以应有良好的散热条件。

（2）仪器前部液槽中若积有液体请擦净。

长期使用后在加热器上会结有水垢，影响加热效率，若水垢过厚，在关机状态下断电，可将蒸汽发生器上的一个旋塞，管口插入一个小漏斗，注入除垢剂或冰醋酸清洗水垢（也可用稀释后的硫酸）。清洗后打开机箱内蒸汽发生器排水截门将水排净，并加入清水多次清洗。

（3）碱液桶、加酸液桶应定期清理沉淀物并洗净。

4. 常见故障及排除方法

蛋白质测定仪常见故障及排除方法见表5-1。

表 5-1　　　　　　　　　　　蛋白质测定仪常见故障及排除方法

故障部位	故障现象	故障原因	排除方法
加碱部分	不能加碱	碱液太少，进液管离开液面	加碱液
	碱桶无压力，桶不鼓起	1. 碱桶管路或桶盖有漏气或密封不严的地方	密封漏气处或更换管路
		2. 气泵漏气或损坏	更换气泵管路或更换新气泵
	碱桶有压力，但不能加碱	1. 电磁阀电源未接通	断电后检查电磁阀接线
		2. 电磁阀内部碱结晶堵塞管路	拆开电磁阀底座清洗内部
加酸部分	不能加酸	酸液太少，进液管离开液面	加酸液
	酸液桶无压力，桶不鼓起	1. 酸液桶管路或桶盖有漏气或密封不严的地方	密封漏气处或更换管路
		2. 气泵漏气或损坏	更换气泵管路或更换新气泵
	酸液桶有压力，但不能加酸	电磁阀电源未接通	断电后检查电磁阀接线
自动部分	液晶屏显示乱码	设备周围有较强电磁对处理器造成干扰	按复位键或关电源后重新开机操作
	程序自动运行时出现失控现象	设备周围有较强电磁对处理器造成干扰	按复位键或关电源后重新开机操作
测定部分	测定值不稳定或过高	蒸馏器不干净	将蒸馏器内水排出，清洗蒸馏器内部
		消煮管内液体过多，有部分碱液进入蒸馏系统中	放上空消煮管，开机蒸馏清洗整个系统

5.3.4　黏度计

黏度计是采用高细分驱动步进电机、16位微电脑处理器和带夜视功能液晶屏的数字显示式黏度计。该仪器转速平稳、精确，按键标示明确，程序化设计，操作简便，屏幕直接显示黏度、转速、百分计标度、转子号以及所选用转子在当前转速下可测的最大黏度值。主控板、细分驱动板全部采用贴片技术，电路设计采用目前最先进微电脑处理器，结构布局合理紧凑。提供 RS232 接口，打印间隔可由用户自行设置。该仪器满量程、各挡线性度全部通过 PC 接口进行计量校正，其性能、功能达到国外同类型先进水平(图 5-6)。

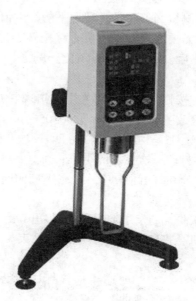

图 5-6　黏度计

1. 工作原理

如图所示，以高细分驱动步进电机带动传感器指针，通过游丝和转轴带动转子旋转。如果转子未受到液体的阻力，游丝传感器指针与步进电机的传感器指针在同一位置。反之，如果转子受到液体的黏滞阻力，游丝产生扭矩与黏滞阻力抗衡，最后达到平衡。这时分别通过光电传感器输出信号给 16 位微电脑处理器进行数据处理，最后在带夜视功能液晶屏幕上显示液体的黏度值(mPa·s)。

2. 操作步骤

(1)机器一定要保持水平状态。

(2)将转子保护框架装在黏度计上(向右旋入装上，向左旋出卸下)。

(3)将选用的转子旋入连接螺杆(向左旋入装上，向右旋出卸下)。

(4)开机，步进电机开始工作。

(5)输入选用转子号：每按转子键一次，屏幕显示的转子号相应改变，并在 1→2→3→4→0→之间循环，当屏幕显示为所选用的转子号时，即完成输入。

(6)选择转速：每按转速键一次，屏幕显示的转速相应改变，并在其技术规格所确定的转速范围内(如：6.0→12.0→30.0→60.0→等)循环，当屏幕显示为所选用的转速时，即完成转速选择。用于 SNB-系列的选择转速：按转速键屏幕会出现 60(或 60.0)，并在

"6"字符上不断闪烁，这时可以通过按数字增加键或减少键来设置转速的十位数；然后通过按向右移位键可逐位移向个位数及小数点后的十分位数，若需反向移位时，则通过按向左移位键来完成；采用相同于上述十位数的设定方法可完成其他位的数值设定，转速设定完毕后，按转速键确认。

(7)旋动升降架旋钮，使黏度计缓慢地下降，转子逐渐浸入被测液体当中，直至转子上的标记与液面相平为止。调整黏度计位置至水平。

(8)按测量键，即可同时测得当前转子、转速下的黏度值和百分计标度。

(9)在测量过程中，如果需要更换转子，可直接按转子键，此时电机停止转动，而黏度计不断电。当转子更换完毕后，重复以上第(6)至(8)条即可继续进行测量。

(10)打印。

①先选择打印时间间隔：按打印键，屏幕左下方出现 S:00:05，每按打印键一下屏幕显示的打印时间间隔参数相应改变，并循环出现 00:05→00:10→00:20→00:30→01:00→01:30→02:00→05:00→；S:00:05 表示每隔 5 秒打印一次，00:10 表示每隔 10 秒打印一次……05:00 表示每隔 5 分钟打印一次，依此类推；

当屏幕显示为所选用的打印时间间隔时，即完成打印时间间隔的选择。SNB 系列产品则需再按一次打印确认。

②接上打印机，再按一次打印键，打印机会打印出 on，表示开始按打印时间间隔打印，再按一次打印键，打印机会打印出 off，表示打印结束。

3. 维护及保养

(1)装卸转子时应小心操作，装卸时应将连接螺杆微微抬起进行操作，不要用力过大，不要使转子横向受力，以免转子弯曲。

(2)请不要把已装上转子的黏度计侧放或倒放。

(3)连接螺杆与转子连接端面及螺纹处保持清洁，否则会影响转子晃动度。

(4)黏度计升降时应用手托住，防止黏度计因自重而下落。

(5)调换转子后，请及时输入新的转子号。每次使用后对换下来的转子应及时清洁(擦干净)并放回到转子架中。请不要把转子留在仪器上进行清洁。

(6)当调换被测液体时，请及时清洁(擦干净)转子和转子保护框架，避免由于被测液体相混淆而引起的测量误差。

(7)仪器与转子为一对一匹配，请不要把数台仪器及转子相混淆。

(8)请不要随意拆卸和调整仪器零件。

(9)搬动及运输仪器时，应将黄色盖帽装在连接螺杆处，并把螺钉拧紧，放入包装箱中。

(10)装上转子后，请不要在无液体的情况下长期旋转，以免损坏轴尖。

(11)悬浊液、乳浊液、高聚物及其他高黏度液体中有许多属于"非牛顿液体"，其黏度值随切变速度和时间等条件的变化而变化，故在不同转子、转速和时间下测定的结果不一致属正常情况，并非仪器误差。对非牛顿液体的测定一般应规定转子、转速和时间。

(12)做到下列各点将有助于测得更精确的数值：

①精确地控制被测液体的温度。

②将转子以足够长的时间浸于被测液体中，使两者温度一致。

③保持液体的均匀性。

④测定时将转子置于容器中心，并一定要装上转子保护框架。

⑤保证转子的清洁和晃动度。

⑥当高转速测定立即变为低转速时，应关机一下，或在低转速的测定时间掌握稍长一点，以克服由于液体旋转惯性造成的误差。

⑦测定低黏度时选用 1 号转子，测定高黏度时选用 4 号转子。

⑧低速测定黏度时，测定时间相对要长些。

⑨测定过程中由于调换转子、被测液体等需要通过旋动升降夹头改变过黏度计的位置后，应及时查看并调整黏度计的水平位置。

5.3.5　圆盘旋光仪

圆盘旋光仪使用于化学工业、医院、高等院校和科研单位，用来测定含有旋光性的有机物质的比重、纯度、浓度与含量(图 5-7)。

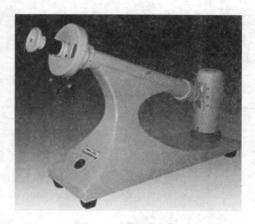

图 5-7　圆盘旋光仪

1. 使用方法

(1)准备工作。

①先把预测溶液配好，并加以稳定和沉淀；

②把预测溶液盛入试管待测。但应注意试管两端螺旋不能旋得太紧(一般以随手旋紧不漏水为止)，以免护玻片产生应力而引起视场亮度发生变化，影响测定准确度，并将两端残液揩拭干净；

③接通电源，约点燃 10min，待完全发出钠黄光后，才可观察使用；

④检验度盘零度位置是否正确，如不正确，可旋松度盘盖四只连接螺钉、转动度盘壳进行校正(只能校正 0.5°以下)，或把误差值在测量过程中加减之。

(2)测定工作。

①打开镜盖，把试管放入镜筒中测定，并应把镜盖盖上和试管有圆泡一端朝上，以便把气泡存入，不致影响观察和测定；

②调节视度螺旋至视场中三分视界清晰时止；

③转动度盘手轮，至视场照度相一致（暗现场）时止；

④从放大镜中读出度盘所旋转的角度；

⑤利用前述公式，求出物质的比重、浓度、纯度与含量。

2. 维护及保养

①仪器应放在空气流通和温度适宜的地方，并不宜低放，以免光学零部件、偏振片受潮发霉及性能衰退；

②钠光灯管使用时间不宜超过 4h，长时间使用应用电风扇吹风或关熄 10~15min，待冷却后再使用。灯管如遇有只发红光不能发黄光时，往往是因输入电压过低（不到 220V）所致，这时应设法升高电压到 220V 左右；

③试管使用后，应及时用水或蒸馏水冲洗干净，揩干藏好；

④镜片不能用不洁或硬质布、纸去揩，以免镜片表面产生道子等；

⑤仪器不用时，应将仪器放入箱内或用塑料罩罩上，以防灰尘侵入；

⑥仪器、钠光灯管、试管等装箱时，应按规定位置放置，以免压碎；

⑦不懂装校方法，切勿随便拆动，以免由于不懂校正方法而无法装校好。遇有故障或损坏，应及时送制造厂或修理厂整修，以保持仪器的使用寿命和测定准确度。

3. 常见故障及其处理方法

表 5-2　　　　　　　　　　　　圆盘旋光仪常见故障及其处理方法

故障现象	原因分析	处理方法
开机钠灯不亮	1. 电源开关坏 2. 保险丝断 3. 钠灯坏 4. 整流器坏 5. 无电源输入	1. 调换开关 2. 调换保险丝 3. 调换钠灯 4. 调换整流器 5. 检查外电路
钠灯亮，但光暗，视场不清晰	1. 钠灯老化，内胆发黑 2. 望远目镜表面有油污	1. 调换钠灯 2. 擦净望远目镜
装入样品后视场不清晰	1. 测试管内有气泡 2. 试管护片玻璃不清洁	1. 将试管内气泡移至凸起处 2. 擦拭清洁
测数不准超差	1. 测试管误差大 2. 钠光灯波长不对 3. 其他原因	1. 调换合格的测试管 2. 调换钠灯 3. 送厂修理
调节度盘转动手轮无三分视场亮暗变化，只有满视场亮暗变化	半波片脱落	送厂修理
三分视场倾斜明显	半波片螺钉松	不影响读数可继续使用，严重时送厂修理
调节度盘转动手轮三分视场没有亮暗变化	1. 起偏镜失效 2. 检偏镜失效	送厂修理

5.3.6 波美度计

手持式折射仪是根据不同浓度的液体具有不同的折射率这一原理设计而成的，是一种用于测量液体浓度的精密光学仪器，具有操作简单、携带方便、使用便捷、测量液少、准确迅速等特点，是科学研究、机械加工、化工检测、食品加工等必备仪器(图5-8)。

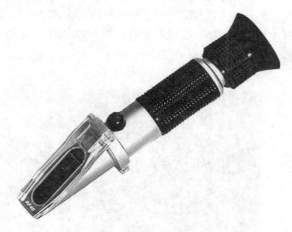

图5-8 波美度计

1. 产品结构

①折光棱镜；②盖板；③校准螺栓；④光学系统管路；⑤目镜(视度调节环)。

2. 使用方法

(1)将折光棱镜①对准光亮方向，调节目镜视度环⑤，直到标线清晰为止。

(2)调整基准：测定前首先使用标准液(有零刻度的为纯净水，量程起点不是零刻度的，得使用对应的标准液)、仪器及待测液体基于同一温度。掀开盖板②，然后取2~3滴标准液滴于折光棱镜①上，并用手轻轻按压平盖板②，通过目镜⑤看到一条蓝白分界线。旋转校准螺栓③使目镜视场中的蓝白分界线与基准线重合(0%)(注：本光学仪器出厂时已调校好，可直接使用)。

(3)测量：用柔软绒布擦净棱镜①表面及盖板，掀开盖板②，取2~3滴被测溶液滴于折光棱镜①上，盖上盖板②轻轻按压平，里面不要有气泡，然后通过目镜⑤读取蓝白分界线的相对刻度，即为被测液体的含量(大多是百分比，0~10%盐度计为千分比与比重)。

(4)测量完毕后，直接用潮湿绒布擦干净棱镜表面及盖板上的附着物，待干燥后，妥善保存起来。

3. 维护及保养

(1)使用完毕后，严禁用水直接冲洗，避免光学系统管路进水。

(2)在使用与保养中应轻拿轻放，不得任意松动仪器各连接部分，不得跌落、碰撞，仪器要精心保养，光学零件表面不应碰伤、划伤。

(3)本仪器应在干燥、无尘、无腐蚀性气体的环境中保存，以免光学零件表面发霉。

(4)与被测物接触的棱镜属易耗品，不能修复。

5.3.7　电热干燥箱

电热干燥箱适用于厂矿企业、大专院校、科研及各类实验室等作物品干燥、烘焙、灭菌等用。

1. 结构概述

干燥箱外壳体均采用优质钢板表面烘漆，工作室采用不锈钢板，室内设有不锈钢丝制成的搁板，中间层充填超细玻璃棉隔热。箱门采用双层钢化玻璃门，能清晰观察到箱内加热物品。工作室与箱门连接处装有耐热硅橡胶密封圈，以保证工作室与箱门之间密封。干燥箱电源开关和温度控制器集中于箱体正面(图 5-9)。

图 5-9　电热干燥箱

箱内加热恒温系统主要由装有离心式叶轮的德国优质电动机、电加热器、合适的风道结构和温度温度控制器组成。当接通干燥箱电源时，电动机即同时运转，直接将位于箱内底部的电加热器产生的热量通过风道向上排出，经过工作室内干燥物品再吸入风机，以此不断循环，从而使工作室内温度达到均匀。

2. 使用方法

(1)把需干燥处理的物品放入干燥箱内，关好箱门。

(2)把电源开关拨至"1"处，此时电源开关亮，显示屏有数字显示。

(3)按温度控制器操作说明，设置需要的工作温度和工作时间(工作时间可以不设置)。

(4)设备会自动运行需要的工作条件，使用结束后关闭电源开关，取出物品。

3. 注意事项

(1)干燥箱外壳必须有效接地，以保证使用安全。

(2)干燥箱应放置在具有良好通风条件的室内，在其周围不可放置易燃易爆物品。

(3)干燥箱无防爆装置，不得放入易燃易爆物品干燥。

（4）箱内物品放置切勿过挤，必须留出空间，以利热空气循环。

（5）箱内外应经常保持清洁，长期不用应套好塑料防尘罩，放在干燥的室内。

5.3.8　箱式电阻炉

以电阻丝为加热元件，采用双层壳体结构和智能化控温系统，炉膛采用氧化铝多晶体纤维材料，保温节能。

图 5-10　箱式电阻炉

1. 使用方法

箱式电阻炉膛采用特种陶瓷纤维材料，该炉具有控温精度高，温场均衡、操作简单，升降温度速率快等优点。高校、科研院所、工矿企业做高温烧结、质量检测之用，可人手一台，实验方便快捷。与老式电阻炉相比节能 70% 以上。

（1）电阻炉安装在室内平整工作台上，配套之温度控制器应避免受震动，放置位置与电炉不宜太近，防止过热而影响控制部分的正常工作。

（2）为了保证安全操作，电炉、温度控制器均需可靠接地。

（3）接通电源，打开控制器电源开关，将温度调节仪表设定至所需温度，此时仪表绿灯亮，表示加热开始，并且电流表根据功率大小，相应的产生读数，调节仪表指示温度也同时上升，当温度升到设定温度时，调节仪表自动切断电源，红灯亮，电流表指示归"零"，即表示加温停止。调节仪表"红"、"绿"指示灯交替工作，使仪器达到恒温状态。

（4）试验结束后，关闭电源。

2. 注意事项

（1）使用时切勿超过电阻炉的最高温度。

（2）装取试样时一定要切断电源，以防触电。

（3）装取试样时炉门开启时间应尽量短，以延长电炉使用寿命。

（4）禁止向炉膛内灌注任何液体。

（5）不得将沾有水和油的试样放入炉膛；不得用沾有水和油的夹子装取试样。

（6）装取试样时要戴专用手套，以防烫伤。

（7）试样应放在炉膛中间，整齐放好，切勿乱放。

（8）不得随便触摸电炉及周围的试样。

（9）使用完毕后应切断电源、水源。

（10）未经管理人员许可，不得操作电阻炉，严格按照设备的操作规程进行操作。

◎ 观察与思考

了解电子天平、数字式白度仪、蛋白质测定仪(凯氏定氮仪)、黏度计、圆盘旋光仪、波美度计、箱式电阻炉等马铃薯淀粉检验常用仪器的使用。

5.4 马铃薯淀粉品质检验与生产质量控制方法

检验分析的目的是确定物质组成，它包括定性分析和定量分析两大部分。定性分析是测定物质的组成，定量分析是确定这些组成的百分含量。根据淀粉厂的生产情况，主要采用定量分析的方法测定组成的百分比。通过检验分析，可以评定原材料、半成品、成品的质量及检查生产工艺过程中的温度浓度等是否正常，以便能经济合理地使用原料、辅助材料和燃料，减少次品、废品，及时消除生产故障，保证产品质量。因此，对淀粉厂来说，检验分析起着指导生产和促进生产的作用，是生产中的重要环节。

5.4.1 原、辅料质量要求与检验

1. 马铃薯原料的检验

根据淀粉加工用马铃薯等级指标，淀粉加工用马铃薯分为 3 个等级，具体指标见表 5-3。

表 5-3 淀粉加工用马铃薯等级指标

	项目	优等品	一等品	合格品
感官指标	薯形	有该品种典型薯形，薯形一致	有该品种特征，薯形较一致	有该品种类似特征，无明显畸形
	芽眼深度及数量	浅、少	浅、较少	中、较少
	完整块茎比率/(%)≥	90	85	80
感官指标	表皮光滑程度	较光滑	轻度粗糙	较粗糙
	块茎质量/(g)≥	100 占 70%	75 占 70%	50 占 70%
	杂质/(%)≤	1	1	2
	缺陷/(%)≤	3	5	7
	商品薯率/(%)≥	90	85	80
理化指标	粗淀粉含量(鲜基)/(%)≥	20	18	16

（1）原料扦样规则。

根据国家标准（GB 5501—85），鲜薯的检验方法如下：

①包装拣样数量规定

10 包以下：拣样包数 1，拣样个数 100

10~30 包：拣样包数 2，拣样个数 200

30~50 包：拣样包数 3，拣样个数 300

50~100 包：拣样包数 4，拣样个数 400

100 包以上：每增加 50 包增拣 1 包，增拣样 50 个

拣样：从应拣包数中倒包，不加挑选地按规定数量拣出具有代表性的样品。

②散装拣样数量规定

鲜薯重量 250kg 以下：拣样 1 份，拣样 100 个

251~500kg：拣样 2 份，拣样个数 200 个

501~2500kg：拣样 3 份，拣样个数 300 个

2501~5000kg：拣样 4 份，拣样个数 400 个

5000kg 以上：每增加 2500kg 增拣 1 份，增拣样 50 个

拣样：按应拣份数，在堆积中任选几处，扒堆不加挑选地（不得撞伤薯皮）拣出具有代表性的样品。

（2）杂质的检验。

包装的鲜薯，首先称每包的总重量（去皮重），然后倒包把浮土等杂质和块根分开，再称块茎重量。从总重量中减去块茎重量，即得浮土等杂质的重量。按下列公式分别计算块茎粘泥和杂质的百分率：

$$块茎粘泥(\%)=\frac{W_1}{W_2}\times100$$

$$杂质(\%)=\frac{W_3+W_1}{W}\times100$$

式中：W_1——块茎粘泥量（g）；W_2——样品重量（g）；W_3——浮土等杂质重量（g）；W——样品总重量（g）。

（3）完整块茎的检验。

从样品中拣出合乎完整块茎要求的，按质量标准要求的重量分开大小块，按下列公式计算百分率：

$$大（小）块个数=\frac{M_2}{M}\times100$$

式中：M_2——大（小）完整块茎个数；M——样品个数。

检验结果以一次为准。如发生争议，可另外拣样检验 1 次，即以复验结果为准，不再重复检验。

（4）水分含量检验。

从刚过场的鲜马铃薯原料中，选取具有代表性的大、中、小块茎，再从每条块茎的头、中、尾三部各取一小块置于研钵中捣碎作为试样，然后进行测定。

取 1 只洗净的蒸发皿烘干，放入已制备好的试样 10.0g（精确到 0.1g）。将干燥箱的温

度调至 105~110℃，待温度恒定后放进试样，1.5h 后取出，冷至室温时称重。根据试样烘干前后的失重，计算水分含量

$$含水量(\%)=\frac{试样重量-烘干后试样重量}{试样重量}\times 100$$

也可以按照国家标准 GB5497—85 的两次烘干法测定水分。

（5）含渣量的检验。

取 1 只 120 目的筛格，洗净，烘干，加入制备好的试样 10.0g（准确称至 0.1g），用清水缓缓冲洗、擦搓试样中的淀粉，直至榨出来的水不含淀粉为止。将筛网上剩余的残渣放在 130℃的烘箱中恒温干燥 40min，然后取出置于干燥器中至室温再称重。根据试样重量和烘干后的残渣的重量，计算含渣量。

$$含渣量(\%)=\frac{烘干残渣重量}{试样重量}\times 100$$

（6）淀粉含量的检验。

①粗略计算法（游离淀粉含量计算法）：在求出水分和渣的含量后，可以粗略地把剩下的部分当成淀粉。即淀粉含量（%）= 100-（水分含量+渣含量）。

②化学滴定法：根据淀粉能在酸或酶的作用下水解生成具有还原性的葡萄糖的原理，将生成的葡萄糖用斐林溶液测定，再通过计算，从而得到淀粉含量。称取制好的试样 50g，放入 500mL 的烧瓶中，再加上 100mL 的水及 100mL 2%的盐酸溶液。将烧瓶置于 700W 电炉上（垫石棉网），瓶口安有冷凝器，以沸腾后计时间，水解 1h。水解是否完全用碘液检验。取出冷却后，用 20%的氢氧化钠中和至中性或微酸性。

用两层棉布或脱脂棉过滤，滤液用 500mL 的容量瓶接收，反复洗涤残渣，再用蒸馏水定容至 500mL，摇匀后作待测试液，并用此液冲洗滴定管后，再灌满滴定管。吸取斐林溶液甲、乙各 5mL，置于 150mL 三角瓶内，并加 10mL 纯水于电炉上煮沸后用待测试液滴定。等蓝色开始起变化时加入 2 滴 1%的甲基蓝指示剂，再继续滴定至红色为终点（但需注意在滴定过程中一定要保持沸腾），读出消耗量。

重吸取斐林溶液甲、乙各 5mL，置于 150mL 三角瓶内，加入 10mL 纯水，并把少于上述滴定消耗量的 1~2mL 的待测试液加入三角瓶内，于电炉上煮沸。再用灌满了待测试液的滴定管再次滴定，达到等当点后，消耗的量加上原来加入的待测液的量，即为真实的消耗量。计算公式如下：

$$淀粉含量(\%)=\frac{F\times 10\times 500\times 0.9}{Q\times V\times(1-水分\%)}\times 100$$

式中：F——斐林溶液相当糖量，g；

Q——试样称取量，g；

V——滴定的真实消耗量，mL；

10——吸取斐林溶液总量，mL；

500——水解液过滤稀释量，mL；

0.9——葡萄糖换算淀粉的系数。

2. 辅料的检验

马铃薯淀粉生产中使用的辅料主要是亚硫酸氢钠。在马铃薯淀粉加工中，为防止淀粉

发生褐变，影响产品白度和质量，一般在马铃薯刚被破碎时要添加食品级的亚硫酸氢钠溶液。

（1）亚硫酸氢钠技术指标。

食品级的亚硫酸氢钠的具体指标要求如表 5-4 所示。

表 5-4 亚硫酸氢钠技术指标

指 标 名 称	指 标 含 量
亚硫酸氢钠(以 SO_2 计)%	60~65
水不溶物%	0.005
氯化物(Cl)%	0.01
铁(Fe)%	0.001
砷(AS)%	0.0001
铅属(以 Pb 计)%	0.01

亚硫酸氢钠的物化性质：分子量为 104.16(按 1961 年国际原子量)，呈白色单斜晶体式粗粉，湿时带有强烈的 SO_2 气味，干燥后无其他气味，相对密度 1.48，极易溶于水，加热时分解，微溶于乙醇，水溶液呈酸性，还原性较强，在空气中易被氧化或失去二氧化硫，将二氧化硫通入氢氧化钠或碳酸溶液所制得。

由于亚硫酸氢钠性质的原因，我国《食品添加剂使用卫生标准》中规定：薯类淀粉等 14 种(类)食品中，亚硫酸氢钠(漂白剂的主要成分)最大使用量不超过 0.45g/kg 的范围；根据 2007 年版的国标的要求，优级淀粉的 SO_2 的含量应该控制在 10mg/kg 以下。

（2）亚硫酸氢钠的检验。

取本品约 1.5g，精确称定。置 100mL 量瓶中，加水振摇使溶解，并稀释至刻度，摇匀，精确量取 15mL，置具塞锥形瓶中，精确加碘滴定液(0.1mol/L)25mL，密塞混合，放置 5min，缓缓加盐酸 1mL，用硫代硫酸钠滴定液(0.1mol/L)滴定，至近终点时，加淀粉指示液 3mL，继续滴定至蓝色消失，并将滴定的结果用空白试验校正。每 1mL 碘滴定液(0.1mol/L)相当于 5.203mg 的 $NaHSO_3$。

5.4.2 中间产品的检验与分析

通过对中间产品的质量和数量的检验分析，加强对中间体的质量控制，检查全部工艺过程的正确性、稳定性，使加工工艺始终处于最佳状态，避免不合格品进入到下一个环节，以保证最终成品的质量、收率和产量。

1. 中间产品检验的项目与指标

中间产品检验的内容应根据生产工艺的要求而定。一般对于影响产品质量、产品收率、生产效率的参数都应该进行检验和分析。由于生产过程的连续性和时效性，检验的方法力求简单、快速、准确；检验的结果反馈力求迅速、直观；采样应随机进行，采样批次应制度化。检验以化验室为主，各岗位自检、互检为辅，力求各岗位的工艺指标都能严格控制。中间产品的检验内容与要求还应根据厂型大小、生产技术水平高低灵活掌握。中间产品检验内容见表 5-5。

表 5-5　　　　　　　　　　　　　　中间产品检验内容表

序号	产品名称	检验内容	单位	控制指标	每次采样数/每班采样数
1	清洗后马铃薯	损伤率	%	≤5	
2	马铃薯洗涤水	淀粉含量	%	≤0.5	
3	锉磨机	锉磨系数	%	≥92	
4	分离后细胞液	干物含量	%	≤3.5	
		淀粉含量	%	≤0.5	
5	淀粉乳	浓度	波美度	≥20	
		细渣含量	%	≤0.3	
		SO_2 含量	%	≤0.025	
6	湿淀粉	水分	%	≤40	
7	薯渣	水分	%	≤92	
		淀粉含量	%	≤5	

2. 中间产品检验方法

（1）马铃薯清洗后的损伤率。

①取样。在清洗工段后，取样 5kg，每班取样 1 次，取平均样。

②检验。拣出有新机械伤痕的块茎，计算其所占的百分率，即为损伤率。

（2）马铃薯洗涤水淀粉含量。

①取样。从洗涤水排放沟中取样，每班取 3 次，每次 300mL。将 3 次取样混合均匀后作为试样待测淀粉含量。

②检验。先将试样过滤、烘干，测定其干物质含量。然后，再用烘干后的样品按照中间产品的检验与分析中淀粉含量的测定方法，检验淀粉含量，或按照国家标准 GB 5514—85 淀粉测定法测定淀粉含量。也可采用斐林反应测定含淀粉量，方法如下：a. 将试样搅拌均匀后，用量筒量取 100mL 倒入 500mL 的三角瓶内，加上 2% 盐酸 50mL，置于电炉上水解 30min。取出迅速冷却后，用 20% 的氢氧化钠溶液中和到中性或微酸性，然后过滤倒入容量瓶中定容至 250mL，摇匀，备用。b. 吸取斐林甲、乙液各 2.5mL，移入 150mL 三角瓶内，用 10mL 蒸馏水稀释，置于 500W 电炉上煮沸，用以上待测试液装入滴定后进行滴定，待蓝色刚起变化时，加 1 滴次甲基蓝指示剂，继续滴定至红色为终点，取滴定消耗量，计算每吨水的含粉量：

$$含粉量（kg/t）= \frac{F \times 250 \times 5 \times 0.9}{Q \cdot V} \times 100$$

式中：符号表示含义与原料含淀粉量计算公式相同。

（3）磨碎系数。磨碎系数用磨碎后浆料中游离淀粉与含在洗净的马铃薯或磨碎的浆料中的全部淀粉之比来表示。它表明从原料中提取淀粉的程度。

①取样。从磨碎机出料口每班取 3 次，每次取 0.5kg，混合后测定磨碎系数。

②检验。按照原料淀粉含量粗略计算法的测定方法，先测定游离淀粉含量，然后计算游离淀粉含量与全部淀粉含量之比即为磨碎系数。

（4）分离后细胞液淀粉含量。

①取样每班取 3 次细胞液，每次 2~3L，混合后作为试样。

②检验同马铃薯洗涤水淀粉含量测定法。

（5）薯渣的检验。洗涤后薯渣的含水量、游离淀粉含量和结合淀粉含量，反映了磨碎和洗涤效果的好坏，对淀粉收率及淀粉质量影响较大。

①取样。从最后一级洗涤筛上每班取 3 次样，每次取 0.5L，合并混合均匀后作为试样。

②检验。混合试样，取 10g 置于干燥后的蒸发皿上，在 105~110℃的干燥器内冷却至室温，再称重。计算水分含量与计算原料水分含量的方法相同。

③游离淀粉含量的测定。按原料含渣量的检验方法，计算出洗去游离淀粉后的含渣量。

$$游离淀粉（\%）=100-（含水量+含渣量）$$

④结合淀粉含量的测定。先测定渣的总含淀粉量，取混合均匀后的试样 20g，放入 500mL 三角瓶内，并加 2% 的盐酸 100mL，置于 700W 电炉上水解 1h，其余操作与鲜薯原料水解试样含淀粉量的测定步骤相同。

$$结合淀粉含量（\%）=总淀粉含量-游离淀粉含量$$

（6）湿淀粉含水量的检验。湿淀粉含水量的多少，对烘干效率及产量的影响极大，因此经常检查其含水量是必要的。

①取样。从进气流干燥机的喂料斗内每班取 3~4 次，每次取约 200g 分别作为试样进行测定。

②检验。淀粉混合均匀的试样 10.00g，置于已干燥的蒸发皿中，在 130℃的鼓风干燥箱中干燥 40min，然后取出放入干燥器内冷却至室温，再称重计算含水量。

$$含水量（\%）=\frac{试样重量-烘干后试样重量}{试样重量}\times100$$

各工段物料浓度的测定，应根据需要及时测量。辅料、燃料、能耗等消耗数每班至少测定一次。其他工艺指标根据情况灵活掌握。

5.4.3　淀粉成品的检验与分析

根据我国食用马铃薯淀粉的质量标准（GB/T 8884—2007），马铃薯淀粉的质量可分为 3 个等级，即优级品、一级品、合格品。

感官要求　感官要求应符合表 5-6 规定。

表5-6 感官要求

项 目	指 标		
	优级品	一级品	合格品
色泽	洁白带结晶光泽	洁白	
气味	无异味		
口感	无沙齿		
杂质	无外来物		

理化指标 理化指标应符合表5-7规定。

表5-7 理化指标

项 目	指 标		
	优级品	一级品	合格品
水分,%	18.00~20.00	≤20.00	
灰分,(干基)%≤	0.30	0.40	0.45
蛋白质,(干基)%≤	0.10	0.15	0.20
斑点,个/cm²≤	3.00	5.00	9.00
细度,150μm(100目)筛通过率,%(w/w)≥	99.90	99.50	99.00
白度,457nm蓝光反射率,%≥	92.0	90.0	88.0
黏度,4%(以干物质计)700cmg,BU≥	1300	1100	900
电导率,μS≤	100	150	200
pH值	6.0~8.0		

1. 水分含量的测定

淀粉水分是指淀粉样品干燥后损失的质量,用样品损失质量占样品原质量的百分比表示。

(1)原理。将样品放于130~133℃的电热烘箱内干燥90min,通过干燥后测得的样品重量损失情况,来确定淀粉的水分含量。

(2)主要仪器。金属碟(或称量瓶)、干燥箱、干燥器、分析天平。

(3)操作步骤。金属碟(或称量瓶)在130℃下干燥并在干燥器内冷却后,精确称取碟和盖子的质量,把(5±0.25)g经充分混合的样品倒入碟内并均匀分布在碟表面上(样品中不能含有硬块和团状物,碟内部尽量最少暴露于外界),盖上盖子迅速精确称取碟和测试物的质量。将盛有样品的敞口碟和盖子放入已预热到130℃的干燥箱内,在130~133℃下干燥90min,然后迅速盖上盖子放入干燥器内,经30~45min后,碟在干燥器内冷却至室温。将碟从干燥器内取出,2min内精确称重。

(4)结果计算。淀粉的水分按下式计算:

$$w = \frac{m_1 - m_2}{m_1 - m_0} \times 100\%$$

式中：w——样品的水分含量，%；m_0——干燥后空碟和盖的质量，g；m_1——干燥前带有样品的碟和盖的质量，g；m_2——干燥后带有样品的碟和盖的质量，g。

（5）允许误差 对同一样品进行两次测定，其结果之差的绝对值应不超过平均结果的 0.2%，其结果保留一位小数。

2. 细度的测定

淀粉细度是用分样筛筛分淀粉样品得到的样品通过分样筛的质量，以样品通过分样筛的质量对样品原质量的百分比表示。

（1）原理。用分样筛筛分淀粉样品得到样品通过分样筛的质量，以样品通过分样筛的质量对样品原质量的百分比表示。

（2）主要仪器。光电天平、100目筛。

（3）操作步骤。称取充分混合好的样品 50g，精确至 0.1g，均匀倒入 100 目的分样筛内，均匀摇动分样筛，直至筛分不下为止。小心倒出分样筛上的剩余物称重，精确至 0.1g。

（4）结果计算。淀粉细度按下式计算：

$$X = \frac{m_0 - m_1}{m_0} \times 100\%$$

式中：X——样品细度，%；

m_0——样品的原质量，g；

m_1——样品未过筛的筛上剩余物质量，g。

（5）允许误差。同一种样品连续测两次，其结果之差值不超过 0.5%，取两次测定的算术平均值为结果。

3. pH 值的测定

pH 反映淀粉的有效酸碱度，精确测定应采用酸度计进行。

（1）原理。测量出两个浸液电极之间的电位差，直接在仪器标度上读出 pH。

（2）主要仪器及药品。pH 计、玻璃电极、甘汞电极、天平、烧杯、沸水浴、表面皿、冷水浴、磁力搅拌器、标准缓冲溶液 pH＝4 和 pH＝7。

（3）操作步骤。将电极与 pH 计连接好，打开电源预热一定时间，并将温度补偿开关旋至被测溶液温度相同的数值。调节仪器的零点用标准液进行定位后，移去缓冲溶液，用蒸馏水冲洗电极并用滤纸吸干电极上的水待用。称取 69(±0.1g) 样品，放入 400mL 烧杯中加入 194mL 纯水，搅拌使样品分散，并把烧杯置于沸水浴中，水浴液面应高于样品液面，搅拌淀粉乳直至淀粉糊化(大约 5min)，在冷水浴中立即冷却到室温(大约 25℃)，从水浴中取出并搅拌淀粉糊以破坏任何已形成的凝胶。

用磁力搅拌器以足够的速度搅拌淀粉糊，使其在溶液表面产生小的旋涡。在淀粉糊中插入已标定好的电极，待读数稳定后，观察并记录 pH 值，精确至 0.1 个 pH 单位。

4. 灰分的测定

淀粉灰分是淀粉样品灰化后得到的剩余物质量，用样品剩余物质量对样品干基质量的百分比表示。

（1）原理。将样品在 900℃ 高温下灰化，直到灰化样品的碳完全消失，得到样品的剩余物质量。

（2）主要仪器及药品。坩埚、高温电阻炉、灰化炉（或电热板）、干燥器、分析天平、稀盐酸（1∶4 盐酸）。

（3）操作步骤。先把坩埚在沸腾的稀盐酸中洗涤，再用大量自来水冲洗，最后用蒸馏水漂洗。将洗净的坩埚置于高温电阻炉内，在（900±25）℃ 下加热 30min，取出在干燥器内冷却至室温后，精确称重。根据对样品灰分量的估计，迅速精确称取经充分混合的样品 2~10g，均匀疏松地分布在坩埚内。将坩埚置于灰化炉口或电热板上小心加热，直至样品完全炭化至无烟。加热时要避免自燃，以免因为自燃使样品从坩埚中溅出而导致损失。烟一旦消失，即刻将坩埚放入高温电阻炉内，将温度升高至（900±25）℃，在此温度下保持 0.5~1h，直至剩余的碳全部消失或无黑色炭粒为止。然后关闭电源，待温度降至 200℃ 时，将坩埚取出放入干燥器加盖，冷至室温后，精确称重。

（4）结果计算。淀粉的灰分按下式计算：

$$w = \frac{m_1 \times 100}{m_0(1-w')} \times 100\%$$

式中：w——样品的灰分含量，%；

　　　m_0——样品的质量，g；

　　　m_1——灰化后剩余物的质量，g；

　　　w'——样品的水分含量，%。

（5）允许误差。同一样品两次测定值之差应小于 0.02%，结果保留两位小数。

5. 斑点的测定

斑点是在规定条件下，用肉眼观察到的淀粉中杂色斑点的数量，以样品每平方厘米的斑点个数来表示。

（1）原理。通过肉眼观察样品，读出斑点的数量。

（2）主要仪器。分析天平、无色透明板（刻有 10 个 1cm×1cm 方形格）、白色平板。

（3）操作步骤。称取 10g 样品，混合均匀后，均匀分布在平板上。将无色透明板盖到已均匀分布的待测样品上，并轻轻压平。在较好的光线下，眼与透明板的距离保持 30cm，用肉眼观察样品中的斑点，并进行计数，记下 10 个空格内淀粉中斑点的总数量，注意不要重复计数，分析人员视力应在 0.1 以上。

（4）结果计算。淀粉的斑点以下式计算：

$$X = \frac{C}{10}$$

式中：X——样品斑点数，个/cm²；

　　　C——10 个空格内样品斑点的总数，个。

（5）允许误差。同一种样品要进行两次测定，测定结果允许差不超过 1.0，取两次测定的算术平均值为结果。测定结果取小数点后一位。

6. 白度的测定

淀粉白度是在规定条件下，淀粉样品表面光反射率与标准白板表面光反射率的比值，以白度仪测得的样品白度值来表示。

（1）原理。通过样品对蓝光的反射率与标准白板对蓝光的反射率进行对比，得到样品的白度。

（2）主要仪器。白度仪、压样盒、分析天平。

（3）操作步骤。称取 200g 被测样品，充分混合。取 6~7g 混合好的样品放入压样器中，根据白度仪所规定的制备方法压制成表面平整的样品白板，不得有裂缝和污点。用有量值的陶瓷白板或优级氧化镁制成的标准白板校正仪器。然后用白度仪对样品白板进行测定，记下白度值即为样品白度。

（4）允许误差。同一种样品要进行两次测定，测定结果允许差不超过 0.2，取两次测定的平均值为结果。测定结果取小数点后一位。

7. 蛋白质的测定

淀粉中的粗蛋白质含量是根据淀粉样品的氮含量按照蛋白质系数折算而成的，以样品蛋白质质量对样品干基质量的百分比表示。

（1）原理。在催化剂存在下，用硫酸分解淀粉，然后碱化反应产物，并进行蒸馏使氨释放。同时用硼酸溶液收集，再用硫酸标准溶液滴定，根据硫酸标准溶液的消耗体积计算出淀粉中的蛋白质含量。

（2）主要仪器及药品。分析天平、电热套、漏斗、定氮蒸馏装置；硫酸钾、硫酸铜、浓硫酸（98%）、硼酸、乙醇、中性甲基红、亚甲基蓝、氢氧化钠、0.02mol/L 或 0.1mol/L 的硫酸标准溶液。

（3）操作步骤。精确称取 10g 左右经充分混合的淀粉样品，倒入干燥凯氏烧瓶内，注意不要将样品沾在瓶颈内壁上。加入由 97% 硫酸钾和 3% 无水硫酸铜组成的催化剂 10g，并用量筒加入体积为 4 倍样品质量的浓硫酸。轻轻摆动烧瓶，混合瓶内样品，直至团块消失，样品完全湿透，加入防沸物（如玻璃珠）。然后在通风橱内将凯氏烧瓶以 45°角斜放于支架上，瓶口盖以玻璃漏斗，用电炉开始缓慢加热，当泡沫消失后，加强热至沸。待瓶壁不附有碳化物，且瓶内液体为澄清浅绿色后，继续加热 30min，使其完全分解。将烧瓶内液体冷却，通过漏斗定量移入定氮蒸馏装置的蒸馏瓶内，并用水冲洗几次，直至蒸馏瓶内溶液总体积约 200mL。注意蒸馏器应预先蒸馏，将氨洗净。调节定氮蒸馏装置的冷凝管下端，使之恰好碰到 300mL 锥形瓶的底部，该瓶内已加有 2% 的硼酸溶液 25~50mL 和 2~3 滴由 2 份在 50%（体积分数）乙醇溶液中的中性甲基红冷饱和溶液与 1 份在 50%（体积分数）乙醇溶液中质量浓度为 0.25g/L 亚甲基蓝溶液混合而成的指示剂。再通过漏斗加入100~150mL40% 的氢氧化钠溶液，使裂解后的溶液碱化。注意漏斗颈部不能被排空，保证有液封。打开冷凝管的冷凝水，开始蒸馏。在此过程中，保证产生的蒸汽量恒定。用 20~30min 收集到锥形瓶内液体约有 200mL 时即可停止蒸馏。降下锥形瓶，使冷凝管离开液面，让多余的冷凝水滴入瓶内，再用水漂洗冷凝管末端，水也滴入瓶内。保证释放氨定量进入锥形瓶，瓶内液体已呈绿色。用 10mL 或 20mL 的滴定管和已标定的约 0.02mol/L 或 0.1mol/L 硫酸标准溶液滴定瓶内液体，直至颜色变为紫红色，记下耗用硫酸标准溶液的体积（mL）。用试剂作空白测定。

（4）结果计算。淀粉样品中的蛋白质含量按下式计算：

$$w = \frac{0.028c(V_1 - V_0)K}{m(1-w')} \times 100$$

式中：w——样品蛋白质含量，%。

c——用于滴定的硫酸标准溶液的浓度，mol/L。

V_0——空白测定所用硫酸标准溶液的体积，mL。

V_1——样品测定所用硫酸标准溶液的体积，mL。

m——样品的质量，g。

w'——样品的水分含量，%。

K——氮换算为蛋白质的系数，对于玉米淀粉，K 为 6.25；对于小麦淀粉，K 为 5.70。

0.028——1mL 1mol/L 硫酸标准溶液相当于氮的质量，g。

（5）允许误差。同时或迅速连续进行二次测定所用的硫酸溶液的体积之差的绝对值不应超过 0.1。

8. 脂肪的测定

淀粉脂肪总含量是指淀粉样品中脂肪的全部含量。用样品剩余物质量对样品原质量百分比表示。

（1）原理。通过煮沸的盐酸水解样品后，冷却凝聚不溶解的物质，即包括全部脂肪，再进行过滤、分离、干燥，并通过溶剂抽提出全部脂肪。干燥后得到样品的总脂肪剩余物质量。

（2）主要仪器及药品。索氏提取器、抽提烧瓶、圆盘过滤纸、高效水冷式蛇形冷凝器、电加热装置、15~25℃ 水浴、沸水浴、烘箱（50±1）℃、真空烘箱、烧杯、干燥器、分析天平；甲基橙、碘、盐酸、溶剂（n-己烷或石油醚）。

（3）操作步骤。将样品进行充分混合，根据脂肪总含量的估计值，称取样品 25~50g，精确至 0.1g，倒入烧杯并加入 100mL 水。用 200mL 水混合 100mL 盐酸，并把该溶液煮沸，然后加到样品液中。加热此混合液至沸腾并维持 5min。将此混合液滴几滴入试管，使之冷却至室温，再加入 1 滴碘液，若无颜色出现，说明无淀粉存在。若出现蓝色，须继续煮沸混合液，并用上述方法不断进行检查，直至确定混合液中不含淀粉为止。将烧杯和内盛混合液置于水浴中 30min，不时地搅拌，以确保温度均匀，使脂肪析出。用滤纸过滤冷却后的混合液，再用几片干滤纸片将黏附于烧杯内壁脂肪取出，一起加到滤纸中，并将冲洗烧杯的水也倒入滤纸中进行过滤，确保定量。在室温下用水冲洗被分离出的凝聚物和那几片滤纸，直至滤液对甲基橙指示剂呈中性。折叠含有凝聚物的滤纸和那几片滤纸，放在表面皿上在（50±1）℃的烘箱内烘 3h。将已烘干的内含凝聚物的滤纸用新的一张滤纸包密闭，然后放入抽提器中。将约 50mL 溶剂倒入预先烘干并称重精确至 0.001g 的抽提烧瓶内，烧瓶与抽提器密封相连。再将冷凝器密封相连于抽提器上端，打开开关，使冷凝水进入冷凝器。确保抽提器与其他各部紧密相连，以防止在抽提过程中溶剂的损失。控制好温度，使每分钟能产生被冷凝溶剂 150~200 滴，或每小时虹吸循环 7~10 次，连续抽提 3h。拆下装有被抽提出的脂肪的烧瓶，将其浸入沸水浴中，蒸出烧瓶内几乎全部的溶剂，然后将烧瓶放入真空烘箱内 1h，温度控制在（100±1）℃。再把烧瓶放入干燥器内，使之冷却至室温，称重，精确至 0.001g。

延长干燥抽提物的时间，会导致由于脂肪的氧化而使测定结果偏高。

（4）结果计算。脂肪总含量按下式计算：

$$w = \frac{m_2 - m_1}{m_0} \times 100\%$$

式中：w——样品总脂肪含量，%；

　　m_0——样品的原质量，g；

　　m_1——空抽提烧瓶的质量，g；

　　m_2——抽提并干燥后抽提烧瓶和脂肪的总质量，g。

（5）允许误差。同时或迅速连续进行二次测定，其结果之差的绝对值不超过算术平均值的5%。

9. 二氧化硫的测定

（1）原理。在经过预处理的样品中加入氢氧化钾，使残留SO_2以亚硫酸盐形式固定。

$$SO_2 + 2KOH =\!=\!= K_2SO_3 + H_2O$$

加入硫酸使SO_2游离，可用碘标准液定量滴定。终点时稍过量的碘与淀粉指示剂作用呈蓝色。

$$K_2SO_3 + H_2SO_4 =\!=\!= K_2SO_4 + H_2O + SO_2$$
$$SO_2 + 2H_2O + I_2 =\!=\!= H_2SO_4 + 2HI$$

（2）仪器及药品。烧杯、移液管、碘量瓶；1mol/L 的 KOH（57gKOH 加水溶解，定容1000mL）、1∶3 硫酸溶液、0.005mol/L 的 I_2 标准溶液、0.1%淀粉溶液。

（3）测定步骤。在小烧杯内称取 20g 样品，用蒸馏水将试样洗入 250mL 容量瓶中，加水至容量的1/2，加塞振荡，用蒸馏水定容，摇匀。待瓶内液体澄清后，用移液管吸取澄清液 50mL 于 250mL 碘量瓶中，加入 1mol/L KOH 25mL，用力振摇后放置 10min，然后一边摇一边加入 1∶3 硫酸溶液 10mL 和淀粉液 1mL，以碘标准溶液滴定至呈蓝色，半分钟不褪色为止。同时，不加试样，按上法做一空白试验。

（4）结果计算。

$$SO_2(g/kg) = \frac{2(V_1 - V_2)c \times 0.032 \times 250}{m \times 50} \times 1000$$

式中：V_1——滴定时所耗碘标准液体积，mL；

　　V_2——滴定空白所耗碘标准溶液体积，mL；

　　c——I_2标准液的浓度，mol/L；

　　m——样品质量，g。

（5）允许误差。同时或迅速连续进行二次测定，其结果之差的绝对值不超过算术平均值的5%。

5.4.4 淀粉生产过程中微生物的检验与控制

我国现行马铃薯淀粉标准《食用马铃薯淀粉国家标准 GB/T 8884—2007》、《工业薯类淀粉国家标准 QB 1840—1993》中对马铃薯淀粉的微生物指标没有做出要求，有些生产厂家对马铃薯淀粉的微生物控制掉以轻心。但随着马铃薯淀粉为加工企业及消费者卫生意识的提高，微生物指标作为衡量产品卫生状况的指标越来越受到重视。

1. 马铃薯淀粉中微生物的来源

（1）原料中微生物的残留。

一般正常的马铃薯内部组织是无菌的，但如果马铃薯植株在生长阶段遭受细菌、真菌或植物病原微生物的侵害，内部组织中就会有微生物存在。由于马铃薯块茎生长在土壤中，在自然界中，土壤是含微生物最多的场所，1g 表层泥土可含有微生物 107～109 个，因此马铃薯块茎表面会污染大量的微生物。马铃薯在采收、包装、运输、贮藏过程中表皮组织难免会受到机械损伤，表面污染的微生物从伤口处侵入内部组织并进行繁殖，导致马铃薯块茎的腐烂变质，已腐烂的马铃薯含有大量的酵母、霉菌、细菌等微生物，即使经过分离、浓缩、精致、干燥这些不利于细菌生长的工艺过程，微生物仍然会进入产品中。

（2）生产用水造成的污染。

为了节约用水量，企业会最大限度地循环使用工艺水。清洗马铃薯块茎的循环水中含有大量的微生物，经过清洗的马铃薯，在进入下一工序前，薯体表面粘附有少量水分，水中的微生物也会随着这些水分进入下一工序，最终造成产品微生物污染。

软水系统长时间不进行反洗或树脂再生也容易在沙滤层、活性炭滤层、树脂层滋生细菌，污染产品。

（3）生产环境中空气的污染。

空气中的微生物与灰尘数量的多少成正比，一般每立方米空气中含有微生物的数量为102～104 个。马铃薯淀粉的生产采用气流干燥法，热空气温度在 140～160℃，气流速度10～12m/s，物料温度低于淀粉糊化温度（58～65℃），干燥时间 0.5～2s，如果空气过滤不彻底，高速流动的空气会带入蚊、蝇等小昆虫和灰尘，从而将微生物带入产品中。暴露在空气中的产品如不及时包装，会不可避免地被微生物污染。

（4）工作人员的污染。

接触半产品及产品的工作人员的手、衣帽如不保持清洁，会有大量的微生物附着，从而造成污染。

（5）生产器具的污染。

马铃薯淀粉生产过程中，除干燥阶段外，其他各工序均在常温下完成，造成污染的机会较多。使用的加工设备，清洗频率低，设备污染在所难免。包装容器不经过消毒和灭菌，会带有不同数量的微生物。

（6）成品中水分含量的影响。

马铃薯淀粉水分含量超过 21% 的产品在高温高湿条件下，长时间储存，极易造成微生物大量繁殖，致使产品变质。

（7）湿淀粉乳存放的时间的影响。

因停产等原因而不能及时处理的淀粉乳，在储存过程中随储存时间的增加，细菌也会大量滋生。

2. 淀粉微生物检验操作规程

淀粉中要检验的微生物主要有大肠菌群和霉菌。

大肠菌群指的是具有某些特性的一组与粪便污染有关的细菌，是作为粪便污染指标提出来的，主要是以该菌群的检出情况来表示淀粉是否被粪便污染。

霉菌是丝状真菌的俗称，意即"发霉的真菌"是反映淀粉受污染的指标之一。

（1）大肠菌群测定。

①检验程序：见图 5-11。

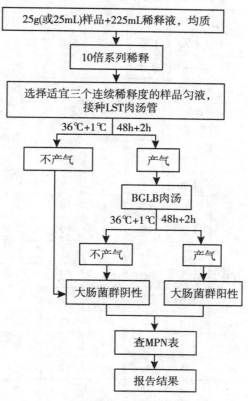

图 5-11 大肠菌群检验程序

②操作步骤。

a. 以无菌操作称取检样 25g(mL)，放入含 225mL 灭菌生理盐水的具玻璃塞锥形瓶中，振摇 30min，即为 1:10 稀释液。

b. 样品匀液的 pH 值应在 6.5~7.5 之间，必要时分别用 1 氢氧化钠或 1 盐酸调节。

c. 用 1 无菌吸管吸取 1:10 样品匀液 1，沿管壁缓缓注入 9 磷酸盐缓冲液或生理盐水的无菌试管中(注意吸管洒端不要触及稀释液面)，振摇试管或换用 1 支 1 无菌吸管反复吹打，使其混匀均匀，制成 1:100 的样品液。

d. 根据对样品污染状况的估计，从制备样品匀液至样品接种完毕，全过程不得超过15 分钟。

e. 复发酵试验：用接种环从所有 48h±2h 内发酵产气的 LST 肉汤管中分别取培养物 1 环，移种于煌绿乳糖胆盐(BGLB)肉汤管中，36℃±1℃培养 48h±2h，观察产气情况，产气者，计为大肠菌群阳性管。

f. 大肠菌群最可能数(MPN)表(见表 5-8)，报告每克(或毫升)样品中大肠菌群的MPN 值。

表 5-8　　　　　　　　　　　　大肠菌群最可能数（MPN）的检索表

阳性管数			MPN	95%可信限		阳性管数			MPN	95%可信限	
0.1	0.01	0.001		下限	上限	0.1	0.01	0.001		下限	上限
0	0	0	<3.0	—	9.5	2	2	0	21	4.5	42
0	0	1	3.0	0.15	9.6	2	2	1	28	8.7	94
0	1	0	3.0	0.15	11	2	2	2	35	8.7	94
0	1	1	6.1	1.2	18	2	3	0	29	8.7	94
0	2	0	6.2	1.2	18	2	3	1	36	8.7	94
0	3	0	9.4	3.6	38	3	0	0	23	4.6	94
1	0	0	3.6	0.17	18	3	0	1	38	8.7	110
1	0	1	7.2	1.3	18	3	0	2	64	17	180
1	0	2	11	3.6	38	3	1	0	43	9	180
1	1	0	7.4	1.3	20	3	1	1	75	17	200
1	1	1	11	3.6	38	3	1	2	120	37	420
1	2	0	11	3.6	42	3	1	3	160	40	420
1	2	1	15	4.5	42	3	2	0	93	18	420
1	3	0	16	4.5	42	3	2	1	150	37	420
2	0	0	9.2	1.4	38	3	2	2	210	40	430
2	0	1	14	3.6	42	3	2	3	290	90	1000
2	0	2	20	4.5	42	3	3	0	240	42	1000
2	1	0	15	3.7	42	3	3	1	460	90	2000
2	1	1	20	4.5	42	3	3	2	1100	180	4100
2	1	2	27	8.7	94	3	3	3	>1100	420	—

　　注 1：本表采用 3 个稀释度[0.1g（或 0.1mL）、0.01g（或 0.01mL）和 0.001g（或 0.001mL）]，每个稀释度接种 3 管。

　　注 2：表内所列检样量如该用[1g（或 1ml）、0.1g（或 0.1mL）和 0.01g（或 0.01mL）]时，表内数字应降低 10 倍；如改用[0.01g（或 0.01mL）、0.001g（或 0.001mL）和 0.0001g（或 0.0001mL）]时，则表内数字相应增高 10 倍，其余类推。

　　（2）霉菌测定。

　　①检验程序：见图 5-12。

　　②操作步骤：

　　a. 以无菌操作称取检样 25g（mL），放入含 225mL 灭菌生理盐水的具玻璃塞锥形瓶中，振摇 30min，即为 1∶10 稀释液。

　　b. 用灭菌吸管吸取 1∶10 稀释液 10mL，注入灭菌试管中，另用 1mL 灭菌吸管反复吹吸 50 次，使霉菌孢子充分散开。

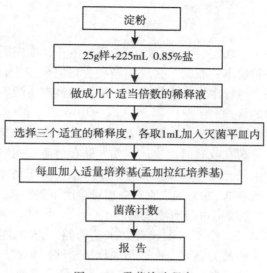

图 5-12　霉菌检验程序

c. 取 1mL 1：10 稀释液注入含 9mL 灭菌生理盐水的试管中，另换一支 1mL 灭菌吸管吹吸 5 次，此液为 1：100 稀释液。

d. 按上述操作顺序做 10 倍递增稀释液，每稀释一次，换用一支 1mL 灭菌吸管，根据对样品污染情况的估计，选择三个合适的稀释度，分别在做 10 倍稀释的同时，吸取 1mL 稀释于灭菌平皿中，每个稀释度做两个平皿，然后将晾至 45℃ 左右的培养基注入平皿中，并转动平皿使之与样液混匀，待琼脂凝固后，倒置于 25~28℃ 温箱中，3 天后开始观察，共培养 5 天。

e. 计算方法：通常选择菌落数在 10~150 之间的平皿进行计数，同稀释度的两个平皿的菌落平均数乘以稀释倍数，即为每克（或毫升）检样中所含霉菌和酵母数。

f. 报告：每克（或毫升）淀粉所含霉菌和酵母菌数以 cfu/g（mL）表示。

3. 马铃薯淀粉中微生物的控制

(1) 建立完整的卫生管理体系。

①建立并完善各项卫生管理制度。

由企业质检部制定厂区、生产车间、库房等相关区域的卫生管理制度。对生产现场环境卫生、操作人员的个人卫生，各类原辅料的卫生管理、危害源的控制（有毒、有害及危险品的控制）、卫生场所的管理等做出具体规定。

②建立保证各项卫生管理制度得以实现的机制。

由质检技术部主导对各项卫生制度的实施加以监督检查，出现产品微生物指标异常问题，由质检技术部及生产车间共同分析，寻找解决办法。

(2) 控制原料中的微生物。

马铃薯的储存方式可按企业自身情况而定。不能及时加工的马铃薯在室内进行储存，库温应保持在 10℃，库内进行气调和加湿。若短时间储存，可在露天料场中堆放，堆放时注意堆高，有雨雪时加盖防雨设施，经常检查料堆，注意先入先出的原则。在储存中若不加强管理，就会造成马铃薯质量损失、品质降低、腐烂变质的发生，致使马铃薯精淀粉中微生物数量的超标。

①严把原料薯验收关。

原料验收时注意是否有病害、虫害、腐烂变质、生芽、冻伤或机械伤等，腐烂变质及病虫害薯块比率高的马铃薯不宜收购，薯块中杂质含量应低于 1%。损伤率较高的马铃薯应尽快加工，避免在储存过程中发生腐烂变质，最终导致产品微生物超标。

②加强储存马铃薯的管理。

马铃薯淀粉企业生产时间集中，收购量大，不能及时进行加工的马铃薯，须经过一段时间的贮藏。大量的马铃薯在收获时掉皮或受伤，储存前应在高温和高湿条件下进行愈伤处理，这会刺激外皮的生长，帮助伤口愈合，减少失重，防止马铃薯被微生物污染，利于储存。马铃薯的愈伤一般在 8~20℃ 温度，85% 相对湿度下进行。

(3) 定期对设备及工艺管道进行清洗消毒。

为了防止微生物的生长，全部机器设备和工艺管路，都要定期用消毒剂进行消毒灭菌，尤以解碎以后的各工段最为重要。一般可先用清水清洗生产线，再用浓度为 5%~8% 的次氯酸钠水溶液在生产线管路设备间循环 2h 以上，最后再使用清水循环以置换残余药液。正常情况下，可将生产一周的罐体、管路内表面的微生物由数万个/g 降至几十个/g。

(4) 人员控制方面。

对人员移动、气流与物流进行有效的控制，以避免产品被污染。对人员与作业区的动向应加以规定与管制，在进入管制作业区前，应有适当的洗手消毒措施与干手措施，人员的衣物与鞋子应随时保持良好的清洁度。此外，应做好人员的卫生教育与健康检查，厕所应保持清洁，避免成为交叉污染的污染来源，减少细菌和灰尘及不洁杂物的带入，提高马铃薯淀粉产品的卫生质量。

(5) 昆虫等动物的控制。

微生物会借助昆虫、啮齿类动物而侵入厂内，因此厂房、库房应有良好的设计与管理来防止其侵入。

(6) 空气与水的品质管理。

水及空气的品质，对生产精制马铃薯淀粉关系重大，薯块清洗用水因循环使用，微生物含量较高，应定期更换。淀粉乳的精制与清洗所使用的软水的制造系统应定期进行反洗或树脂再生，其微生物指标应达到国标饮用水标准。对于气流干燥的空气品质，需考虑以下因素：①空气的洁净度；②使用空气的流量及流速；③空气中的粒子特性与浓度；④空气吸入口的位置；⑤过滤后空气的杀菌。

(7) 将生产线卫生关键控制点 (CCP) 列入管制。

使用危害分析关键点系统 (HACCP) 将关键点控制点列入管制，可减少产品危害的发生。主要包括直接操作人员的个人卫生；蚊、蝇、鼠、虫的控制；设备及工艺管道定期清洗消毒；包材、器具的卫生情况的确定；输送系统中潮湿淀粉的清理周期；生产线停机时清空操作的彻底与否；检测点及检测周期的确定；各种操作规程管理制度的持续执行。

(8) 成品储存过程中应注意的问题。

在自然条件下存放的淀粉，如遇空气湿度过大、包装物内衬塑料膜破裂等不利情况，极容易吸收空气中的水分。含水偏多的淀粉，由于表面酸度过低，有利于微生物的孳生和增殖，从而造成淀粉的变质。因此，在淀粉生产中，保持淀粉的干净和干燥，对于确保淀粉不变质和产品优质合格，具有重要的意义。储存时存放地点应保持清洁、通风、干燥、阴凉、防虫、防鼠。

5.4.5 淀粉品质的简易检验方法——感官检验法

个体户、小作坊淀粉厂大都没有淀粉品质检验设备，其淀粉品质可以通过感官进行初步鉴定。另外，在淀粉流通的场所，需要在极短时间里判断淀粉质量的情况下也使用感官检验法，在这种场合，极快地对眼前的淀粉整体定等级，进行综合评价，要比摸清其所有成分决定其质量更为重要，因而感官检验法是可以简易实施的方法。虽然也有使用特殊仪器的，但更多的是利用视觉、触觉、嗅觉的感官检验，所以精确度不可避免地稍差些，不过，感官检验法通过选择与淀粉利用目的关系最密切的项目进行简易、迅速地测定，即使是简易试验法也能有很高的精确度，也可评价该淀粉的质量。积累一定的经验，熟练地掌握操作技巧，感官检验法也能发挥其很大的作用。

1. 目测

淀粉的色泽与淀粉的含杂量有关，光泽与淀粉的颗粒大小有关，这是在鉴别时值得注意的问题。品质优良的淀粉色泽洁白，有一定光泽。白度越高，品质越好。品质差的淀粉呈黄白或灰白色，并缺乏光泽。

通过感官进行初步鉴定时，将淀粉样品置于无色透明洁净玻璃板上，下面衬白纸，避开直射光、利用反射光仔细观察，带色杂质如灰尘、植物叶屑、黑色沙石等清晰可辨。鉴定方法：取5~10g淀粉样品在玻璃板上摊开，用另一块厚玻璃将淀粉压碎，并把样品刮成薄薄的一层，观看淀粉颜色是否洁白、有无光泽，看斑点夹杂物多少。

2. 指捻、手握

凭借手指感官检测出淀粉水分的大约含量。方法是用手指用力捻捏淀粉，能捻捏成薄片，离桌面20cm高处把手指上的薄片抖落到桌子上，如果呈散粉状为干燥，含水量在15%以下；如果呈小碎片状，含水量为15%~20%；如果薄片基本不散，含水量在20%以上。用手抓半把淀粉紧握，松手即散为淀粉比较干燥，手握成团、松手难散，说明淀粉含水量过多。另外，水分在18%以上时，在将手伸进淀粉口袋的瞬间，有冷凉的感触。

3. 耳听

用手搓捏袋中淀粉，若听到"嘎吱嘎吱"的声音，或直接用手指用力捻捏淀粉，发出"吱吱"的声音，一般认为其质量较好，大多是水分少、纯度高的淀粉。若在淀粉中掺有滑石粉、小麦面粉、玉米面粉就听不见响声或响声不大。

4. 口感

取少量淀粉放在舌头上，淀粉愈干愈有温暖感。将淀粉用臼齿咀嚼摩擦，凭口中味道、牙齿等感官的感触可以推断是否混入带泥沙的淀粉脚，对有异臭异味的淀粉则更容易判断。例如，酸味浓，说明淀粉加工采用酸浆工艺时发酵过度，沉淀后未用清水洗涤(洗涤即酸浆上清液去掉后，再加清水搅匀后沉淀)，这样的淀粉制粉条筋力稍差；如果淀粉有酸霉味，说明淀粉在干燥前湿度大时存放时间长，发生霉变，或在干燥后淀粉含水量超标保存过程发生霉变，这种淀粉加工粉条时易断条；如果有滑石粉味、麦面味等，说明掺有这些物质；用牙齿细嚼时，若有牙碜感，说明淀粉中沙含量较多。无异味，细嚼不牙碜的淀粉为优质淀粉。

5. 堆粉看尖

用手把淀粉堆成圆锥状，看锥尖的钝圆程度。纯淀粉堆尖低而缓。掺假淀粉堆尖高而陡。

6. 水沉

取 50g 淀粉，放在烧杯或白色碗中，加水 150~200mL 搅匀，再按一个方向搅 1min，静置 5min，慢慢倒出淀粉乳，注意观看底层有无泥沙或泥沙多少。再将淀粉乳置于无色透明玻璃杯或烧杯中沉淀 3h，检查沉淀情况：如果沉淀快、淀粉下沉整齐，上层水清、底层无细沙，为优质淀粉；如果沉淀慢，上层水较黄，沙多，为低质粉；如果掺有玉米面、大米面等，在水中不易下沉，上层水极浑。在淀粉加水稀释搅拌后，如悬浮液上面比重小于水的杂质过多，对粉条质量影响较大。

7. 搅熟

为了检测淀粉质量优劣，最好的办法是将糊化后的色泽与标准淀粉相比较。在此操作中，由于糊化而变为透明，其中若有泥沙就会清楚地现出，若有臭味也能够明显地判断出来。取 100g 淀粉加水 500g，搅匀后倒入锅内搅熟，冷后即凉粉，可以从凉粉的色泽、透明度、亮度、滋味、筋力、弹性等方面进行审评。若是甘薯或马铃薯淀粉，则凉粉柔软，韧性好，筋力较强，无异味；若米粉或玉米粉，则黏性特强，筋力差，难切成片；若是精制甘薯或马铃薯淀粉，则凉粉洁白、透亮、味纯正，无甘薯味；若是有酸馊味、霉味、牙碜等，说明淀粉质量差或是劣质淀粉；若是玉米淀粉，则凉粉硬脆筋力极差。

8. 对比标准样品

把通过检验确定的不同质次类别的淀粉，分别装入无色玻璃瓶或长形无色玻璃瓶中，分别贴上标签，注明样品等级、时间、来源等。在对不同来源和不同加工批次的淀粉进行鉴定时，可与标准样品进行对比，以便对不同质次的淀粉进行归类处理和使用，以确保淀粉再加工产品质量有连续的稳定性。

◎ 观察与思考

了解马铃薯淀粉等级分析、淀粉含量检验、清洗损伤率分析、淀粉蛋白质测定、淀粉脂肪测定、淀粉二氧化硫测定、淀粉微生物检验、淀粉感官检验等品质检验与质量控制方法。

◎ 资讯平台

★有关马铃薯淀粉检验的发明专利

一种马铃薯淀粉的微生物脱色净化法

【申请号】	CN99113121.5	【申请日】	1999-07-21
【公开号】	CN1244588	【公开日】	2000-02-16
【申请人】	董春明	【地址】	150020 黑龙江省哈尔滨市南岗区哈机路 1 号

续表

【发明人】	董春明		
【专利代理机构】	哈尔滨专利事务所	【代理人】	马为杰
【国省代码】	23		
【摘要】	本发明涉及一种马铃薯淀粉的微生物菌种脱色净化方法，它采用有益的微生物菌种对马铃薯淀粉进行脱色净化处理，不受用任何添加剂及化学试剂。利用生活中的常见菌种——乳酸链球菌能抑制马铃薯中的酪氨酸、酪氨酸酶，从而防止马铃薯淀粉褐变，制得洁白的马铃薯淀粉。这种方法制得的淀粉及粉丝不含有任何食品添加剂及化学试剂，是纯天然食品。且制成的粉丝外观晶莹洁白、经久耐煮、煮后透明、入口滑爽		
【主权项】	马铃薯淀粉的微生物菌种脱色净化方法，其特征是：净化工艺方法如下：①将含 1.0% 葡萄糖、1.0%KH$_2$PO$_4$、0.2%MgOSO$_4$.7H$_2$O 的琼脂培养基装入试管内，将琼脂柱溶化，待冷却至 45℃ 时用无菌毛细管吸取乳酸链球菌菌种种入，搓动试管使之混匀，并立即放入冷水中使其凝固，置于 30℃+1℃ 无菌箱中培养 3~5 天。②在无菌发酵罐中加入葡萄糖浓度为、淀粉水解糖，糖蜜培养基中糖浓度为 10%~15%，另需加入 1.0% KH$_2$PO$_4$，1.0% MgSO$_4$·7H$_2$O，加 1.0% 的 CaCO$_3$，调 pH 在 5.5~6.0 之间，接种后在厌氧条件下发酵 4~7d。③将培养的菌落置于水中，研碎，再加水稀释，使其浓度为 109 个/mL。由于乳酸链球菌自动产酸，所以溶液是酸性，使其 pH 值为 5.5~6.0 之间即可。④取上述酸液以 1:10 的比例与马铃薯淀粉浆混合均匀，经 120 目筛过滤，静止 5~10h，去除上部粉水，除去表层黑粉、底层泥沙等杂质，中间层经离心去水、干燥后，即制得洁白的马铃薯淀粉		
【页数】	4		
【主分类号】	C12P19/04		
【专利分类号】	C12P19/04；C12N1/20；C08B30/12		

第6章　马铃薯淀粉生产副产物的加工利用

◎ 内容提示

　　本章介绍马铃薯渣的成分和性能、马铃薯渣的综合利用；马铃薯淀粉生产废水的产生、废水的特点、废水的主要污染物、废水的处理方法；马铃薯淀粉废弃物环保排放的实施困难及经济实用的处理模式。

　　马铃薯加工过程中会产生大量的薯渣、黄粉（以蛋白质为主）、细胞液水及废水等，鲜薯渣含水量、有机质含量都很高，不易储存、运输，腐败变质后产生恶臭，如不经合适的处理而直接排放，则势必会造成环境污染。随着我国马铃薯产业化发展，马铃薯淀粉加工带来的废液废渣处理问题越来越受到重视。

6.1　马铃薯淀粉生产薯渣及加工利用

　　马铃薯渣是以鲜薯为原料加工淀粉后的副产品，含有大量的纤维素、果胶及少量蛋白质等可利用成分，具有很高的开发利用价值。由于鲜薯渣含水量高，烘干用做动物饲料，成本很高，直接作为饲料，蛋白质含量低，粗纤维含量高，适口性差，饲料品质低；且鲜薯渣自带菌多，不易储存、运输，腐败变质后产生恶臭，造成环境污染。因此，如何采用最经济的方法解决薯渣水分含量高、蛋白质含量低、烘干成本高、运输不方便等问题，使之转化为能产生一定的经济效益和社会效益的产品，是急需解决的问题。

6.1.1　马铃薯渣的成分和性能

　　马铃薯淀粉生产薯渣具有含水量高（80%）、纤维素含量高（45%）、粗蛋白含量低（3.45%）、不含其他有害化学制品的特点，是良好的微生物作用基质。

　　马铃薯渣是马铃薯淀粉生产过程中的下脚料。主要含有水、细胞碎片、残余淀粉颗粒和薯皮细胞或细胞结合物。其化学成分主要包括淀粉、纤维素、半纤维素、果胶、游离氨基酸、寡肽、多肽和灰分等，其中的残余淀粉含量高达37%（以干基计），纤维素、果胶含量也较高，分别达到31%和17%（以干基计）。其成分与含量因产地、生长条件不同而略有差异，具体成分见表6-1。

表6-1　　　　　　　　　　　　　　　　　鲜薯渣中主要组成成分

成　分	湿基%（w/w）	干基%（w/w）
固形物含量	13.0	—

续表

成　分	湿基%（w/w）	干基%（w/w）
灰分	0.5	4
淀粉	4.9	37
纤维素	22	17
半纤维素	1.8	14
果胶	22	17
纤维	0.9	7
蛋白质/氨基酸	0.5	4

马铃薯鲜薯渣中含水量高达 90% 左右，其水分被嵌入在残余完整细胞中，需要通过细胞膜交换到外界去，从而表现出典型胶体的理化特性，因此不具备液态流体性质。可根据胶体的一些化学特性，实施有针对性的处理。

6.1.2　马铃薯渣的综合利用

对于薯渣的利用，国内外许多学者做了多方面的尝试，其中包括用薯渣来生产酶，生产酒精，饲料，蛋白饲料，可降解塑料，制作柠檬酸钙，制取麦芽糖，提取低酯果胶制作醋、酱油、白酒制备膳食纤维等等。总体来说，目前，对于马铃薯渣的开发主要包括发酵法、理化法和混合法。发酵法是采用马铃薯渣作为培养基，引入微生物进行发酵，以获得各种发酵产物；理化法是用物理、化学和酶法对薯渣进行处理或从薯渣中提取有效成分；混合法是把酶处理和发酵两种方法综合起来。目前，国内外对于马铃薯渣的开发方向如表 6-2 所示。国内对于马铃薯渣的研究还处于起步阶段，热点主要集中在提取有效成分，如膳食纤维、果胶等以及将其作为发酵培养基，利用微生物的生长、代谢消耗有机物，并产生新的有价值的产品。

表 6-2　　　　　　　　　　马铃薯渣主要应用汇总

处理/生产方法	应　　用
在马铃薯浆渣中添加蛋白或其他营养成分	动物饲料
制备果胶或果胶-淀粉混合物	营养和技术应用
转化成糖和提取糖浆	处理薯片和薯条(增色)
水解；发酵中的培养基	制备酒精
从液相中提取营养成分	肥料
用水稀释	深井钻探中稳定剂(润滑剂)
不作处理，作为酵母培养基	生产维生素 B12
不作处理，作为微生物生长培养基	生产沼气
薯渣黑曲霉发酵	生产柠檬酸钙

处理/生产方法	应 用
白腐菌 C13 白、腐菌 D31 发酵	生产膳食纤维
黑曲霉固态发酵	生产木聚糖酶
微生物发酵	单细胞蛋白
微生物发酵	乳酸可降解材料

1. 利用薯渣生产饲料

（1）用薯渣直接生产饲料。

各种新鲜薯渣以及清理出来的不能用的薯块、薯片和薯皮等可以与谷物麸皮（20%～30%）、芽麦（2%～5%）、尿素（0.2%～2%）、硫酸铵、盐和矿物质添加剂（1%～2.5%）等混合制成复合饲料。还有些是将薯渣进行压榨，得到渣滓。细胞液在 pH 值为 5、温度85℃时，其中的大部分蛋白质转变为不溶解状态，将形成的絮状沉淀分离脱水。薯渣加上分离出的蛋白质一起混合并干燥，即制成混合饲料。但薯渣直接生产的饲料蛋白质含量低，粗纤维含量高，适口性差，饲料品质低。

（2）用薯渣生产菌体蛋白质饲料。

我国科技人员以马铃薯薯渣为主，采用黑曲霉和白地霉协生固态发酵技术生产菌体蛋白饲料，已取得成功。其原理是：首先利用黑曲霉对薯渣中的大分子碳水化合物具有较强的分解能力，使碳源糖化；然后用 α-淀粉酶液化，经白地霉固态发酵即可。在传统的菌体固态发酵工艺中，常采用单菌种培养或多菌种混合接种发酵法，这些方法对生产菌株要求较高。单菌种对纤维素含量很高的渣糟原料而言，很难实现非蛋白质转化为菌体蛋白的生化工程。多菌种混合接种发酵尽管可以较好地处理原料降解和菌体蛋白的转化问题，但两类不同生理类型的菌同时接种，就必须要求它们具备一致的发酵条件（温度、pH 值、通风、搅拌等）。但是生产中只能采取偏重一方的方式，因而菌种往往不易筛选获得。多菌种协生分阶段接种发酵工艺可以有效地解决上述问题，实现薯渣多菌种固态发酵工业化生产。其发酵工艺如图 6-1 所示。

2. 提取膳食纤维

膳食纤维是食物中不被人类胃肠道消化酶所消化的植物性成分的总称。膳食纤维包括纤维素、半纤维素、木质素、甲壳素、果胶、海藻多糖等，主要存在于植物性食物中。一般分为水溶性膳食纤维（SDF）和水不溶性膳食纤维（IDF）两大类。

自 20 世纪 70 年代以来，膳食纤维的摄入量与人体健康的关系越来越受到人们的关注，被誉为第七大营养素。大量研究表明，许多常见病如便秘、结肠癌、胆石症、动脉粥样硬化、肥胖等都与膳食纤维的摄入量不足有关。目前国内对麦麸、甜菜渣、蔗渣、豆渣膳食纤维的研究较多，对马铃薯渣膳食纤维的开发研究较少。

薯渣中含有丰富的膳食纤维，占干重的 19.65%，是一种安全、廉价的膳食纤维资源。用薯渣制成的膳食纤维产品外观白色，持水力、膨胀力高，有良好的生理活性。目前提取膳食纤维的工艺方法主要有酒精沉淀法、酸碱法、挤压法、酶法等。利用微生物发酵马铃薯渣生产膳食纤维。采用菌株 C13 和菌株 D31 分步发酵，获得膳食纤维总含量达到

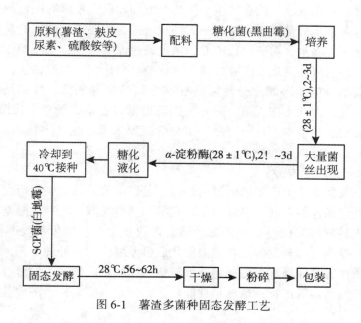

图 6-1 薯渣多菌种固态发酵工艺

35128g/L 的发酵液，其中可溶性膳食纤维为 6131g/L。

采用酶法制备膳食纤维，工艺如下：

马铃薯渣→除杂→α-淀粉酶解→酸解→碱解→功能化→漂白→冷冻干燥→超温粉碎→成品→包装。

3. 提取果胶

果胶属于多糖类物质，与纤维素一起，构成植物细胞壁的主要成分，尽管可以从大量植物中获得，但是商品果胶的来源仍非常有限。

马铃薯渣中含有较高的胶质含量，占干基的 15%～30%，同时产量大，具有实用性。考虑到这些优点它是一种很好的果胶来源。一般采用条件温和的萃取方法从薯渣中提取果胶，尽量不破坏其结构完整性。萃取的果胶包括两部分：低度酯化的果胶和有钙离子存在的高凝胶性果胶。采用不同提取方式果胶的成分会有所不同，但薯渣中的果胶由于乙酰化程度高、分子量低、支链比例高，影响了它的凝胶能力，它的凝胶性能不如从柑橘、苹果渣中提取的果胶的凝胶性能好，通过结构改性提高它的凝胶性。用铝盐沉淀法从马铃薯渣中制备果胶的研究结果显示，50g 薯渣中能得到 11.5g 果胶，表明薯渣中含有丰富的果胶，是一种良好的果胶提取原料。

4. 发酵产品的生产

将薯渣通过微生物发酵，生成新的发酵产品，是薯渣生物转化的主要途径。其中以薯渣发酵生产禽畜饲料，以生产工艺简单、产品市场前景广阔等优势，成为薯渣综合利用的主要途径。发酵方法以薯渣形态划分，大体可以分为液态发酵、半固态发酵和固态发酵。

近年来，用于发酵马铃薯淀粉渣的微生物包括细菌、酵母和真菌。丝状真菌，尤其是担子菌是主要的用于发酵农业副产品的菌种，它们能够在底物表面甚至内部很好地生长。

利用微生物发酵马铃薯淀粉渣的主要发酵方式是液态发酵，日本也有学者对马铃薯淀粉渣进行青贮发酵。液态发酵虽然在传质、传热等方面比固态发酵有明显的优势，但是液态发酵产物中含有大量水分是液态发酵的一大缺点。因为想要得到预期的发酵产品，就需要对产品进行纯化，去除水分需要进行离心、蒸发或过滤等操作，这些操作均会消耗大量的能量。因此，固态发酵比液态发酵有经济上的优势。对于固态发酵而言，一定的水分是微生物生存所必需的，但是限制水分活度能在非无菌的培养条件，特别是极端 pH 条件下，防止杂菌的生长，因此无需灭菌。另外，固态发酵设备构造简单、投资少、能耗低、易操作，后处理简便、污染少。总而言之，水分含量要求低、生产力优越、不产生污水，都是固态发酵较液态发酵优越的特点。

（1）薯渣半固态、固态发酵。

半固态、固态发酵薯渣生产单细胞蛋白饲料，是目前薯渣转化饲料研究中广泛采用的方法。以对原料处理条件的不同，可分为生料发酵和熟料发酵。生料发酵是将薯渣脱水后的半固态发酵。生料发酵的优点是耗能低，适合工业化生产；但生料发酵染菌的概率较大，发酵条件不好控制。熟料发酵是将薯渣糖化后再发酵的一种处理工艺。它的优点是染菌概率小，发酵条件容易控制，可将非还原糖转化为还原糖，增加了发酵过程中的可利用碳源，可提高单细胞蛋白的产量；缺点是耗能较高，劳动强度大，经济效益差。

哈工大教授科研成果
马铃薯薯渣入巨罐发酵成宝

2009 年 12 月，由哈工大生物工程研究所杨谦教授课题组承担的黑龙江省科技厅攻关重大专项项目"生产淀粉废弃物（薯渣）生物技术处理技术与资源化处理"已完成生产实验，正在大兴安岭丽雪精淀粉公司建设示范工程。该项目的研究成果在省科技厅组织的专家鉴定中，被鉴定为国际领先水平。

目前中国年产马铃薯 7000 万余吨，用于生产淀粉时产生大量含有纤维素、维生素等营养成分的薯渣和汁水，由于没有有效的处理技术只能任其排放，不仅造成巨大的资源浪费，还破坏了生态环境。

哈工大生物工程研究所杨谦教授介绍说，该项目于 2008 年立项，目前该项目建成了容积为 165 吨、国内外用于马铃薯薯渣资源化最大的发酵罐，并采用了目前世界上最先进的气升式搅拌技术，可以大规模地将马铃薯薯渣转化为细胞蛋白饲料。目前，该项目不但很好地解决了将马铃薯薯渣"变废为宝"、改变其污染环境的状况这一难题，而且该项目生产的细胞蛋白饲料和微生物菌体能够直接应用于畜牧业、农业等行业，带来直接经济效益。

杨谦教授告诉记者，目前课题组已与中国马铃薯淀粉工业协会达成协议，待大兴安岭丽雪精淀粉公司示范工程完成之后，将在全国 1000 多家马铃薯淀粉企业中进行推广。

（2）薯渣液态发酵

多菌种液态发酵薯渣，制备单细胞蛋白饲料，是薯渣转化的一个有效途径。生成饲料中干酵母产量可达为 19~20g/L，单细胞蛋白中的蛋白质含量可达 12%~15%。液态发酵的优点是发酵充分，微生物生长迅速；缺点是耗能大，生成的单细胞蛋白饲料造价较高，适口性及营养价值较传统蛋白饲料差。

随着社会的发展，粮食将成为制约人类进步的因素，为了避免出现人畜争粮的现象，利用马铃薯淀粉渣等食品工业副产品发酵生产微生物蛋白质饲料将成为一种趋势。微生物发酵利用马铃薯淀粉渣不仅能将廉价物质作为培养基生产有益物质，而且能解决大众关注的淀粉加工厂因排放马铃薯淀粉渣带来的环境污染问题。为提高利用效率，可以根据马铃薯淀粉渣的营养成分特点选取适当的菌种，进行单菌甚至混合菌发酵；还可以对发酵工艺和参数进行优化，使马铃薯淀粉渣得到更大程度的利用。

考虑到微生物蛋白质饲料的适口性，可以在发酵过程中添加产生香味的菌种，如 *Rhizopusoryza*、*Geotrichum candidum*，使发酵生产的单细胞蛋白质饲料能更受畜禽欢迎。此外，也可以将马铃薯淀粉渣与其他农业副产品、青秸秆等储存在一起进行青贮发酵，不仅可以改善饲料的适口性，而且可以扩大饲料资源，为动物常年提供青绿饲料。

5. 制备新型吸附材料

研究表明，用马铃薯渣制成的纤维对 Pb^{2+}，Hg^{2+} 具有较强的吸附作用，并且吸附量大、吸附速度快。

6. 生产可降解塑料、化工原料

国外研究利用马铃薯渣制成可光降解的塑料。首先是把马铃薯渣等含淀粉的废弃物在高温条件下经 α-淀粉酶处理，将长链的淀粉分子转化为短链，再通过葡糖淀粉酶糖化成葡萄糖。葡萄糖经乳酸菌发酵48h后，95%的葡萄糖转化成乳酸。发酵后乳酸经过碳滤进一步纯化制成可光降解的塑料。但该方法处理过程较为繁琐，中间步骤多，还有待进一步的研究。

7. 沼气开发

采用马铃薯皮渣作为沼气发酵原料生产沼气，可选用水作为启动剂。在22℃条件下，用水补足的马铃薯皮渣发酵试验的 Ts 产气潜力为 716mL/gTS。VS 的产气潜力为 693mL/gVS。只是沼气发酵受温度影响较大，冬季使用还是有很大挑战。

◎ 观察与思考

1. 了解马铃薯渣的成分和性能。
2. 了解马铃薯废渣的综合利用情况。
3. 了解马铃薯废渣综合利用的基本方法
4. 简述马铃薯渣发酵产品的生产。

6.2 马铃薯淀粉废液及处理技术

马铃薯淀粉废水是以马铃薯为原料生产淀粉的过程中产生的废液。马铃薯淀粉加工中，提取淀粉后留下含有淀粉、果胶、蛋白质、氨基酸等有机物质的高浓度有机废水。这种废水一般没有毒性，但化学需氧量（COD）很高，最大值达到 60000mg/L；生化需氧量（BOD）最大值达到 20000mg/L，是高污染的废水，如果不经过处理而直接排放，将造成环境水体缺氧，使水生生物窒息死亡，给环境带来巨大的危害。这不仅是对人类生存环境的危害，同时也造成水资源的极大浪费。淀粉废水治理一直是我国重点治理的工业污水之一。

6.2.1　马铃薯淀粉生产废水的产生

由表 6-3 可知，马铃薯淀粉生产废水的来源主要包括：马铃薯流送渠和洗涤废水；从筛网或离心机提取淀粉后的黄浆废水、薯浆脱水的压榨机和沉淀池排出来的蛋白质水；洗涤和淀粉精制中排出较稀的蛋白质水；冷凝器和真空干燥器的冷却水；而来自提取设备的马铃薯蛋白水，有机质含量很高，是废水处理中的难题。其中来自提取设备的蛋白水和来自运输与洗涤用水的流送渠水各自占了两大类来源废水中的主要部分。马铃薯淀粉生产各部分废水的来源及其水量见图 6-2 和表 6-3。

图 6-2　马铃薯淀粉加工副产物分析图

表 6-3　　　　　　　　　　　　　　**马铃薯淀粉生产废水的来源**

废水种类	加工每吨薯类耗水量（m³/t）	生产每吨淀粉耗水量（m³/t）
运输和洗涤用水		
流送渠水	5.0	20.0
洗涤水	2.0	15.0
蛋白水		
来自提取设备	7.7	28.0
来自离心机	3.0	
来自精制	1.6	2.0
来自薯浆压榨	0.4	2.2
总计	20	75

一般生产规模为每年处理鲜薯 20 万吨的企业，平均每生产 1 吨淀粉需要加工 6.5 吨左右的马铃薯，排放 20 吨左右的废水，其中细胞液 5 吨左右；排放 5 吨左右的湿废渣，含水量 80% 以上，可干燥出 1 吨干渣。一个每年生产 5000 吨淀粉的中型厂，年加工马铃薯约 33 万吨，年排放废水约 10 万吨，其中细胞液约 2.5 万吨。目前，全国生产淀粉的大小企业数千家，马铃薯淀粉总量达 40 多万吨，年加工马铃薯近 300 万吨，年排放废水 800 多万吨，其中蛋白液（工艺废水）约 200 万吨。

6.2.2 马铃薯淀粉生产废水的特点

（1）马铃薯淀粉生产属于季节性生产，生产期主要集中在每年的 10 月份至翌年的 1 月份，此时处于冬季，温度较低；

（2）间歇性生产，生产周期短，且单个企业生产规模较小；

（3）蛋白含量高，曝气处理时会产生大量泡沫。以上特点给废水处理带来很大困难，加之以往很多企业所选污水处理工艺不合理，对马铃薯淀粉废水很难做到达标排放，造成地表水体污染。

6.2.3 马铃薯淀粉生产废水的主要污染物

马铃薯表面上含有大量的污泥，需要用大量的清水进行冲洗。冲洗段废水悬浮物含量高，COD 和 BOD_5 值都不高。废水主要受悬浮固体（SS）的污染，还可能含有小块马铃薯、芽、草、根等，这些污染物为加工土豆重量的 1%～5%。

生产废水即分离废水中含有大量的水溶性物质，如糖、蛋白质、树脂等，此外还含有大量的微细纤维和淀粉，COD、BOD_5 值很高，并且水量大，废水主要含有有机化合物，如糖和蛋白，相当浑浊，当新鲜时显微碱性，过一段时间后，由于浮酸和丁酸发酵而变成酸性蛋白分解时形成硫化氢。除了溶解的有机物外，还含有相当多的不溶解物质，如淀粉微粒、细胞、土豆种芽小片、根纤维以及叶子等，因此，本工段废水是马铃薯原料淀粉厂主要污染的废水。马铃薯淀粉加工各工艺段废水主要污染指标及废水水质如表6-4、6-5所示。

表6-4 各工艺段废水主要污染指标 （mg/L）

废水种类	化学需氧量	固体悬浮物质量浓度
冲洗废水	1500～3000	2000～2800
蛋白液	39000～50000	17000～22000
清洗废水	2000～3500	2200～2800

表6-5 马铃薯淀粉加工废水水质

项 目	输送渠水	蛋白质水	精加工水	薯浆压榨水	总废水
悬浮固体（110℃）（kg/t）	82	20	1.7	9.6	114
沉降物（2小时）（cm³/L）	190	225	9	210	634
BOD_5（kg/t）	1.3	16.0	2.2	3.5	23.0
N（kg/t）		1.8			
K（kg/t）		3.6			
P（kg/t）		0.9			

淀粉生产废水如果直接排放于河流和水库中，废水中的有机质就会在自然发酵后释放出硫化氢、氨气等，污染环境；在水中，由于有机质浓度过高，各种微生物生长繁殖迅

速,其中有害微生物或者致病菌大量生长繁殖,不仅直接侵害了水生动物,而且由于微生物的生长和有机质的氧化反应,水中的溶解氧被消耗殆尽,造成水体缺氧,严重影响鱼类和其他水生动物的生存,同时水中的厌氧微生物会在厌氧条件下分解其中的有机物,造成水质恶化,颜色发黑,水面散发臭味,污染环境。这不仅是对人类生存环境的危害,同时也造成水资源的极大浪费。

6.2.4　马铃薯淀粉生产废水的处理方法

废水处理的目的就是对废水中的污染物以某种方法分离出来,或者将其分解转化为无害稳定物质,从而使污水得到净化。一般要达到防止毒物和病菌的传染,避免有异臭和恶感的可见物,以满足不同用途的要求。废水处理相当复杂,往往很难用一种方法就能达到良好的治理效果,废水处理方法各有其适应范围,必须取长补短,相互补充。一种废水究竟采用哪种方法处理,首先是根据废水的性质、组成、状态、水量、废物回收的经济价值及处理方法的特点等,然后通过调查研究,进行科学实验,并按照废水的排放指标、地区的情况和技术可行性而确定。

目前应用于工业的主要废水处理技术包括生化法、化学絮凝法、多效蒸发等处理技术。国外最常用的技术是生化法。该方法具有技术成熟、效果较好、可靠性强等优点,但同时具有占地面积大、投资高、技术难度大、操作管理复杂且低温条件无法使用等缺点。采用化学絮凝法,虽然投资少,适应性强,操作简单,但经过该法处理的淀粉废水只能达到废水排放要求,无法将大量水资源循环使用。

针对淀粉工业废水的特点,科技人员一直在寻找一种快捷、高效、低能耗的淀粉废水处理方法。到目前为止,仍没有对马铃薯淀粉加工废液回收利用和处理特别有效的工艺和有关的专利技术。目前,国内外主要采用物理化学法和生物法对该废水进行处理,这两种方法在实际应用中各有利弊。

淀粉生产废水处理后的排放标准是:pH 值为 $6 \sim 9$、CODcr(化学需氧量) $< 150mg/L$、BOD_5(生化需氧量) $< 30mg/L$、SS(悬浮物) $< 150mg/L$、氨氮 $< 25mg/L$。

1. 物理化学方法

(1)自然沉淀法。

自然沉淀法是一种比较原始的污水处理方法。该方法是利用蛋白质自然凝结沉淀的性质,将废水排入一个较大的储浆池中,待其自然沉淀一段时间后,将上层清液排放,底部蛋白质回收。该方法具有沉淀时间长、储浆池占地面积大、夏季废水容易酸败等缺点,而且处理效果差,上层排放液难以达到排放标准。为了缩短反应时间,提高蛋白质的回收率,实验人员依据蛋白质沉淀特性,对其沉淀工艺作了大幅的调整。利用蛋白质在等电点沉淀的原理,通过滴加稀盐酸调节 pH 值以缩短沉淀时间。但加入酸碱增加生产成本,增加工作量,更会对沉淀池及设备造成腐蚀。由此看来,此种方法不适合规模小、生产期短的淀粉生产企业。另外有的实验人员依据蛋白质遇热变性沉淀的原理,设计在沉淀池中铺设加热装置,通过对废水加热升温,以达到使蛋白质沉淀的效果。这种作法虽然大大提高了蛋白质的去除率,但加热也增加了生产成本,且增加的成本远大于产生的效益,同样不可取。

(2)絮凝沉淀法。

絮凝沉淀法是通过加入絮凝剂，使分散状态的有机物脱稳、凝聚，形成聚集状态的粗颗粒物质从水中分离出来。絮凝沉淀法处理效果的好坏很大程度上取决于絮凝剂的性能。目前使用的絮凝剂主要为无机絮凝剂、合成有机高分子絮凝剂、天然高分子絮凝剂和复合型絮凝剂。在絮凝处理过程中，絮凝剂的种类、性质、品种是关系到絮凝处理效果的关键因素。开发高效、廉价、环保的絮凝剂是实现絮凝过程优化的核心技术。

絮凝沉淀法针对马铃薯清洗废水处理效果较好，该方法具有运行成本低、沉淀时间快、操作简单等优点，因此，其作为一种成本较低的水处理方法得到了广泛的应用。但是对于浓蛋白液等工艺生产废水则效果不理想，无法解决蛋白液起泡等技术问题。同时絮凝沉淀法可以去除废水中分子量较大的有机污染物，然而对于分子量较小和水溶性的有机污染物，去除效果较差。

(3)膜过滤法。

膜分离技术兼有分离、浓缩、纯化和精制的功能，又有高效、节能、环保、分子级过滤及过滤过程简单、易于控制等特征，已广泛应用于各行业中。采用膜过滤法处理马铃薯淀粉生产废水，不仅处理效果好，而且整个过程是纯物理过程，不会引入新的化学试剂而造成二次污染，是一种较为环保的水处理方法。

采用超滤膜对马铃薯淀粉废水进行了回收蛋白质的中试实验表明，超滤膜对马铃薯淀粉生产废水中蛋白质的截留率大于90%，COD 的截留率大于50%。超滤法从马铃薯淀粉废水中回收蛋白质，所得的粗蛋白去水后质量浓度为 14g/L、蛋白含量为 65%。

在用超滤膜处理马铃薯淀粉生产废水回收蛋白质时，膜阻塞是一个经常遇到而又难以解决的问题。膜阻塞主要是由于溶液中的大分子吸附在膜表面造成膜孔径堵塞和孔径的减小，阻塞的形式主要有膜表面覆盖阻塞和膜孔内阻塞两种，解决方法只有经常进行膜清洗。这有碍于生产的连续性，目前还没有更好的解决方法，严重的膜阻塞使得膜法分离工艺在实际废水处理时很难应用。

2. 生物处理法

生物处理法是利用微生物新陈代谢功能，使废水中呈溶解和胶体状态的有机污染物被降解并转化为无害物质，使废水得以净化的方法。一般可分为好氧生物处理法和厌氧生物处理法两种。生物处理法是现代污水处理应用中最广泛的方法之一，该方法在处理高浓度有机废水方面，以其处理费用低、处理效率高等优点被广泛采用。但该方法具有相对投入高、启动时间长、运行成本高等缺点。同时，受生物活性制约，对北方马铃薯淀粉生产废水的处理适应性较差。

(1)厌氧生物处理法。

厌氧生物处理是指在无氧条件下，借助厌氧微生物的新陈代谢作用分解水中的有机物质，并使之转变为小分子物质(主要是 CH_4、CO_2、H_2S 等气体)的处理过程，同时把部分有机质合成细菌胞体，通过气、液、固分离，使污水得到净化。在淀粉废水处理中用到的厌氧生物处理系统主要有厌氧填料床、上流式厌氧污泥床反应器(UASB)、厌氧折流板反应器(ABR)、厌氧流化床(AFB)、厌氧接触法(ACP)、两相厌氧消化法(TPAD)和厌氧滤池(AF)等。

①升流式厌氧污泥床(UASB)。UASB 反应器是一体化两相厌氧反应器，其处理高浓度有机废水具有高效低耗的特点。它基于两相厌氧生物降解的原理，在同一个反应器内培

养出集产酸菌和产甲烷菌于一体的颗粒污泥，并使这 2 大类微生物保持较高的活性；同时颗粒污泥具有良好的沉降性能，可以承受很高的容积负荷与水力负荷，从而实现 UASB 反应器对 COD 去除率的高效性。UASB 内的水流方向与产气上升方向相一致，一方面减少了堵塞的概率，另一方面则加强了对污泥床的搅拌混合作用而有利于微生物与进水基质间的混合接触及颗粒污泥的形成。该工艺不仅投资省、运行费用低、操作简便，而且产生可供利用的沼气，处理后的废水达标排放，获得较好的经济效益和环境效益。

②厌氧流化床（AFB）。该反应器内填充着粒径小、比表面积大的载体，厌氧微生物组成的生物膜在载体表面生长，载体处于流化状态．具有良好的传质条件，微生物易与废水充分接触，菌具有很高的活性，设备处理效率高。

③垂直折流厌氧污泥床（VBASB）。VBASB 是一种复合型厌氧反应器，它是以 UASB 反应器为主体，综合了 ACP、UASB 和 AF 三种工艺的特点，可视为在 UASB 反应器内加四道垂直挡板，使反应器的水流上下垂直折流，处理过的废水再经三相分离器流出反应器，使反应器内的水流呈推流的特点，对高悬浮物高浓度有机废水比 AF 和 UASB 有更好的适应性。

④厌氧接触消化法。厌氧接触消化法属第二代厌氧消化技术，由于采用将消化污泥回流至消化器的措施，可保持消化设施内较高浓度的生物量，从而提高了消化器的容积负荷。与上流式厌氧污泥床、厌氧滤床相比，厌氧接触消化法虽然负荷较低，但运行可靠，启动时间较短，但目前国内在淀粉废水处理方面的研究和应用并不多见。

⑤厌氧折流板（ABR）反应器。ABR 反应器作为一种理想的多段分相、混合流态处理工艺，具有比其他厌氧工艺更为优越的特性。对高浓度淀粉加工废水具有稳定高效的处理效果。

沈耀良（2002 年）等对 ABR 反应器处理高浓度淀粉加工废水的效果及污泥特性进行了研究，在中温（35 ± 0.5）℃、进水 COD 负荷为 12 ~ 18kg/（m³·d）、HRT = 12 ~ 24h 时，COD 的去除率可达 72% ~ 96%。研究表明，不同条件下反应器不同隔室中的 VFA 及 pH 的变化呈现出显著的相分离及移动的特征，反应器中形成 SVI 为 18 ~ 25mL/g、平均粒径为 2 ~ 3mm（大者可达 4 ~ 5mm）、性能良好的颗粒污泥，且其特性随不同隔室而呈现出相应的变化规律。

⑥厌氧滤池（AF）。装置中填满了如沙砾、塑料、泡沫等填料，使厌氧微生物附着在上面生长，可维持较高的生物量和较长的 SRT。但由于该装置易发生堵塞，所以主要用于处理含悬浮物较少的中、低浓度废水，近些年使用该方法处理淀粉废水方面的报道不多。

（2）好氧生物处理法。

好氧生物处理法是指在有分子氧存在的条件下通过好氧微生物的作用，将淀粉废水中各种复杂的有机物进行好氧降解，使污水得到净化。好氧生物处理法具有处理能力强、出水水质好、占地少的优点，因此当前被各国广泛使用。在淀粉废水处理中用到的好氧生物处理方法有 SBR 法、CASS 法、接触氧化法、好氧塘法等。其中，SBR 反应器即序批式活性污泥生物反应器，其工艺的独特之处在于，它提供了时间程序的污水处理，而不是连续流程提供的空间程序的污水处理。因此，其工艺流程具有沉降、分离效果好，耐冲击负荷等特点。由于淀粉废水有机负荷高，处理难度大，在实际生产中往往将好氧处理法和厌氧处理法结合而用。

（3）厌氧和好氧联合处理。

由于淀粉废水有机负荷高，处理难度大。使用单一的生物处理很难达到预期效果。所以一般使用厌氧和好氧联合处理工艺。采用 UASB—SBR 工艺处理淀粉废水。针对淀粉废水有机负荷高、可生化性好的特性，首先用 UASB 工艺处理，使淀粉废水中大部分有机物在 UASB 段得到降解。然后再进入 SBR 段进行好氧生物处理，进一步降解废水中的有机物，最终使废水达标排放。试验结果表明，废水经颗粒化 UASB 稳定处理后，出水 COD 可降到 500mg/L 以下。再经 SBR 处理后，出水 COD 可降到 100mg/L 以下，出水清澈。该处理系统具有耐冲击负荷、处理效果稳定、运行管理简单且运行费用低等特点。

淀粉废水的处理，无论是物理化学法，还是生物处理法，在实际的应用中，很少将其单一地用于废水处理，尤其对马铃薯淀粉生产产生的高浓度有机废水而言，单一处理很难达到废水处理标准。所以在实际的应用中，经常将几种方法组合，以使其发挥最大处理效果。目前对马铃薯淀粉生产废水的处理通常以"预处理+UASB 反应器+A/O 活性污泥池"为主体的处理工艺。絮凝沉淀法，无论是作为马铃薯淀粉废水处理的主体工艺，还是作为综合处理法的预处理阶段工艺，都发挥着不可替代的作用。同时，絮凝沉淀法处理废水的效果很大程度上取决于絮凝剂的性能，所以絮凝剂的性能是絮凝法废水处理技术的关键和核心基础。因此，未来几年，我国马铃薯淀粉生产废水处理的研究重点仍将集中在研制新型、高效、廉价、环保的絮凝剂方面。

◎ 观察与思考
1. 了解马铃薯淀粉生产废水的产生及废水的特点。
2. 了解马铃薯淀粉生产废水的主要污染物。
3. 了解马铃薯淀粉生产废水的处理方法。
4. 了解化学需氧量（COD）与生化需氧量（BOD）的意义。

6.3 经济实用的马铃薯淀粉废弃物处理模式

6.3.1 环保排放的实施困难

随着马铃薯种植面积和产量的增加及淀粉加工能力的扩大，由此而产生的淀粉加工废水超标排放和对河流、水库及环境造成污染的严峻形势，引起全社会各方面的高度关注。国家环保总局已将淀粉生产企业纳入重点监管范围。所有企业规划建厂，均需经严格的环评审核。投产企业也必须符合规范，达标排放。按目前各地环保部门的要求，所有淀粉工厂都要配套建设相同的水处理工厂，处理达标后方可排放。但是这对于目前的马铃薯淀粉行业有着极大的实施难度，原因是多方面的。

（1）马铃薯淀粉加工在我国刚开始发展，产业基础非常薄弱。淀粉属于农产品初级加工，利润很薄（一般 3%~5%），产业又都集中在老、少、边、穷地区，单靠企业的力量是无法配套建设水处理厂的。

（2）马铃薯加工企业多在"三北"地区，生产季节 9~11 月气温低，有冰冻。特别是

10~11 月，气温一般在 -5~15℃之间，而污水处理工艺无论是厌氧法还是好氧法，均需 30℃左右的工作温度，否则无处理效果。因此，污水处理工厂即使建成也无法正常使用。

（3）我国现有马铃薯淀粉企业一条标准生产线，一般日加工马铃薯 600~700t，日用水量 1000~1200t，每年生产期为 60~90d。如果配套建设一座污水废渣处理厂，总投资 2000 万元左右，如果连同蛋白回收及除磷设备，投资相当于淀粉企业一条进口生产线的 90%，国产生产线的 200% 多，而且开工利用率不足 20%。如果配套建设废水废渣处理厂，建设、运行成本高于产品价格，将使企业不堪重负。

6.3.2 经济实用的处理模式——废液灌溉农田、废渣加工饲料

针对上述情况，中国淀粉工业协会马铃薯淀粉专业委员会同国家环保总局协调，探讨出成本低、见效快、适应循环经济发展要求的、适合中国国情的马铃薯加工废水处理模式——废液灌溉农田、废渣加工饲料，并且取得一定的成果。

马铃薯淀粉加工完全为物理过程，工艺为：磨碎→分离→洗涤→干燥→包装，中间没有添加化学品，没有化学污染。马铃薯淀粉加工产生的工艺水富含氮、磷、钾及各种有机物，非常适合农田灌溉，生物固体、滤饼、泥浆都可回填到土壤中，改良土壤，增强地肥。在灌溉时应控制给水速度，使水在土壤中有足够时间进行生物降解。在利用废水进行灌溉时应严格控制土壤的土质、pH 和钠离子的浓度。

新鲜马铃薯渣以及清理出来的不能用的薯块、薯片和薯皮等可以与谷物麸皮（20%~30%）、芽麦（2%~5%）、尿素（0.2%~2%）、硫酸铵、盐和矿物质添加剂（1%~2.5%）等混合制成复合饲料。还有些是将薯渣进行压榨，得到渣滓。细胞液在 pH 值为 5、温度 85℃时，其中的大部分蛋白质转变为不溶解状态，将形成的絮状沉淀分离脱水。薯渣加上分离出的蛋白质一起混合并干燥，即制成混合饲料。

日本科学家二国二郎所著的《淀粉科学手册》中提到："在马铃薯中含有氮 0.3%、磷酸 0.1%、钾 0.5%，在淀粉制造之中磷酸的 70%、其余成分的 90% 左右均转移至废水中，因而可以将这些废水返回到旱地和草地作肥料利用。""废水作为肥料和灌溉方面的利用，其条件是需要有广大的土地，这是将原料从土壤中摄取来的物质重新还给大地，只要当地条件许可，这乃是一种最好的处理方法。"日本、欧洲各国都是工业发展成熟、环保要求极为严格的国家，马铃薯淀粉工业水用作液体肥料浇灌农田，废渣被加工成膳食纤维和牲畜饲料，不仅是他们几十年来成功经验的总结，而且被纳入环境管理法规中。我国马铃薯淀粉工业是新兴产业，完全应该学习借鉴发达国家变废为宝、发展循环经济的成熟经验。

◎ 观察与思考

1. 了解马铃薯淀粉生产废弃物环保排放实施中存在的问题。
2. 熟悉马铃薯淀粉生产废弃物经济实用的处理模式。
3. 了解当地马铃薯淀粉生产废水、废液灌溉农田的情况。
4. 了解当地马铃薯淀粉生产废渣加工饲料的情况。

◎ 资讯平台
★ 有关马铃薯淀粉渣、废水综合利用的发明专利
1. 利用马铃薯淀粉渣、废水生产生物质能燃料及生产方法

【申请号】	CN201210187082.6	【申请日】	2012-06-08
【公开号】	CN102690844A	【公开日】	2012-09-26
【申请人】	常华	【地址】	743000 甘肃省定西市安定区民主路瑞丽佳苑 18-3-501 室
【发明人】	常华；马宝成；张春定		
【专利代理机构】	甘肃省知识产权事务中心 62100	【代理人】	马英
【国省代码】	62		
【摘要】	一种利用马铃薯淀粉渣、废水生产生物质能燃料及生产方法，该生物质能燃料的组成：马铃薯淀粉渣和废水为：50%～70%，其中含固量 5%～95%，接种物为 50%～30%，该生物质能燃料的生产方法：准确测量所用的马铃薯淀粉渣、接种物的固含量；将所述马铃薯淀粉渣、接种物按实际测得的含固量和配方要求或压滤或用马铃薯废水稀释后，两者混合泵入反应器进行厌氧发酵，该体系 pH 值在 6.5～7.5 之间，温度 30～56℃，在接种物的作用下生产沼气；沼气经脱硫、脱碳提纯、压缩为生物质能燃料，该燃料满足《车用压缩天然气》(GB 18047—2000)标准，可作为清洁能源安全使用，可用作车用 CNG 以替代汽油或家用代替液化石油气		
【主权项】	一种马铃薯淀粉渣、废水用于生产生物质能燃料的用途		
【页数】	10		
【主分类号】	C12P5/02		
【专利分类号】	C12P5/02；C10L3/08		

2. 一种马铃薯淀粉生产过程中废水、废渣的循环利用工艺

【申请号】	CN200510065866.1	【申请日】	2005-04-22
【公开号】	CN1850664	【公开日】	2006-10-25
【申请人】	黄磊	【地址】	750001 宁夏回族自治区银川市中山北街 263 号荣丰苑 46 号信箱
【发明人】	黄磊		
【专利代理机构】	宁夏专利服务中心	【代理人】	马小明
【国省代码】	64		

【摘要】	本发明提供一种马铃薯淀粉生产后的废水、废渣的循环利用工艺,解决了马铃薯生产淀粉传统工艺中直接排放和丢弃废水、废渣对环境的危害问题,通过分离、沉淀、萃取、脱盐、干燥等一系列工艺步骤,从废水、废渣中提取有用物质,使整个马铃薯淀粉生产成为一个循环利用过程,大大提高了马铃薯资源的综合利用率,消除了马铃薯淀粉生产废水、废渣对环境的污染,为农副产品深加工和清洁生产找到新的途径
【主权项】	权利要求书1. 一种马铃薯淀粉生产后的废水、废渣的循环利用工艺,其工艺步骤为:a. 马铃薯生产淀粉后的废水经离心机分离,产生清液(1)和淀粉(2);清液(1)和马铃薯生产淀粉过程中淀粉浆脱水清液合并成清液(2);b. 清液(2)用酸液进行沉淀,得沉淀(1)和清液(3);沉淀(1)用酸洗涤后干燥得蛋白(1);c. 清液(3)浓缩、分离,得蛋白液和低聚糖液,低聚糖液浓缩后干燥得低聚糖,蛋白液浓缩后干燥得蛋白(2);d. 马铃薯生产淀粉后的废渣(1)经微波萃取得萃取液和废渣(2),萃取液沉淀,沉淀物脱盐后干燥得果胶;e. 废渣(2)用水洗至中性、脱水、干燥、粉碎、膨化、超微粉碎得膳食纤维
【页数】	11
【主分类号】	C02F9/02
【专利分类号】	C02F9/02;C02F1/38;C02F1/52

3. 马铃薯淀粉生产废水中蛋白质膜法回收装置

【申请号】	CN200820131168.6	【申请日】	2008-07-25
【公开号】	CN201250194	【公开日】	2009-06-03
【申请人】	甘肃省膜科学技术研究院	【地址】	730020 甘肃省兰州市城关区段家滩1272号
【发明人】	安兴才;吕建国;吴云峰		
【专利代理机构】	甘肃省知识产权事务中心	【代理人】	周春雷
【国省代码】	62		
【摘要】	本实用新型公开了一种马铃薯淀粉生产废水中蛋白质膜法回收装置,由原水箱、泵体、膜组件与管线组成,所述原水箱通过管线与工作泵进行连接,所述工作泵通过管线与膜组件的进口连接,所述膜组件上的浓缩液出口与调压阀、浓缩液流量计通过管线依次串联,所述膜组件上的透过液与透过液流量计通过管线连接。采用上述马铃薯淀粉生产废水膜法蛋白质回收装置,在常温下进行不仅操用简单、自动化程度高,而且特别适用于马铃薯淀粉生产废水中蛋白质的回收、浓缩,回收率在50%以上,同时也对废水进行了处理,处理效果好,设备占地面积小、适用面积广,可适用于其他废水中的蛋白质回收		

续表

【主权项】	一种马铃薯淀粉生产废水中蛋白质膜法回收装置，由原水箱、工作泵与管线组成，其特点在于：所述原水箱(1)通过管线与工作泵(2)连接，所述工作泵(2)通过管线与膜组件(3)的进口连接，所述膜组件(3)上的浓缩液出口与调压阀(4)、浓缩液流量计(5)通过管线依次串联，所述膜组件(3)上的透过液出口与透过液流量计(6)通过管线连接
【页数】	5
【主分类号】	C07K1/14
【专利分类号】	C07K1/14

4. 从马铃薯淀粉生产的废水中提取蛋白质的方法及设备

【申请号】	CN200610003857.4	【申请日】	2006-01-23
【公开号】	CN1821264	【公开日】	2006-08-23
【申请人】	陶德录	【地址】	756000 宁夏回族自治区固原试验区长丰路 106 号
【发明人】	陶德录		
【专利代理机构】	宁夏专利服务中心	【代理人】	贾冬生
【国省代码】	64		
【摘要】	本发明涉及一种从马铃薯淀粉生产的废水中提取蛋白质的方法及设备，该方法包括缓冲、加热、凝胶反应、沉淀、沉淀物的干燥。为实现上述发明方法的专用设备包括炉体、加热装置，其特征在于炉体为封闭的装有导热液体的容器，在炉体内安装有加热装置、物料加热盘管和絮凝剂加热盘管，在炉体上固定有蛋白液进液管和蛋白液出液管，蛋白液进液管和蛋白液出液管分别与物料加热盘管的物料进液口和物料出液口相连，在炉体上固定的絮凝剂进液管和絮凝剂出液管分别与絮凝剂加热盘管的进液口和出液口相连，在炉体上还安装有向炉体内添加导热液体的进液管和出液管。本发明的生产工艺，设备结构简单、容易操作、生产效率高、一次性固定资产投入低		
【主权项】	一种从马铃薯淀粉生产的废水中提取蛋白质的方法，该方法的生产工艺是：a、缓冲：将淀粉生产过程中的蛋白液放入缓冲池或缓冲罐中，进行液体和泡沫分离；b、加热：将缓冲池或缓冲罐分离后的液体通过泵打入热处理器中进行加热，同时将絮凝剂也打入热处理器中进行加热，加热温度为 40~60℃；c、凝胶反应：将加热后的蛋白液和絮凝剂放入带搅拌装置的凝胶反应器中进行凝胶反应，反应时温度保持在 40~60℃；d、沉淀：将凝胶反应后的物料放入沉淀池中进行沉淀，沉淀时间 1 小时以上；e、干燥：将沉淀后的沉淀物进行干燥，即为富含蛋白质的产品		
【页数】	8		
【主分类号】	C07K1/14		
【专利分类号】	C07K1/14；C02F1/58		

5. 马铃薯淀粉生产废水的处理工艺

【申请号】	CN200810150437.8	【申请日】	2008-07-24
【公开号】	CN101633542	【公开日】	2010-01-27
【申请人】	甘肃省膜科学技术研究院	【地　址】	730020 甘肃省兰州市城关区段家滩 1272 号
【发明人】	安兴才；吕建国；张明霞		
【专利代理机构】	甘肃省知识产权事务中心	【代理人】	周春雷
【国省代码】	62		
【摘要】	本发明公开了一种马铃薯淀粉生产废水的处理工艺，初沉池沉淀去除悬浮物，同时去除生化需氧量 BOD$_5$，袋式过滤器除去剩余的悬浮物，利用超滤技术，截留回收废水中的蛋白质，同时降低废水中的化学需氧量和悬浮物，超滤后的废水进入厌氧内循环反应器，去除绝大部分的有机物，使出水可以达到预期的处理要求，经厌氧内循环反应器处理后的废水进入预曝沉淀池，沉淀去除悬浮污泥，采用一体式膜——生物反应器作为厌氧内循环反应器的后处理工艺，将有机物含量降至目标值，使出水达标回用。本发明降低了污水处理难度，减少了企业生产成本，同时还增加了新的产品，使企业有新的利润增加		
【主权项】	一种马铃薯淀粉生产废水的处理工艺，其特征在于：所述该工艺通过以下步骤实现：(1)马铃薯淀粉废水首先进入初沉池沉淀，去除 40%～55% 以上的大颗粒悬浮物，同时去除生化需氧量 BOD$_5$ 的 20%～30%，沉淀产生的沉渣排入沉渣处理系统，进行饲料、有机肥料的生产；(2)将经过步骤(1)沉淀的初沉池上清液溢流入袋式过滤器，通过袋式过滤器进一步去除小颗粒悬浮物，过滤出的沉渣排入沉渣处理系统，进行饲料、有机肥料的生产；(3)将经过初沉池和袋式过滤器去除悬浮物后的马铃薯淀粉废水进入超滤系统，利用超滤技术，截留回收废水中的粗蛋白质，形成超滤透过液，同时降低废水中的化学需氧量 COD 和悬浮物，超滤后的粗浓缩蛋白液排入马铃薯粗蛋白的精加工系统，用于生产精制马铃薯蛋白或饲料添加剂；(4)将步骤(3)中产生的超滤透过液输入厌氧内循环反应器中，厌氧内循环反应器下部反应室通过反应产生沼气，该沼气作动力，搅动下部混合液，实现下部混合液的内循环，使废水获得强化的预处理，去除绝大部分的有机物，同时上部反应室对废水继续进行后处理，去除绝大部分的有机物，使出水可以达到预期的处理要求，厌氧单元产生的沼气经沼气的回收利用系统回收后充分利用；(5)经步骤(4)的厌氧内循环反应器处理后的废水进入预曝沉淀池，改变溶解氧 DO 的含量，沉淀去除厌氧内循环反应器出水带来的悬浮污泥，预曝沉淀池沉淀产生的沉渣排入沉渣处理系统，进行饲料、有机肥料的生产；(6)经过步骤(5)中预曝沉淀池沉淀的上清液进入一体式膜——生物反应器，将有机物含量降至目标值，出水达标后进入水回用系统		
【页数】	6		
【主分类号】	C02F9/14		
【专利分类号】	C02F9/14；C02F1/52；C02F3/30；A23K1/00；C05F7/00		

6. 马铃薯淀粉废水液体有机肥

【申请号】	CN201010191801.2	【申请日】	2010-06-01
【公开号】	CN101857497A	【公开日】	2010-10-13
【申请人】	常华	【地址】	743000 甘肃省定西市安定区南川飞天路甘肃华实农业科技有限公司
【发明人】	常华；马宝成		
【专利代理机构】	甘肃省知识产权事务中心 62100	【代理人】	马英
【国省代码】	62		
【摘要】	一种马铃薯淀粉废水液体有机肥，其组成及配比为：液体有机肥60.0%~85.0%，乳化剂3.0%~6.0%，增稠剂0.2%~1.0%，防腐剂0.1%~1.0%，防冻剂3.0%~10.0%，水补至100.0%；所述的液体有机肥以马铃薯淀粉生产过程中产生的废水为原料，浓缩后经厌氧发酵而制得。本发明以马铃薯淀粉废水为原料，有效解决了马铃薯淀粉生产过程中对废水无法有效处理的关键性问题，实现了循环经济、低碳经济和农业产业的可持续发展。而且本发明含有氮、磷、钾以及维生素、赤霉素、生长素等较全面的养分，是一种高效、速效、增产、肥田和改土效应的多养分液体有机肥		
【主权项】	一种马铃薯淀粉废水液体有机肥，其特征在于：其有效成分及重量配比为：液体有机肥60.0%~85.0%，乳化剂3.0%~6.0%，增稠剂0.2%~1.0%，防腐剂0.1%~1.0%，防冻剂3.0%~10.0%，水补至100.0%；其中所述的液体有机肥以马铃薯淀粉生产过程中产生的废水为原料，浓缩后经厌氧发酵而制得		
【页数】	7		
【主分类号】	C05G3/00		
【专利分类号】	C05G3/00		

7. 利用马铃薯淀粉废水和蘑菇渣生产木霉生防剂

【申请号】	CN201110029296.6	【申请日】	2011-01-27
【公开号】	CN102613252A	【公开日】	2012-08-01
【申请人】	中国科学院生态环境研究中心	【地址】	100085 北京市海淀区双清路18号
【发明人】	白志辉；李宝聚；安晓宇；王斌科；李林；杨建州		
【国省代码】	11		

续表

【摘要】	本发明涉及一种马铃薯淀粉废水和蘑菇渣资源化生产木霉菌生防剂的方法，属于微生物农药和环境保护技术领域。该方法主要是以马铃薯淀粉生产过程中产生的高浓度有机废水和蘑菇渣为主要培养基原料，采用液态-固态联合发酵的方法生产木霉菌生防剂。生产工艺包括：(1)利用马铃薯淀粉废水为培养基接种木霉菌种，液态培养制备液态种子；(2)利用马铃薯淀粉废水为发酵原料，接种液态种子，大量制备液态木霉菌产物；(3)将培养好的液态种子或液态木霉菌产物添加到蘑菇渣中，固态发酵，制备固态木霉菌产物；(4)固体发酵产物经干燥处理后，粉碎、包装。该工艺生产木霉生防剂，具有生产成本低、环境友好的特点，产品能够防治多种植物真菌病害。同时为高效处理马铃薯淀粉废水和蘑菇渣找到有效的处理方法，减少环境污染
【主权项】	一种利用马铃薯淀粉废水和蘑菇渣生产木霉生防剂的方法，其特征在于，该方法是以马铃薯淀粉生产过程中产生的高浓度有机废水和蘑菇渣为主要培养基原料进行液态-固态联合发酵生产木霉生防剂，所述木霉生防剂的生产方法包括如下步骤：(1)种子制备：木霉菌种为常规农用生防菌种，包括：绿色木霉(*Trichoderma viride*)、哈茨木霉(*Trichoderma harzianum*)、黄绿木霉(*Trichoderma aureoviride*)；将马铃薯淀粉废水于115℃~126℃灭菌15~30min，冷却后接种木霉菌种，接种浓度106~107个孢子/mL培养基，于20℃~35℃，摇瓶120~200r/min培养24~48h，即得液态种子；(2)液态发酵：将马铃薯淀粉废水装入发酵罐中，于115℃~126℃灭菌15~30min；冷却至室温后，接种2%~20%液态种子，于20℃~35℃，通气好氧培养24~72h，得到液态木霉菌产物；(3)同态发酵：以蘑菇渣为支持物，将培养好的液态种子或液态木霉菌产物按照2.5~4倍重量添加到蘑菇渣物料中，搅拌均匀，于20℃~35℃，静态培养3~15d，得到固态木霉菌产物；(4)后处理：将固态木霉菌发酵产物经通风干燥处理，使其含水量小于30%，粉碎，包装
【页数】	5
【主分类号】	A01N63/04
【专利分类号】	A01N63/04；A01P3/00；C05G3/02；C05G3/04；C02F3/02

8. 马铃薯废渣/坡缕石复合吸附剂的制备及在处理马铃薯淀粉加工废水中的应用

【申请号】	CN201210100672.0	【申请日】	2012-04-09
【公开号】	CN102600801A	【公开日】	2012-07-25
【申请人】	西北师范大学	【地址】	730070 甘肃省兰州市安宁区安宁东路 967 号
【发明人】	张哲；崇雅丽；高淑玲；李芳红；杨翠玲；张惠怡；杨志旺；雷自强		
【专利代理机构】	甘肃省知识产权事务中心 62100	【代理人】	张英荷
【国省代码】	62		

【摘要】	本发明提供了一种马铃薯淀粉加工下脚料的自循环利用技术：将坡缕石黏土粉末和马铃薯渣以 1∶0.5~1∶5 的质量比超声分散于水中形成浆料；然后将浆料转移至水热反应釜中，于 120℃~200℃下，炭化反应 6~48h；炭化反应结束后，产物经自然冷却，洗涤，烘干，粉碎，得到马铃薯废渣/坡缕石复合吸附剂。运用该吸附剂处理的马铃薯淀粉加工废水，完全能够达到国家规定《淀粉工业水污染物排放标准》(GB 25461—2010)。本发明既充分利用马铃薯废渣，又解决了目前马铃薯加工废水处理中最难解决的问题，实现了马铃薯淀粉加工后废弃物的互相无害化处理，具有很好的推广价值
【主权项】	马铃薯废渣/坡缕石复合吸附剂的制备方法，是将坡缕石黏土粉末和马铃薯渣以 1∶0.5~1∶5 的质量比，超声分散于水中形成浆料；然后将浆料转移至水热反应釜中，于 120℃~200℃，炭化反应 6~48h；炭化反应结束后，产物经自然冷却、洗涤、烘干、粉碎，得到马铃薯废渣/坡缕石复合吸附剂
【页数】	13
【主分类号】	B01J20/20
【专利分类号】	B01J20/20；B01J20/30；C02F1/28

9. 马铃薯淀粉废水中蛋白质的提取方法

【申请号】	CN201010148994.3	【申请日】	2010-04-14
【公开号】	CN101845078A	【公开日】	2010-09-29
【申请人】	兰州大学	【地址】	730000 甘肃省兰州市城关区天水南路 222 号
【发明人】	武小莉；石辉文；马祥林；石赟		
【专利代理机构】	甘肃省知识产权事务中心 62100	【代理人】	鲜林
【国省代码】	62		
【摘要】	一种马铃薯淀粉废水中蛋白质的提取方法，先将马铃薯淀粉废水静置沉淀，再离心过滤；加入酸性试剂调节 pH 值，离心过滤，得到蛋白质，洗涤，再次离心过滤，得到洗涤蛋白质 1；经离心并提取蛋白质 1 后的上清液中加入碱性试剂调节 pH 值为 8.50，离心过滤，得到蛋白质洗涤，再次离心过滤，得到洗涤蛋白质；将洗涤蛋白质 1 和洗涤蛋白质 2 混合后，加入混合液 1 倍量的水混合均匀，用 NaOH 溶液调节 pH 值为 7，制成中性蛋白质混合液，混合液在真空条件下进行干燥，得到干燥的蛋白质产品。本发明不使用任何凝聚或絮凝剂，通过调节废水的 pH 值、离心速度和离心时间分离蛋白，解决马铃薯淀粉生产加工过程中所产生废水对环境造成的污染，经济、社会效益显著

【主权项】	一种马铃薯淀粉废水中蛋白质的提取方法，其特征在于按下述步骤进行：(1)沉淀与过滤先将马铃薯淀粉废水在沉淀池中静置沉淀，再通过离心筛过滤；(2)酸调节 pH 值，从马铃薯淀粉废水中提取蛋白质向经步骤(1)沉淀、过滤后的废水中加入酸性试剂调节 pH 值为 4.75，放置 10min，离心过滤，得到蛋白质，用 2~3 倍的水洗涤，再次离心过滤，得到洗涤蛋白质 1；(3)碱调节 pH 值，从马铃薯淀粉废水中提取蛋白质经上述(2)离心并提取蛋白质 1 后的上清液中加入碱性试剂调节 pH 值为 8.50，放置 10min，离心过滤，得到蛋白质，用 2~3 倍的水洗涤，再次离心过滤，得到洗涤蛋白质 2；(4)蛋白质提取物的混合与干燥将步骤(2)、(3)得到的洗涤蛋白质 1 和洗涤蛋白质 2 混合后，加入混合液 1 倍量的水混合均匀，用 NaOH 溶液调节 pH 值为 7，制成中性蛋白质混合液，混合液在真空条件下进行干燥，得到干燥的蛋白质产品
【页数】	8
【主分类号】	C07K1/30
【专利分类号】	C07K1/30

10. 一种马铃薯淀粉废渣废液生产液体地膜的方法

【申请号】	CN200910217255.2	【申请日】	2009-12-29
【公开号】	CN101787287A	【公开日】	2010-07-28
【申请人】	西昌学院	【地址】	615013 四川省西昌市西乡乡马坪坝
【发明人】	王志民；沈飞；蔡光泽；陈开陆；袁颖；刘洪		
【国省代码】	51		
【摘要】	本发明的目的是利用马铃薯淀粉废渣、废液研制生产一种液体地膜。在马铃薯淀粉生产过程中，会产生大量废渣和废液。废渣的长期堆放、废水的直接排放，都严重影响周边环境。由于废渣中含有大量水分，废液中含有大量有机物料，单纯的物理、化学、生物法处理成本大，效益不高。本发明针对废渣、废液的上述两种特性，利用其农业可利用有机物料含量高的特点，通过废渣高温糊化后，配加废液溶化调制的成膜剂、稳定合成剂、交联剂、引发剂、杀菌剂、吸热剂处理，将其生产成一种可喷施于土壤表面的密闭性保护剂，喷施后土壤温度提高，水分蒸发减弱，产生与地膜覆盖相当的效果。若配加除草剂、氮磷钾肥，则有除草、供肥、缓释养分的多重效益		
【主权项】	一种马铃薯淀粉废渣废液生产液体地膜的方法，其特征在于，其原料和质量配比为：马铃薯淀粉废渣(含水量 75%~85%)，50%~75%马铃薯淀粉废渣为主原料，马铃薯淀粉废液 15%~25%，马铃薯淀粉废液为成膜剂(Ⅰ)的溶剂，pH 调节剂 2%~4%，pH 调节剂为碳酸氢钠成膜剂(Ⅰ)2%~3%，成膜剂(Ⅰ)为聚乙烯醇成膜剂(Ⅱ)，2%~3%，成膜剂(Ⅱ)为丙烯酸稳定合成剂 0.2%~0.4%，稳定合成剂为甲酸钠交联剂 0.05%~0.1%，交联剂为苯二甲酸(或丁二酸酐等)，引发剂 0.01%~0.05%，引发剂为偶氮二异庚腈(或过硫酸铵)杀菌剂 0.01%~0.05%，杀菌剂为苯甲酸吸热剂 0.3%~0.8%，吸热剂为液体炭黑所有原材料质量配比之和为 100%		
【页数】	6		
【主分类号】	C09K17/52		
【专利分类号】	C09K17/52；C09K101/00；C09K103/00		

11. 利用马铃薯淀粉废水培养枯草芽孢杆菌

【申请号】	CN201010033721.4	【申请日】	2010-01-12
【公开号】	CN102127513A	【公开日】	2011-07-20
【申请人】	北京联合大学	【地址】	100101 北京市朝阳区北四环东路 97 号
【发明人】	李祖明；韩祯；宿燕明；李林；白志辉		
【国省代码】	11		
【摘要】	本发明涉及一种利用马铃薯淀粉废水培养枯草芽孢杆菌(*Bacillus subtilis*) 的方法，属于生物技术领域。其特征在于：发酵培养基以马铃薯淀粉废水为主要营养物质来源，培养步骤包括：培养基配制、菌种活化、液体种子制备、液态发酵、菌剂制备。由本发明技术方案生产的枯草芽孢杆菌(*Bacillus subtilis*) 能高效原位降解蔬菜叶片上有机磷农药残留，促进蔬菜生长，降低蔬菜中硝酸盐和亚硝酸盐的含量，保障食品安全；本发明技术方案还能有效资源化马铃薯淀粉废水，减少高浓度废水排放，保护生态环境		
【主权项】	利用马铃薯淀粉废水培养枯草芽孢杆菌(*Bacillus subtilis*) 的方法，其特征在于：发酵培养基以马铃薯淀粉废水为主要营养物质来源，培养步骤包括：(1)培养基配制：①菌种保藏培养基(固体)：硫酸铵 0~3g，磷酸氢二钾 0~2g，硫酸镁 0~0.1g，琼脂 20g，加马铃薯淀粉废水至 1L，pH 值为 7.0~7.5；②菌种活化培养基(液体)：硫酸铵 0~3g，磷酸氢二钾 0~2g，硫酸镁 0~0.1g，加马铃薯淀粉废水至 1L，pH 值为 7.0~7.5；③种子培养基(液体)：硫酸铵 0~30g，磷酸氢二钾 0~20g，硫酸镁 0~1.0g，加马铃薯淀粉废水至 10L，pH 值为 7.0~7.5；④发酵培养基(液体)：硫酸铵 0~0.5kg，磷酸氢二钾 0~0.4kg，硫酸镁 0~20g，加马铃薯淀粉废水至 200L，pH 值为 7.0~7.5；以上培养基均在 121℃灭菌 15~30min；(2)菌种转接与活化：挑取斜面保存的枯草芽孢杆菌(*Bacillus subtilis*) 至菌种保藏培养基平板，35℃连续画线、挑单菌落培养两次后，挑取单菌落在菌种活化培养基中，于 35℃，150~200r/min 摇床振荡培养 12~24h；(3)液体种子制备：向装有高温灭菌的种子培养基的发酵罐中，按照 5%~20%的接种量接种步骤(2)活化的有机磷农药降解菌，于 25~37℃，通空气培养 12~24h，得到液体种子；(4)液态发酵：向装有高温灭菌的发酵培养基的发酵罐中，按照 5%~20%的接种量接种步骤(3)制备的有机磷农药降解菌液体种子，于 25~37℃，通空气培养 18~60h，得到活菌体培养物，菌体浓度达到 60 亿 CFU/mL 以上；(5)菌剂制备：培养好的发酵液经细菌计数后，加入甘氨酸(质量分数 0.2%~2%)和甘油(质量分数 0.2%~5%)，灌装保藏。使用时用水稀释 500~1000 倍		
【页数】	5		
【主分类号】	C12N1/20		
【专利分类号】	C12N1/20；C12R1/125		

12. 马铃薯淀粉工艺水农田施肥系统及应用方法

【申请号】	CN201010265597.4	【申请日】	2010-08-20
【公开号】	CN101953250A	【公开日】	2011-01-26
【申请人】	内蒙古奈伦农业科技股份有限公司	【地址】	010010 内蒙古自治区呼和浩特市新城区艺术厅南街 22 号
【发明人】	周庆锋；景三娃；师学良；吕春林；王瑞英		
【国省代码】	15		
【摘要】	本发明提供一种马铃薯淀粉工艺水农田施肥系统及应用方法。本发明由如下工艺流程实现：(1)洗涤淀粉的生产用水通过离心筛组和旋流器组与马铃薯汁液混合成工艺水进入工厂防渗储水池；(2)马铃薯淀粉工艺水在工厂防渗储水池中进行自然生物曝气处理；(3)经自然生物曝气处理后的工艺水经过扬送泵站及地下管网进入田间分水池；(4)工艺水在田间分水池与清水按 1∶1~1∶3 比例稀释后经加压泵站及分支管网进行农田喷灌。采用肥水农田喷灌的方式，不影响耕种面积，克服了漫灌的方法受农田地形限制的缺点；可根据不同农田地形进行调整工艺水的喷洒量，使土壤肥效均匀；采用 1∶1~1∶3 的清水稀释度，有效节约水资源		
【主权项】	一种马铃薯淀粉工艺水农田施肥系统，其特征在于，其包括有如下装置：离心筛组和旋流器组、防渗储水池、扬送泵站、地下管网、田间分水池、加压泵站、分支管网、活动软管和田间喷头，其中，所述离心筛组和旋流器组与所述防渗储水池相连，所述防渗储水池与所述扬送泵站相连，所述扬送泵站通过所述地下管网与所述田间分水池相连，所述田间分水池与所述加压泵站相连，所述加压泵站通过所述分支管网与所述活动软管相连，在所述活动软管上每隔一段距离设一组所述田间喷头，每组喷头至少为 2 个或 2 个以上		
【页数】	6		
【主分类号】	A01C23/04		
【专利分类号】	A01C23/04；A01C21/00；C05F7/00		

13. 马铃薯淀粉生产废水处理的厌氧反应器

【申请号】	CN201020266501.1	【申请日】	2010-07-22
【公开号】	CN201729707U	【公开日】	2011-02-02
【申请人】	甘肃省膜科学技术研究院	【地址】	730020 甘肃省兰州市城关区段家滩 1272 号
【发明人】	吕建国；张明霞		
【专利代理机构】	甘肃省知识产权事务中心 62100	【代理人】	周春雷

【国省代码】	62
【摘要】	本实用新型公开了一种马铃薯淀粉生产废水处理的厌氧反应器，由罐体、进液系统、原水输送系统、布水系统、气液固分离系统、气体收集系统、外循环系统和料液恒温系统组成，所述罐体内由下到上分为三个腔室，集气器、导流板和气液固分离器组成气液固分离系统，进液系统由外循环系统和原水输送系统组成，原水输送系统与外循环系统通过管线连通，外循环系统与反应器底部的布水系统相连，气体收集系统通过管路与气液固分离系统连接，料液恒温系统位于罐体外部，通过管路与罐体相连。采用该厌氧反应器，其罐体内实现均匀布水；内循环与外循环相结合，使污泥与污水充分接触，反应器内传质速率高，有机负荷率高；料液恒温系统解决了马铃薯淀粉废水水温较低不利于厌氧微生物生长繁殖的问题
【主权项】	一种马铃薯淀粉生产废水处理的厌氧反应器，由罐体、进液系统、原水输送系统、布水系统、气液固分离系统、气体收集系统、外循环系统和料液恒温系统组成，其特征在于：所述罐体内由下到上分为三个腔室，底部为第一反应室(3)，中部设有第二反应室(4)，顶部设有沉降室(7)，所述相邻的腔室之间设有一组导流板(14)，所述导流板(14)上方适配的设有集气器(15)，所述集气器(15)与罐体上部所设的气液固分离器(9)由气体上升管(6)和固液下降管(5)连接，所述集气器(15)、导流板(14)和气液固分离器(9)组成气液固分离系统，所述进液系统由外循环系统(12)和原水输送系统(11)组成，所述原水输送系统(11)与外循环系统(12)通过管线连通，所述外循环系统(12)与反应器底部的布水系统(2)相连，气体收集系统(13)通过管路与气液固分离系统连接，料液恒温系统(10)位于罐体外部，通过管路与罐体相连
【页数】	5
【主分类号】	C02F3/28
【专利分类号】	C02F3/28

14. 适用于马铃薯淀粉生产废水处理的好氧反应装置

【申请号】	CN201320032924.0	【申请日】	2013-01-22
【公开号】	CN203079745U	【公开日】	2013-07-24
【申请人】	王成元	【地址】	730020 甘肃省兰州市城关区雁儿湾路 225 号
【发明人】	王成元；陶伟；张亚群		
【专利代理机构】	兰州中科华西专利代理有限公司 62002	【代理人】	李艳华
【国省代码】	62		

【摘要】	本实用新型涉及一种适用于马铃薯淀粉生产废水处理的好氧反应装置,包括进水管、基座及反应器壳体。反应器壳体的顶部设有气泵,其底部设有污泥斗,其内部自下而上依次设有一级反应区、集气器、二级反应区、储水槽和气室;污泥斗的一侧分别设有输气管、进水管,其另一侧设有水循环管,其底部设有排泥管;输气管与气室相通;水循环管与气室的一侧相连;集气器所处的反应器壳体外壁设有水浴热交换器;一级反应区的底部设有布水器;集气器的顶部中间设有导气管;二级反应区的上部设有一挡板;储水槽的顶部设有溢流堰,其外侧设有溢流槽,该溢流槽所处的反应器壳体外壁设有出水口。本实用新型具有效果显著、能耗低的优点
【主权项】	适用于马铃薯淀粉生产废水处理的好氧反应装置,包括进水管(1)、基座及置于所述基座上的反应器壳体(3),其特征在于:所述反应器壳体(3)的顶部设有气泵(2),其底部设有污泥斗(4),其内部自下而上依次设有一级反应区(5)、集气器(6)、二级反应区(7)、储水槽(8)和气室(9);所述污泥斗(4)的一侧分别设有输气管(10)、所述进水管(1),其另一侧设有水循环管(11),其底部设有排泥管(12);所述输气管(10)通过所述气泵(2)与所述气室(9)相通;所述水循环管(11)与所述气室(9)的一侧相连;所述集气器(6)所处的所述反应器壳体(3)外壁设有水浴热交换器;所述一级反应区(5)的底部设有布水器(51);所述集气器(6)的顶部中间设有导气管(61),该导气管(61)依次穿过所述二级反应区(7)、储水槽(8)到达所述气室(9)的中部;所述二级反应区(7)的上部设有一挡板(71),该挡板(71)的顶部与所述储水槽(8)的底部之间均匀等距布设有若干个螺旋管(72);所述储水槽(8)的顶部设有溢流堰(81),其外侧设有溢流槽(82),该溢流槽(82)所处的所述反应器壳体(3)外壁设有出水口(83)
【页数】	6
【主分类号】	C02F3/12
【专利分类号】	C02F3/12；C02F103/26

15. 利用马铃薯淀粉废水和啤酒糟生产木霉生防剂

【申请号】	CN201010611939.3	【申请日】	2010-12-20
【公开号】	CN102559766A	【公开日】	2012-07-11
【申请人】	北京林业大学	【地址】	100083 北京市海淀区清华东路 35 号
【发明人】	彭霞薇；宿燕明；周巍；高莎；白志辉		
【国省代码】	11		
【摘要】	本发明涉及一种利用马铃薯淀粉废水和啤酒糟为主要原料来生产木霉生防剂的方法,属于微生物农药和环境保护技术领域。木霉菌种为常规农用生防菌种如:绿色木霉(*Trichoderma viride*)、哈茨木霉(*Trichoderma harzianum*)、黄绿木霉(*Trichoderma aureoviride*)等,其菌剂的生产方法包括 4 个步骤:种子制备、液态发酵、固态发酵,后处理技术,以马铃薯淀粉废水提供发酵培养基的主要碳源和水,以啤酒糟为微生物的载体,制备固体菌剂。本发明技术方案不仅为高浓度马铃薯淀粉废水的资源化利用提供了一条新途径,而且生产的木霉生防菌剂可用于田间施用,对多种植物真菌病害起到较好的防治作用

【主权项】	利用马铃薯淀粉废水和啤酒糟生产木霉生防剂的方法,其特征在于:发酵培养基以马铃薯淀粉废水为主要原料,生产步骤包括:(1)种子制备:木霉菌种为常规农用生防菌种如:绿色木霉(*Trichoderma viride*)、哈茨木霉(*Trichoderma harzianum*)、黄绿木霉(*Trichoderma aureoviride*)等。将马铃薯淀粉废水于115℃~126℃灭菌15~30min,冷却后接种木霉菌种,接种浓度106~107个孢子/毫升培养基,于20~35℃,摇瓶120~200r/min培养24~48h,即得液态种子。(2)液态发酵:将马铃薯淀粉废水于115℃~126℃灭菌15~30min,接种2%~20%液体种子,于20~35℃,发酵罐中通气好氧培养24~72h,即得液态木霉菌产物。(3)固态发酵:以啤酒糟为支持物,将培养好的液态种子或液体木霉菌产物按照2~4倍重量添加到啤酒糟中,搅拌均匀,于20~35℃,静态培养3~15d,即得固态木霉菌产物。(4)后处理:固态木霉菌产物以分生孢子为主,经通风干燥处理,使其含水量小于30%,添加微生物菌肥常用稳定剂和助剂,粉碎,包装。根据地域情况也可以直接使用于农田土壤,既能增加土壤肥力,又能改良土壤,有效防治土传病害
【页数】	5
【主分类号】	C12P1/04
【专利分类号】	C12P1/04;C05F11/08

16. 一种以马铃薯淀粉废水为原料制备微生物絮凝剂的方法

【申请号】	CN201310010026. X	【申请日】	2013-01-11
【公开号】	CN103045649A	【公开日】	2013-04-17
【申请人】	甘肃农业大学	【地址】	730070 甘肃省兰州市安宁区营门村1号
【发明人】	负建民;颜东方;张絜玮;艾对元		
【专利代理机构】	兰州中科华西专利代理有限公司 62002	【代理人】	李艳华
【国省代码】	62		
【摘要】	本发明涉及一种以马铃薯淀粉废水为原料制备微生物絮凝剂的方法,该方法包括以下步骤:(1)筛选出微生物絮凝剂菌株 *Candida anglica*;(2)制备 *Candida anglica* 菌株一级种子液;(3)制备发酵培养基;(4)制备具有絮凝活性的发酵液;(5)纯化提取:将具有絮凝活性的发酵液经纯化提取、冷冻干燥后即得絮凝剂粗提物。本发明工艺简单,发酵周期短,易于实施,环境效益和经济效益显著,适合工业化生产和推广		

【主权项】	一种以马铃薯淀粉废水为原料制备微生物絮凝剂的方法，包括以下步骤：（1）筛选出微生物絮凝剂菌株，该菌株为 *Candida anglica*，其在中国微生物菌种保藏管理委员会普通微生物中心的保藏编号为 CGMCC No：7032；（2）*Candida anglica* 菌株一级种子液的制备：将 *Candida anglica* 斜面菌种接种于马铃薯葡萄糖液体培养基 1~2 环，在 25~30℃、摇床转速为 130~180r/min 的条件下培养 24~48h，即得细胞浓度为 1.2×106 个/mL 的一级种子液；（3）发酵培养基的制备：选用化学需氧量 COD 为 8200~8300mg/L 的马铃薯淀粉废水作为营养基质，按 100mL 所述马铃薯淀粉废水添加 1mL 甘油作为外加碳源，5mg（NH₄）₂SO₄ 作为氮源，10mgMgCl₂ 和 10mg KH₂PO₄ 作为矿质营养，均质后即得发酵培养基；（4）具有絮凝活性的发酵液的制备：将所述一级种子液以体积比 8%~12% 的接种量接种于所述发酵培养基中，控制所述发酵培养基初始 pH 值为 5~6，在 25~30℃、摇床转速为 130~180r/min 的条件下发酵时间 45~55h，即得具有絮凝活性的发酵液；（5）纯化提取：将所述具有絮凝活性的发酵液以 3500~4500r/min 速率离心 20~40min，得到上清液 A；在所述上清液 A 中加入其体积 2~4 倍的无水乙醇并在 4~10℃条件下静置 10~14h 后，以 5000~7000r/min 速率离心 10~30min，得到沉淀物 A；所述沉淀物充分溶解于去离子水中，再以 3500~4500r/min 速率离心 20~40min，去除不溶物，得到上清液 B；所述上清液 B 中加入其体积 2~4 倍的无水乙醇并在 4~10℃条件下静置 10~14h 后，回收沉淀物 B，对该沉淀物 B 进行冷冻干燥至恒重，即得絮凝剂粗提物
【页数】	7
【主分类号】	C12P1/02
【专利分类号】	C12P1/02；C12R1/72

17. 黑普马铃薯生产淀粉中渣的发酵制备方法

【申请号】	CN201210493523.5	【申请日】	2012-11-18
【公开号】	CN102978095A	【公开日】	2013-03-20
【申请人】	杨学青	【地址】	810800 青海省民和县川口镇南大街 338 号华寓楼
【发明人】	杨学青		
【国省代码】	63		
【摘要】	本发明属于黑普马铃薯的深度开发技术领域，特别涉及一种黑普马铃薯生产淀粉中渣的发酵制备方法。该方法的特征是把黑普马铃薯渣中加入发酵菌进行发酵分解，发酵菌的加入量为黑普马铃薯渣：发酵菌的质量重量比为 100：0.3~5，发酵时间为 20~400h，发酵温度为 10~55℃，再将发酵黑普马铃薯渣进行蒸馏、勾兑制成食用醋或食用酒类，其余的固体残渣再加入调味营养添加剂混和均匀，再经干燥除水制得高品质的饲料产品。本发明既解决了黑普马铃薯渣对环境的污染问题，又为人们提供了黑普马铃薯醋和黑普马铃薯白酒等高附加质产品，其经济效益和社会效益十分显著		

【主权项】	一种黑普马铃薯生产淀粉中渣的发酵制备方法，其特征是把在黑普马铃薯生产淀粉中产生的黑普马铃薯渣收集起来，再把黑普马铃薯渣中加入发酵菌进行发酵分解，发酵菌的加入量为黑普马铃薯渣∶发酵菌的质量重量比为100∶0.3~5，发酵时间为20~400h，发酵温度为10~55℃，经发酵菌发酵后的黑普马铃薯渣为发酵黑普马铃薯渣，再将发酵黑普马铃薯渣进行蒸馏、勾兑制成食用醋或食用酒类，其余的固体残渣再加入调味营养添加剂混合均匀，再经干燥除水制得高品质的饲料产品
【页数】	4
【主分类号】	C12J1/00
【专利分类号】	C12J1/00；C12G3/04；A23K1/00；A23K1/14

18. 马铃薯淀粉渣混合青贮饲料及其应用

【申请号】	CN201310098079.1	【申请日】	2013-03-26
【公开号】	CN103125781A	【公开日】	2013-06-05
【申请人】	会宁康之源养殖有限公司	【地址】	730700 甘肃省白银市会宁县郭城驿镇新堡子街
【发明人】	赵振宁；高玉芳		
【专利代理机构】	兰州振华专利代理有限责任公司 62102	【代理人】	张真
【国省代码】	62		
【摘要】	本发明涉及一种马铃薯淀粉渣混合青贮饲料及其应用，其特征在于，由下列组分按质量百分比混合而成：马铃薯淀粉渣46%~48%，全株玉米46%~48%，小麦麸4%~6%；制作方法为：将全株玉米用粉碎机切碎，长度为2~3cm，萎蔫失水后，按上述比例加入马铃薯淀粉渣和小麦麸混合均匀，分层加进青储壕，控制水分达到60%~65%，然后压实、密封，45天后开封。用马铃薯淀粉渣取代50%的全株玉米，再添加小麦麸，不仅可以使青储更容易，而且提高了青储料的营养价值，使奶牛的产奶量和奶品质得以提升。以其饲喂奶牛，平均提高奶牛产奶量10.4%，可节约青贮原料成本42.24元/m³。以其饲喂肉羊，平均日增重比对照组增加0.136kg		
【主权项】	一种马铃薯淀粉渣混合青贮饲料，其特征在于由下列组分按质量百分比混合而成：马铃薯淀粉渣为46%~48%，全株玉米为46%~48%，小麦麸为4%~6%；制作方法为：将全株玉米用粉碎机切碎，长度为2~3cm，萎蔫失水后，按上述比例加入马铃薯淀粉渣和小麦麸混合均匀，分层加进青贮壕，控制水分达到60%~65%，然后压实、密封，45d后开封		
【页数】	5		
【主分类号】	A23K3/02		
【专利分类号】	A23K3/02		

19. 一种以马铃薯淀粉加工废渣为主要原料的高能饲料配方及其制备方法

【申请号】	CN201010234292.7	【申请日】	2010-07-23
【公开号】	CN102334591A	【公开日】	2012-02-01
【申请人】	北京化工大学	【地址】	100029 北京市北三环东路15 号
【发明人】	陈劲春；熊浣扬；胡蓉；黄一洲		
【国省代码】	11		
【摘要】	本发明涉及一种以马铃薯淀粉加工废渣为主要原料的高能饲料配方及其制备方法，属农产品加工领域。马铃薯淀粉加工废渣为提取马铃薯淀粉后的废料，含糖类和蛋白质，以及少量的矿物质和金属离子，在此基础上辅以植物油、豆粕粉、苜蓿草粉、食盐、碳酸钙等辅料经机械加工而成高能饲料，其不仅可以部分满足牛、羊、猪等动物的日粮需求标准，还以固型饲料能在紧急情况下充当应急饲料使用，可为冰雪等自然灾害条件下无法正常觅食过冬的牲畜提供充足的营养和能量需求，此外具有一定的芬芳味和软硬度，适口感较强，还具有高能、质优、饲料体积小、存储使用方便等优点，同时提高了薯渣的附加值		
【主权项】	以马铃薯淀粉加工废渣为主要原料的高能饲料，其特征是：该饲料以下述重量配比组分：干马铃薯淀粉加工废渣 50%、豆粕粉 30%、苜蓿草粉 15%、食盐 0.5%、碳酸钙 0.5%、植物油 4.0%，实际生产中每种原料所占比例可以根据具体情况进行调整		
【页数】	6		
【主分类号】	A23K1/14		
【专利分类号】	A23K1/14		

20. 微生物燃料电池及其处理马铃薯淀粉废渣的方法

【申请号】	CN201210239907.4	【申请日】	2012-07-12
【公开号】	CN102738496A	【公开日】	2012-10-17
【申请人】	哈尔滨工业大学	【地址】	150001 黑龙江省哈尔滨市南岗区西大直街 92 号
【发明人】	田雨时；邢德峰；张璐；孙睿；王月；吴迪；唐宇		
【专利代理机构】	哈尔滨市松花江专利商标事务所 23109	【代理人】	韩末洙
【国省代码】	23		

【摘要】	微生物燃料电池及其处理马铃薯淀粉废渣的方法，涉及一种燃料电池及其处理马铃薯淀粉废渣的方法。是要解决目前处理马铃薯淀粉废渣手段较少，无法充分利用这一废弃资源的问题。微生物燃料电池由筒体、阴极、阳极、第一胶圈、阳极盖板、阴极盖板、第二胶圈、阳极导线和阴极导线组成。方法：一、将马铃薯淀粉废渣与磷酸盐缓冲溶液混合注入微生物燃料电池内，利用马铃薯淀粉深加工废水中的微生物启动燃料电池；待负载电压在 300mV 以上，燃料电池启动成功；二、将混合溶液注入微生物燃料电池内，通过微生物的分解代谢降低有机物浓度的同时获得电能。本发明具有方法简单、装置结构简单、成本低、效率高等特点。用于处理马铃薯淀粉废渣
【主权项】	微生物燃料电池，其特征在于微生物燃料电池由筒体(1)、阴极(2)、阳极(3)、第一胶圈(4)、阳极盖板(5)、阴极盖板(6)、第二胶圈(7)、阳极导线(8)和阴极导线(9)组成；所述筒体(1)两端内侧设有凹槽，筒体(1)封闭端的凹槽内装有阳极(3)和第二胶圈(7)，筒体(1)封闭端的端口用阳极盖板(5)封闭，第二胶圈(7)位于阳极(3)与阳极盖板(5)之间，筒体(1)开口端的凹槽装有阴极(2)和第一胶圈(4)，筒体(1)开口端的端口用阴极盖板(6)封闭，第一胶圈(4)位于阴极(2)与阴极盖板(6)之间；筒体(1)、阴极(2)与阳极(3)之间形成燃烧室(12)；第一胶圈(4)与第二胶圈(7)的孔径与燃烧室(12)相同；阴极盖板(6)中间开孔，孔径与燃烧室(12)一致；阳极(3)引出的阳极导线(8)和阴极(2)引出的阴极导线(9)与外电路连接；阳极(3)与阴极(2)之间的间距不小于1cm；筒体(1)上设有取样口(10)和出水口(11)，取样口(10)位于筒体(1)的顶部，出水口(11)位于筒体(1)的底部靠近阴极(2)一侧
【页数】	7
【主分类号】	H01M8/16
【专利分类号】	H01M8/16；H01M8/06

21. 一种马铃薯淀粉废渣生产育苗营养杯的方法

【申请号】	CN201010163075.3	【申请日】	2010-04-08
【公开号】	CN102210244A	【公开日】	2011-10-12
【申请人】	西昌学院	【地址】	615013 四川省西昌市西乡乡马坪坝
【发明人】	王志民；陈开陆；蔡光泽；陶正纲；袁颖；黄郑；沈飞		
【国省代码】	51		
【摘要】	本发明的目的是利用马铃薯淀粉废渣研制生产一种马铃薯淀粉废渣育苗营养杯。在马铃薯淀粉生产过程中，会产生大量废渣，废渣的长期堆放严重影响周边环境并浪费有机物料。由于废渣中含有大量纤维素、淀粉、树脂等黏性物质，通过添加腐殖质有机物、黏土黏结剂等物料后可压模成型生产一种可用于农业和林业育苗使用的营养杯，使用薯渣营养杯育苗，在幼苗育成后可将幼苗、营养土、营养杯全部移栽至定植床或大田中，提高幼苗成活率，不需剥离、带离营养杯，减少育苗工作量，减少环境污染源		

【主权项】	一种马铃薯淀粉废渣生产育苗营养杯的方法,其特征在于,其原料和质量配比为:马铃薯淀粉废渣(含水量 70%～85%),25%～75% 马铃薯淀粉废渣为主原料腐殖质 10%～50%,腐殖质为添加营养物和结构调节剂黏土 20%～50%,黏土为黏结剂和结构调节剂植物秸秆,2%～10% 植物秸秆为结构增强剂碳酸钙 0%～5%,碳酸钙为物料 pH 调节剂所有原材料质量配比之和为 100%
【页数】	5
【主分类号】	A01G9/10
【专利分类号】	A01G9/10

22. 一种用马铃薯淀粉渣制备草酸的方法

【申请号】	CN201010148993.9	【申请日】	2010-04-14
【公开号】	CN101823949A	【公开日】	2010-09-08
【申请人】	兰州大学	【地址】	730000 甘肃省兰州市城关区天水南路 222 号
【发明人】	武小莉;石辉文;齐国栋;石赟		
【专利代理机构】	甘肃省知识产权事务中心 62100	【代理人】	鲜林
【国省代码】	62		
【摘要】	一种用马铃薯淀粉渣制备草酸的方法,将马铃薯淀粉渣粉碎并用 80 目筛子过筛;用硫酸酸解马铃薯淀粉渣,马铃薯淀粉渣与硫酸溶液的质量比为 1∶3.0,常温搅拌,反应时间 13.5h,得到马铃薯淀粉渣酸解产物;马铃薯淀粉渣经酸解后加入浓度 65% 的硝酸进行氧化,氧化反应温度保持在 62±5℃,硝酸滴加完毕后,将反应釜温度升至 70±5℃,氧化反应时间 6h;对氧化所得混合物抽滤得到粗草酸;对粗草酸进行重结晶,得到草酸产品。本发明以马铃薯淀粉渣为原料,得到高纯度的草酸,不但可以将废物回收利用,降低废物的处理成本,还可得到附加值较高的草酸产品,所得到草酸的纯度达到 99.5% 以上,可在工业上应用,其工艺方法简单,设备投资少,生产成本低		
【主权项】	一种用马铃薯淀粉渣制备草酸的方法,其特征在于包括以下步骤:(1)将马铃薯淀粉渣粉碎并用 80 目筛过筛;(2)用硫酸酸解马铃薯淀粉渣,马铃薯淀粉渣与硫酸溶液的质量比为 1∶3.0,搅拌,反应时间 13.5h,得到马铃薯淀粉渣酸解产物;(3)马铃薯淀粉渣经酸解后的产物加入浓度 65% 的硝酸进行氧化,氧化反应温度保持在 62±5℃,硝酸滴加完毕后,将反应釜温度升至 70±5℃,氧化反应时间 6h;(4)对氧化所得混合物抽滤得到粗草酸;(5)对粗草酸进行重结晶,得到草酸产品		
【页数】	6		
【主分类号】	C07C55/06		
【专利分类号】	C07C55/06;C07C51/27		

23. 利用马铃薯淀粉渣制备高黏度羧甲基纤维素钠的方法

【申请号】	CN201010148992.4	【申请日】	2010-04-14
【公开号】	CN101830989A	【公开日】	2010-09-15
【申请人】	兰州大学	【地址】	730000 甘肃省兰州市天水南路 222 号兰大化学化工学院
【发明人】	石赞；武小莉；白仲兰；石辉文		
【专利代理机构】	甘肃省知识产权事务中心 62100	【代理人】	张克勤
【国省代码】	62		
【摘要】	本发明涉及一种利用马铃薯淀粉渣制备高黏度羧甲基纤维素钠的方法，以解决传统制备羧甲基纤维素钠方法中原料较贵的问题。本发明以溶媒法制备羧甲基纤维素钠，主要分为两步：(1)纤维素精制：包括酸解、碱煮、漂白、烘干；(2)醚化：包括碱化、醚化、中和、洗涤、干燥。另外，加入抗氧化剂可提高产品黏度。本发明可以使马铃薯淀粉渣得到充分的利用，降低了羧甲基纤维素钠的生产成本，保护了生态环境，具有较高的经济和社会意义		
【主权项】	一种利用马铃薯淀粉渣制备高黏度羧甲基纤维素钠的方法，其特征在于包括以下步骤：(1)精制纤维素的制备。a. 酸解：在三口瓶中先加入马铃薯淀粉渣，再加入浓度 20% 的硫酸，其马铃薯淀粉渣与浓度 20% 硫酸的质量比为 1：2.25~2.35，在常温下酸解 3h~4h，抽滤、洗涤；b. 碱煮：经酸解后的马铃薯淀粉渣加入到浓度 10% 的氢氧化钠中，其马铃薯淀粉渣与浓度 10% 的氢氧化钠的质量比为 1：3.0~3.5，在 80℃~90℃碱煮 3h~4h，抽滤、洗涤；c、漂白：经碱煮后的马铃薯淀粉渣加入到质量比为 $NaClO:H_2O_2=3:4$ 的漂白液中，其马铃薯淀粉渣与漂白液的质量比为 1：1.4~1.5，在 25℃~30℃搅拌漂白 20~30min；d. 干燥：在 80℃~90℃的温度下干燥后备用；(2)羧甲基纤维素钠的制备。a. 碱化：在三口瓶中加入精制纤维素和浓度 70% 的乙醇搅拌混合后加入氢氧化钠，精制纤维素与氢氧化钠的质量比为 1：0.75~0.9，精制纤维素与浓度 70% 的乙醇的质量比为 1：10.0~11.0，在 30℃~35℃搅拌碱化 60min~80min；b、醚化：碱化完毕后加入乙醇和醚化剂，精制纤维素与醚化剂的质量比为 1：1.4~1.6，精制纤维素与乙醇的质量比为 1：3.4~3.6，升温至 70~75℃反应 30~35min 后；再加入氢氧化钠于反应体系中，精制纤维素与二次加入的氢氧化钠的质量比为 1：0.25~0.3，在 70~75℃继续反应 120~130min；c、中和：得到的反应液用 1mol/L 的盐酸水溶液，在 25~30℃中和至 pH=7.5~8.0，抽滤；d. 洗涤：产品用浓度 65% 的乙醇洗涤两次，再用浓度 95% 的乙醇洗涤一次，抽滤；e. 烘干：所得产品在 80℃~90℃烘干，即得到羧甲基纤维素钠产品		
【页数】	7		
【主分类号】	C08B11/12		
【专利分类号】	C08B11/12；D21C5/00		

24. 马铃薯淀粉渣颗粒有机肥

【申请号】	CN201010191802. 7	【申请日】	2010-06-01
【公开号】	CN101870605A	【公开日】	2010-10-27
【申请人】	常华	【地址】	743000 甘肃省定西市安定区南川飞天路甘肃华实农业科技有限公司
【发明人】	常华；马宝成		
【专利代理机构】	甘肃省知识产权事务中心 62100	【代理人】	马英
【国省代码】	62		
【摘要】	一种马铃薯淀粉渣颗粒有机肥，其组成及配比为：生物有机肥 30.0% ~ 94.0%，化学肥料尿素 17.0% ~ 20.0%，磷肥 7.0% ~ 38.0%，钾肥 6.0% ~ 10.0%，与其余在化肥中允许使用和可以接受的其他填料和助剂复合而成一种马铃薯淀粉渣颗粒有机肥；其中所述的生物有机肥以马铃薯淀粉渣、玉米秸秆为原料，并以其中一种或两种的任意比例混合后通过粉碎、菌种发酵、腐熟而制得有机质含量为 56% ~ 62% 的生物有机肥。本发明解决了马铃薯淀粉生产过程中对粉渣无法有效处理而污染环境以及农业生产中对大量的玉米秸秆不能有效利用的问题，变废为宝，实现了循环经济、低碳经济和农业的可持续发展		
【主权项】	一种马铃薯淀粉渣颗粒有机肥，其特征在于：其有效成分及重量配比为：生物有机肥 30.0% ~ 94.0%，化学肥料尿素 17.0% ~ 20.0%，磷肥 7.0% ~ 38.0%，钾肥 6.0% ~ 10.0%，与其余在化肥中允许使用和可以接受的其他填料和助剂复合而成一种马铃薯淀粉渣颗粒有机肥；其中所述的生物有机肥以马铃薯淀粉渣、玉米秸秆为原料，并以其中一种或两种的任意比例混合后通过粉碎、菌种发酵、腐熟而制得		
【页数】	7		
【主分类号】	C05G3/00		
【专利分类号】	C05G3/00		

25. 微波辐射马铃薯淀粉工业废渣接枝聚合丙烯酸盐制备吸水材料的方法

【申请号】	CN200610104765. 5	【申请日】	2006-10-11
【公开号】	CN101161695	【公开日】	2008-04-16
【申请人】	西北师范大学	【地址】	730070 甘肃省兰州市安宁区安宁东路 805 号
【发明人】	王云普；刘汉士；张继；刘汉功；孙文秀；王利平；郭小芳；刘东杰；温慧慧		

【专利代理机构】	兰州中科华西专利代理有限公司	【代理人】	马正良
【国省代码】	62		
【摘要】	本发明涉及一种微波辐射马铃薯淀粉工业废渣接枝丙烯酸盐制备吸水材料的方法。其步骤是在碱溶液中已溶解好的马铃薯淀粉工业废渣中，加入已用氢氧化钠或氢氧化钾或氨水部分中和的丙烯酸，然后搅拌并加入引发剂、交联剂，使体系均匀后，置于微波反应装置中，调节至一定的辐射功率及辐射时间，使马铃薯淀粉工业废渣与丙烯酸盐接枝聚合，将产物烘干，粉碎即可得最终产品。本发明所制得的吸水材料的吸水率高，成本较低，可广泛用于生态环境治理方面的抗风蚀剂，固沙种草剂，干旱农业的吸水保水材料等		
【主权项】	一种微波辐射马铃薯淀粉工业废渣接枝聚合丙烯酸(盐)制备吸水材料的方法，其步骤是：①将马铃薯淀粉工业废渣干燥、粉碎，过140目筛所得；②取10%~15%的NaOH，加入马铃薯淀粉工业废渣，使其溶解充分，得溶液A；③在冰水浴冷却下，将丙烯酸用20%的氢氧化钠、或氢氧化钾、或氨水中和至70%~80%，得溶液B；④将上述②③所得的A、B两种溶液混合后，再加入引发剂过硫酸铵、交联剂 N,N′-亚甲基双丙烯酰胺，充分搅拌；⑤搅拌均匀后，置于微波反应装置中，调节辐射功率为180W，辐射时间2.5~4min，进行接枝聚合；⑥反应完成后，将产物烘干，粉碎，包装		
【页数】	6		
【主分类号】	C08F251/00		
【专利分类号】	C08F251/00；C08F2/46		

26. 一种马铃薯淀粉废渣生产土壤调理剂的方法及设备

【申请号】	CN200910141680.8	【申请日】	2009-05-21
【公开号】	CN101665700	【公开日】	2010-03-10
【申请人】	西昌学院	【地址】	615013 四川省西昌市西乡乡马平坝
【发明人】	王志民；陈开陆；蔡光泽；张万明；徐大勇；李静		
【国省代码】	51		
【摘要】	在马铃薯生产淀粉的过程中，会产生大量富含淀粉、单宁、树脂、蛋白质的废渣。目前，马铃薯生产企业都将废渣堆放于厂区周围，经自然发酵后产生有机酸、硫化氢、吲哚、甲烷、氨气等混合恶臭气体，污染厂区环境。同时，废渣的长期堆放，占据大量厂区土地，影响企业正常生产。本发明涉及一种马铃薯淀粉废渣生产土壤调理剂的方法及设备。该方法包括滤水、粉碎、混合、释热反应、干燥。为实现上述发明方法的专用设备包括由滤水网底板支柱、滤水网底板、周边滤水网板、箱体板、底部水槽组装成的废渣滤水池。本发明的生产工艺，设备结构简单，容易操作，废渣处理能力高，产品适用范围广，一次性固定资产投入低		

【主权项】	一种马铃薯淀粉废渣生产土壤调理剂的方法，该方法的生产工艺是：(1)滤水：将马铃薯淀粉废渣放入本发明专用滤水设备废渣滤水池中，滤去 5% ~ 10% 的水分。(2)粉碎：将石灰或石膏等物料放入粉碎机中粉碎，细度应小于 1mm。(3)混合：将滤水废渣与粉碎后的石灰或石膏以任意比例混合，可配制成不同有机质含量、Ca 质含量的土壤调理剂。(4)释热反应：滤水废渣与石灰或石膏混合后，发生释热反应，可进一步脱去水分。(5)干燥：视物料含水量状况，若含水量高于 20%，应加以干燥，干燥后的物料即为土壤调理剂产品
【页数】	7
【主分类号】	C09K17/50
【专利分类号】	C09K17/50；B01D21/02；B09B3/00；C09K109/00

中华人民共和国国家标准
食用马铃薯淀粉　　GB/T 8884—2007

前言　本标准是对 GB 8884—88《食用马铃薯淀粉》的修订。本标准与 GB 8884—1988 相比主要修改如下：

一、增加了检测内容

——根据国际通用标准，增加了 pH 值指标、电导率指标；

——根据食品安全卫生要求及国际惯例，增加了微生物指标。

二、修订了检测指标

——水分含量：优级品由 ≤18% 改为 18%～20%；

——白度：优级品由 ≥94% 改为 ≥92%，一级品由 ≥89% 改为 ≥90%，合格品由 ≥84% 改为 ≥88%；

——斑点：一级品由 ≤7.0 个/cm^2，改为 ≤5.0 个/cm^2；

——细度：优级品由 ≥99.60% 改为 ≥99.90%；

——二氧化硫：由 ≤30ppm，改为优级品 ≤10mg/kg、一级品 ≤15mg/kg、合格品 ≤20mg/kg；

——砷：由 ≤0.5%，改为 ≤0.3%；

——铅：由 ≤1.0%，改为 ≤0.5%。

三、规范了检测方法

——黏度：将原标准应用的恩氏黏度，改为国际通用的布拉班德黏度 BU；

——为综合体现酸碱度，将原"酸度"指标删除，改用"pH 值"。

本标准由中国商业联合会提出并归口。本标准起草单位：中国淀粉工业协会、内蒙古奈伦农业科技股份有限公司、江南大学。本标准主要起草人：顾正彪、周庆锋、吕春林、师学良、洪雁。

本标准的附录 A、附录 B 均为规范性附录；附录 C 为资料性附录。

马铃薯淀粉

1　范围　本标准规定了马铃薯淀粉的技术要求、检验规则和方法、验收规则以及标志、包装、运输、储存。本标准适用于以马铃薯为原料（原料需符合食用标准）而生产的食用淀粉。

2　规范性引用文件　下列文件中的条款通过本标准的引用而成为本标准的条款。凡是注日期的引用文件，其随后所有的修改单（不包括勘误的内容）或修订版均不适用于本标准，然而，鼓励根据本标准达成协议的各方研究是否可使用这些文件的最新版本。凡是不注日期的引用文件，其最新版本适用于本标准。

GB 191 包装储运图示标志

GB/T 2713 淀粉类制品卫生标准

GB 4789.2 食品卫生微生物学检验(菌落总数测定)

GB 4789.3 食品卫生微生物学检验(大肠菌群测定)

GB 4789.15 食品卫生微生物学检验(霉菌和酵母计数)

GB/T 5009.53 淀粉类制品卫生标准的分析方法

GB 7718 预包装食品标签通则

GB 8886 淀粉原料

GB/T 12086 淀粉灰分的测定方法

GB/T 12087 淀粉水分的测定方法

GB/T 12091 淀粉及其衍生物氮含量的测定方法

GB/T 12095 淀粉斑点的测定方法

GB/T 12096 淀粉细度的测定方法

GB/T 12097 淀粉白度的测定方法

GB/T 14490 谷物及淀粉糊化特性测定法黏度仪法

3 术语和定义 本标准采用下列术语和定义

3.1 斑点：在规定条件下，用肉眼观察到的杂色斑点的数量。以样品每平方厘米的斑点个数来表示。

3.2 细度：用分样筛筛分淀粉样品得到的样品通过分样筛的重量。以样品通过分样筛的重量对样品原重量的重量百分比来表示。

3.3 白度：在规定条件下，淀粉样品表面光反射率与标准白板表面光反射率的比值。以白度仪测得的样品白度值来表示。

3.4 黏度：淀粉样品糊化后的抗流动性。可用黏度计(仪)测得样品黏度，并以 BU 来表示。

4 技术要求

4.1 感观要求 应符合表1规定。

表1 感观要求

项 目	指 标		
	优级品	一级品	合格品
色泽	洁白带结晶光泽	洁 白	
气味	无异味		
口感	无沙齿		
杂质	无外来物		

4.2 理化指标 应符合表2规定。

表2　　　　　　　　　　　　　　　　　　　　　　理化指标

项　　目		指　　　标		
		优级品	一级品	合格品
水分,%		18.00~20.00	≤20.00	
灰分,（干基）%	≤	0.30	0.40	0.45
蛋白质,（干基）%	≤	0.10	0.15	0.20
斑点,个/cm²	≤	3.00	5.00	9.00
细度,150μm（100目）筛通过率,%（w/w）	≥	99.90	99.50	99.00
白度,457nm 蓝光反射率,%	≥	92.0	90.0	88.0
黏度ª,4%（干物质计）700cmg,BU	≥	1300	1100	900
电导率,μs	≤	100	150	200
pH 值		6.0—8.0		

a 合同要求除外

4.3　卫生指标　应符合表3规定。

表3　　　　　　　　　　　　　　　　　　　　　　卫生指标

项　　目		指　　　标		
		优级品	一级品	合格品
二氧化硫,mg/kg	≤	10	15	20
砷,mg/kg,以 As 计	≤	0.30		
铅,mg/kg,以 Pb 计	≤	0.50		
菌落总数,cfu/g	≤	5000	10000	
霉菌和酵母菌数,cfu/g	≤	500	1000	
大肠菌群　MPN/100g	≤	30	70	

5　试验方法

5.1　灰分

按 GB/T 12086 规定的方法测定。

5.2　水分

按 GB/T 12087 规定的方法测定（其中在 GB/T 12087 测试方法的 5.3 条款测定中，可采用测试原理相同的自动水分测定仪）。

5.3　pH 值

按附录 A 规定的方法测定。

5.4　电导率

按附录 B 规定的方法测定。

5.5　蛋白质

按 GB/T 12091 规定的方法测定。

5.6　细度

按 GB/T 12096 规定的方法测定。

5.7　黏度

按 GB/T 14490 规定的方法测定(其中黏度仪使用布拉班德黏度 Brabender Viscograph) 或按附录 C 规定的方法测定。

5.8　白度

按 GB/T 12097 规定的方法测定。

5.9　斑点

按 GB/T 12095 规定的方法测定。

5.10　二氧化硫

按 GB/T 5009.34 规定的方法测定。

5.11　砷

按 GB/T 5009.11 规定的方法测定。

5.12　铅

按 GB/T 5009.12 规定的方法测定。

5.13　菌落总数

按 GB/T 4789.2 规定的方法测定。

5.14　酵母菌和霉菌

按 GB/T4789.15 规定的方法测定。

5.15　大肠菌群

按 GB 4789.3 规定的方法测定。

6　检验规则

6.1　出厂检验

6.1.1　出厂检验项目为感官要求、理化指标,检验合格后方可出厂。

6.2　型式检验

6.2.1　型式检验包括技术要求中全部项目。

6.2.2　产品在正常生产时每年检验一次,出现下列情况时应及时检验。

a)更改关键工艺。

b)国家质量监督机构提出进行型式检验时。

6.3　批次和取样

6.3.1　批次

a)在成品入库时,同一生产线,同一品种、同一班次、同一生产日期生产的产品为 一批。

b)在成品出厂时,每装取一个货位为一检验批。

6.3.2　抽样　每一批次抽样方案为:$n = \sqrt{N/2}$ 　　　　　　　　　　　　　　(1)

式中:n——抽取的样本数量,

　　　N——批数量。

6.4 判定规则

6.4.1 卫生指标有一项不合格，该批次产品为不合格。

6.4.2 复检：标志、包装、净含量不合格者，允许进行整改后申请复检一次，以复检结果为准。感官要求、理化指标有一项不合格，可加倍抽样进行复检，以复检结果为准。

7 标签、标志、包装、运输、储存

7.1 产品标签、标志

产品的标签、标志按 GB 7718 执行，并明确标出淀粉产品标准等级的代号，外包装上的文字内容与图示应符合 GB/T 191 标准。

7.2 包装

7.2.1 同一规格的包装容器要求大小一致，干燥、清洁、牢固并符合相关的卫生要求。

7.2.2 包装材料用符合食品要求的纸袋、编织袋、塑料袋、复合膜袋等。包装应严密结实，防潮湿、防污染。

7.2.3 净含量：单件定量包装产品净含量负偏差应符合国家质量监督检验检疫总局令第 75 号（2005）《定量包装商品计量监督管理办法》，同批产品的平均净含量不得低于标签上标明的净含量。

7.3 运输

运输设备应清洁卫生，无其他强烈刺激味；运输时，不得受潮。在整个运输过程中要保持干燥、清洁，不得与有毒、有害、有腐蚀性物品混装、混运，避免日晒和雨淋。装卸时应轻拿轻放，严禁直接钩、扎包装袋。

7.4 储存

7.4.1 储存环境应阴凉、干燥、清洁、卫生，有防鼠、防潮设施，不应和对产品有污染的货物在一起储存。

7.4.2 储存产品应分类存放，标识清楚，货堆不宜过大，防止损坏产品包装。

中华人民共和国轻工行业标准
工 业 薯 类 淀 粉　QB 1840—1993

1　主题内容与适用范围

本标准规定了工业薯类淀粉的技术要求、试验方法、检验规则和标志、包装、运输、贮存。

本标准适用于以木薯、马铃薯、甘薯为原料，经加工制成的工业淀粉。

2　引用标准

GB 6682 实验室用水规格

GB 8170 数值修约规则

GB 12097 淀粉白度测定方法

GB 12309 工业玉米淀粉

GB/T 120707 工业产品质量分等导则

3　产品分类

以原料分为木薯淀粉、马铃薯淀粉、甘薯淀粉三类。

4　技术要求

4.1　感官要求

感官要求应符合表 1 规定。

表 1　　　　　　　　　　　　　　　感官要求

项目	感官要求		
	木薯淀粉	马铃薯淀粉	甘薯淀粉
外观	洁白的粉末，具有光泽		白色的粉末，具有光泽
气味	具有木薯淀粉固有的特殊气味，无异味	具有马铃薯淀粉固有的特殊气味，无异味	具有甘薯淀粉固有的特殊气味，无异味

4.2　理化要求

理化要求应符合表 2 的规定。

表 2 理化要求

项　目		指　标		
		木薯淀粉	马铃薯淀粉	甘薯淀粉
水分,%,（m/m）　　　　　　≤	优等品	14.0	18.0	14.0
	一等品	15.0	20.0	15.0
	合格品			
白度,% （457nm 蓝光反射率）　　≥	优等品	92.0		90.0
	一等品	88.0	85.0	75.0
	合格品	84.0	80.0	65.0
细度,%,（m/m） （150μm（100 目）通过率）　　≥	优等品	99.8		
	一等品	99.5		
	合格品	99.0		
斑点,（个/cm²）　　　　　　≤	优等品	2.		
	一等品	5.0	6.0	5.0
	合格品	8.0		
酸度,mL （中和 100g 干基淀粉消耗 0.1mol/L 氢氧化钠溶液的毫升数）　　≤	优等品	14.0	12.0	10.0
	一等品	18.0	15.0	14.0
	合格品	20.0	19.0	18.0
灰分(干基),%,（m/m）　　　≤	优等品	0.20		
	一等品	0.30	0.40	0.60
	合格品	0.40	0.60	0.90
蛋白质(干基),%,（m/m）　　≤	优等品	0.15	0.10	0.20
	一等品	0.20		0.30
	合格品	0.30		0.35
黏度,恩氏度 （温度 25℃摄氏度）　　　　≥	优等品			
	一等品	1.30	10.0	1.15
	合格品			
二氧化硫%,（m/m）　　　　≤	优等品	0.004		
	一等品	—		
	合格品			

5　试验方法

5.1　总则

5.1.1　本方法中所采用的名词术语、计量单位应符合国家规定的标准。

5.1.2 本标准中所用的各种分析仪器(如：分析天平、分光光度计等)要按时检定；所用比重瓶、移液管、容量瓶等器具应按有关检定规程定期校正。

5.1.3 本方法中的"仪器"为试验中所必须使用的特殊仪器，一般实验室仪器不再列入。

5.1.4 本方法中所用水，在没有注明其他要求时，应符合 GB 6682 中三级规格。

5.1.5 本方法中所用试剂，在未注明其他规格时，均指分析纯(A.R.)。

5.1.6 试验方法中"溶液"在未注明溶剂外，均为水溶液。

5.1.7 同一检测项目，有两个或两个以上试验方法时，各实验室可根据各自条件选用，但以第一法为仲裁法。

5.1.8 数据的计算与取舍，应遵照 GB 8170 执行。

5.1.9 理化指标以实测数据报告其试验结果，有效数字要与技术要求相一致。

5.2 基本要求

5.2.1 测定样品，必须做平行试验。

5.2.2 试验中所用玻璃器皿，用前须视洁污程度分别以铬酸洗涤液浸泡或以洗涤剂清洗，然后用自来水冲洗，再用蒸馏水洗干净。

5.2.3 试验方法中的有效数字，表示吸取或称量时要求达到的精密度。

5.2.4 取样

产品的取样按 GB 12309 中 4.1 条执行。

5.3 感官试验

5.3.1 外观

外观试验按 GB 12309 中 4.2.1 条执行。

5.3.2 气味

气味试验按 GB 12309 中 4.2.2 条执行。

5.4 理化试验

5.4.1 水分

水分试验按 GB 12309 中 4.3.1 条执行。

5.4.2 白度

白度试验按 GB 12097 执行。

5.4.3 细度

细度试验按 GB 12309 中 4.3.2 条执行。

5.4.4 斑点

斑点试验按 GB 12309 中 4.3.3 条执行。

5.4.5 酸度

酸度试验按 GB 12309 中 4.3.4 条执行。

5.4.6 灰分

灰分试验按 GB 12309 中 4.3.5 条执行。

5.4.7 蛋白质

蛋白质试验按 GB 12309 中 4.3.6 条执行。

5.4.8 黏度

5.4.8.1　仪器

a. 恩氏黏度计；

b. 秒表；

c. 分析天平，感量为 0.1mg；

d. 油浴锅。

5.4.8.2　试验程序

称取样品 5g(精确至 0.1mg)，移入 500mL 烧杯中，加水 250mL，搅拌均匀后，放入 140℃的甘油浴中，并搅拌，使样品在 3～4min 内完全糊化，糊化液达 100℃时，恒温 5min 间断搅拌(以避免糊化液结块)后取出，迅速冷却至 25℃，移入 500mL 容量瓶中，用 水定容至刻度，配制成 1%的淀粉糊化液。

将 1%的糊化液经玻璃棉过滤后，移入已恒温至 25℃的黏度计中，调整水平和淀粉糊 量，使三个尖稍刚好露出液面，用秒表测出流出 200mL 的糊化液的时间。

用同样方法测定 200mL 水流出的时间。

5.4.8.3　计算

用 1%糊化液的恩氏度表示的黏度，计算公式如下：

$$E_{25} = \frac{T_1}{T_2} \tag{1}$$

式中：

E_{25}—25℃时 1%糊化液的恩氏度；

T_1—25℃时 200mL 糊化液流出的时间，s；

T_2—25℃时 200mL 水流出的时间，s。

甘薯淀粉、木薯淀粉：所得结果应表示至二位小数；

马铃薯淀粉：所得结果应表示至一位小数。

5.4.8.4　允许差

甘薯淀粉、木薯淀粉：同一样品两次测定值之差应不超过 0.02 恩氏度；

马铃薯淀粉：同一样品两次测定值之差应不超过 0.2 恩氏度。

5.4.9　二氧化硫

二氧化硫试验按 GB 12309 中 4.3.8 条执行。

6　检验规则

产品的检验规则按 GB 12309 中第 5 章执行。

7　标志、包装、运输、贮存

产品的标志、包装、运输、贮存按 GB 12309 中第 6 章执行。

附加说明：

本标准由轻工业部食品工业司提出。

本标准由全国食品发酵标准化中心归口。

本标准由广西壮族自治区轻工业研究所、广西梧州淀粉厂、黑龙江省讷河县淀粉厂、 安徽蚌埠果糖厂负责起草。

本标准主要起草人：雷时奋、邓小丽、柳景润、朱美、朱珉。

参 考 文 献

[1][苏]可斯明科. 淀粉生产[M]. 北京：中国食品出版社，1986.

[2][美]惠斯特勒. 淀粉化学和工艺学[M]. 王雏文，等，译. 北京：中国食品出版社，1987.

[3]张力田. 碳水化合物化学[M]. 北京：中国轻工业出版社，1988.

[4][日]二国二郎. 淀粉科学手册[M]. 王薇青，等，译. 北京：中国轻工业出版社，1992.

[5]李浪，等. 淀粉科学与技术[M]. 郑州：河南科学技术出版社，1993.

[6]刘亚伟. 淀粉生产及其深加工技术[M]. 北京：中国轻工业出版社，2001.

[7]马莺，顾瑞霞. 马铃薯深加工技术[M]. 北京：中国轻工业出版社，2003.

[8]侯传伟，王安建，肖利贞. "三粉"加工实用技术[M]. 郑州：中原农民出版社，2008.

[9]王彦波. 薯类淀粉加工技术与装备[M]. 中原出版传媒集团，2008.

[10]曹龙奎，李凤林. 淀粉制品生产工艺学[M]. 北京：中国轻工业出版社，2008.

[11]杜银仓，等. 马铃薯淀粉生产与工艺设计[M]. 昆明：云南科技出版社，2009.

[12]马国平，何玉凤，杨宝芸，等. 橡胶填料在厌氧-好氧一体式生物反应器处理高浓度有机废水中的作用[J]. 水处理技术，2007，33(7)：75-77.

[13]吕建国，安兴才. 膜技术回收马铃薯淀粉废水中蛋白质的中试研究[J]. 中国食物与营养，2008(4)：37-40.

[14]姚毅，陈学民. 混凝法处理马铃薯淀粉废水的研究[J]. 广东化工，2008，35(3)：56-58.

[15]陈奇伟，马晓娟，李连伟. 马铃薯淀粉生产技术[M]. 北京：金盾出版社，2004.